普通高等教育"十二五"规划教材

中国可持续发展概论

李永峰　乔丽娜　张　洪　主编

韩　伟　主审

化学工业出版社

·北京·

全书分为八篇共 24 章，内容主要包括：可持续发展概述，中国可持续发展概述，中国人口资源与可持续发展，中国能源与可持续发展，中国经济与可持续发展，中国科技教育与可持续发展，中国环境与可持续发展，中国城市建设与可持续发展。

本书可作为高等学校环境、生态、资源等专业的本科生教材，也可作为其他专业的环境通识教育课程教材，还可供相关方面的科研人员和管理人员参考。

图书在版编目（CIP）数据

中国可持续发展概论/李永峰，乔丽娜，张洪主编 .
北京：化学工业出版社，2014.7
普通高等教育"十二五"规划教材
ISBN 978-7-122-20795-1

Ⅰ.①中⋯　Ⅱ.①李⋯②乔⋯③张⋯　Ⅲ.①可持续
性发展-中国-高等学校-教材　Ⅳ.①X22

中国版本图书馆 CIP 数据核字（2014）第 110304 号

责任编辑：满悦芝　　　　　　　　　　　文字编辑：荣世芳
责任校对：王　静　　　　　　　　　　　装帧设计：尹琳琳

出版发行：化学工业出版社（北京市东城区青年湖南街 13 号　邮政编码 100011）
印　　装：大厂聚鑫印刷有限责任公司
787mm×1092mm　1/16　印张 13　字数 316 千字　　2014 年 10 月北京第 1 版第 1 次印刷

购书咨询：010-64518888（传真：010-64519686）　　售后服务：010-64518899
网　　址：http://www.cip.com.cn
凡购买本书，如有缺损质量问题，本社销售中心负责调换。

定　　价：32.00 元

前 言

可持续发展战略已成为当今世界的热点话题，世界各国都有责任与义务为全球可持续发展做出努力。我国应当实施可持续发展战略和科教兴国战略，实事求是地分析我国国情，分析我国可持续发展之路的方向、存在的问题以及对策。环境保护越来越受到社会的广泛关注，环境保护教育是我国教育体系中的重要内容，也是全民实施环境保护及社会可持续发展的重要责任。目前，全面协调人口、资源、环境、经济、社会、教育、城镇化建设，实现可持续发展已成为我国经济社会发展面临的重大问题。

本书是在笔者广泛参阅国内外可持续发展研究的教材、专著及论文的基础上，结合多年的可持续发展课程研究和教学实践所撰写的。本书紧紧围绕着可持续发展，坚持理论与实践相结合，定性与定量相结合，详细全面地阐述了可持续发展的产生、内涵及基本理论，而后结合我国国情，运用经济学方法逐步分析人口、资源（着重分析了水资源、森林资源及能源）、经济、科技教育、社会、环境及城镇化建设在我国可持续发展道路中的重要作用，从总体上研究并论述了以上各个因素的相互关系、其在经济社会发展中的相互协调和我国可持续发展的对策。

本书由东北林业大学、哈尔滨工程大学、东北林业大学、东北农业大学、琼州学院和上海工程技术大学的老师们撰写，广泛参阅国内外的相关研究成果，力求反映我国可持续发展的研究进展和我国的实际情况。全书分为八篇共 24 章，各篇编写分工如下：第 1 篇，李永峰；第 2 篇，乔丽娜，李巧燕；第 3 篇，姚杨，李永峰；第 4 篇，刘瑞娜，张洪；第 5 篇，李永峰，张洪；第 6 篇，乔丽娜，张洪；第 7 篇，张洪；第 8 篇，李永峰，张楠。

使用本书的学校可免费获得电子课件，如有需要，可与李永峰教授联系（mr_lyf@163.com）。可持续发展研究正在不断发展，由于笔者水平和时间有限，不足之处在所难免，敬请专家、读者批评指正。

编者
2014 年 7 月

目　录

第1篇　可持续发展概述

第2篇　中国可持续发展概述

第4篇　中国能源与可持续发展

第5篇　中国经济与可持续发展

第6篇　中国科技教育与可持续发展

第8篇 中国城市建设与可持续发展

第1篇　可持续发展概述

第1章　可持续发展的基本理论

1.1　可持续发展的产生

1.1.1　历史渊源

可持续发展对当今人类来说似乎是一个新概念，但其实可持续发展的思想在古代早已有之。早在古希腊时期出现的适度人口的思想就带有浓厚的可持续发展色彩。著名思想家色诺芬（公元前430～前354年）认为人口和土地需要有一定的比例关系，如果人口多而耕地少，那么人口会出现过剩，人口过剩就意味着浪费。哲学家柏拉图和亚里士多德也主张限制人口增长，使人口数量保持适当的规模，以维持人口和土地的平衡。在中国，早在先秦时期就出现了保护生态环境的思想。根据《逸周书·大聚篇》记载，大禹极力主张在草木生长和动物繁衍之时，人类不得介入，他说"早春三月，山林不登斧，以成草木之长。夏三月，川泽不入网罟，以成鱼鳖之长。"孔子也曾说："钓而不纲，戈不射宿"（《论语·述而》），春秋时期齐国首相管仲认为治国安邦须善待资源和环境，他说："为人君而不能谨守其山林菹泽草莱，不可以立为天下王。"（《管子·地数》）。

在近代社会，英国经济学和人口学家马尔萨斯（1766～1834年）可以说是论述人口和资源关系最具有代表性的人物。他首先看到了人口迅速增长和粮食需求不足的巨大矛盾，并提出限制人口增长是解决这一矛盾的根本途径。无产阶级革命家恩格斯也十分注重对生态环境的保护，他在论述劳动在从猿到人转变的过程中的作用时曾说过："我们必须记住：我们统治自然界，决不像征服者统治异民族一样，决不像站在自然界以外的人一样，——相反的，我们连同我们的肉、血和头脑都是属于自然界，存在于自然界的。"可见，恩格斯的话包含了丰富的可持续发展思想。

1.1.2　人口资源和环境的客观现实

虽然可持续发展在古代和近代社会早已有其思想根源，但作为一种较为成熟和系统的思想体系还是最近二三十年的事。人类在进入20世纪50年代后，世界各国相继面临着人口、资源和环境问题。人口激增、资源枯竭和环境恶化已经成为威胁人类生存和发展的重大问题，人类的生存和发展受到环境因素的影响和制约。如果人口增长过快，人口数量超过了自然资源和生存空间的容纳能力，人类必然会遭到强制性和灾难性的数量减少。从目前全球人口态势看，人口数量正加速增长，特别是自第二次世界大战结束以来，世界人口增长迅猛。从人类产生到公元1800年前后，人类经过了大约300万年漫长的发展，人口数量才首次突破10亿大关；到1930年时，经过了近130年的时间，人口数量就超过了20亿；到1960

年，经过了短短的 30 年时间，地球上的人口数量就增加到了 30 亿；随后，人口增长速度进一步加快，到 1975 年，只用了 15 年时间，人口数量就增加到了 40 亿；在 12 年后的 1987 年，世界人口正式步入 50 亿。目前，世界人口已经超过 60 亿。人口的增长，特别是发展中国家的人口迅速增加会给发展带来沉重的包袱。

人口的过快增长意味着人类对资源的需求不断增加和对资源的消耗日益加大。对于可再生资源，如果人类的利用超过其再生能力，资源的再生能力就会退化和消失，从而导致资源的消失。对于不可再生资源，其在地球上的总量是一定的。如果人类对再生资源的消耗过大，不仅会影响到本代人的生存，而且会使后代失去生存的条件和发展的基础。自工业革命以后，特别是自 20 世纪以来，随着科学技术的迅猛发展，人类对资源开发的强度和利用程度达到了空前规模，世界上许多资源因此而面临着退化和枯竭的危险。土地是地球环境最重要的自然资源。根据联合国估计，世界上每年有 600 万公顷的土地退化为沙漠，每年有 2100 万公顷的农田由于沙漠化而变得完全无用或近于无用的状态。土地资源，特别是耕地面积的减少直接影响到世界粮食的安全。自 20 世纪 70 年代以来，非洲、拉丁美洲和亚洲相继出现粮食短缺的现象。尽管世界粮食产量不断上升，但粮食供应的地区差异巨大，世界上处于营养不良状态的人数在不断增加。20 世纪 70 年代，全世界处于营养水平临界值以下的人口有 4.6 亿，其中发展中国家占 4.34 亿。80 年代中期，全世界至少有 5 亿人处于严重营养缺乏状态，而低于营养水平临界值的人口超过 10 亿。除了耕地外，世界上的森林覆盖率已由古代的 60％下降到 22％左右，而且世界森林还在以每年 2000 万公顷的速度减少。水是一种宝贵的自然资源，是人类和一切生物赖以生存的物质基础。地球上水量极大，但淡水资源有限，且在地理上分布极不平衡。由于人口的增加和工农业对水需求的增大，世界上缺水的国家和地区愈来愈多。目前，全世界有 15 亿人已经面临着缺水的威胁，其中有 10 亿人口喝不到干净的饮用水。除了耕地、森林和水资源在减少和恶化之外，世界各国还面临着能源短缺和矿产资源减少的威胁。20 世纪 70 年代初期，世界上主要的能源之一石油的产量下降，石油价格上涨，引起了世界范围内的经济危机和对能源的恐慌。70 年代末 80 年代初，世界上再次爆发能源危机。矿产资源虽然储量很大，在短期内不会枯竭，但由于矿产资源分布不平衡，许多矿物的开采还有待科学技术的发展，矿产资源在短期内面临短缺是完全可能的。

在人类大规模开发和利用自然资源的同时，人类对生态环境的破坏达到了前所未有的程度。大气中二氧化碳日益增多，生物多样性不断减少，冰川消退，海平面上升，土地荒漠化加剧都给人类的生存和发展造成潜在的威胁。随着经济的高速增长，世界上许多地区的污染问题也日趋严重。在发达国家，公害事件已引起民众公愤，为了减少矛盾，其将有污染的工业转移到不发达国家进行生产。

危险废物的这种越境转移量有多少尚难统计，但显然是正在增长。据绿色和平组织的调查报告，发达国家正在以每年 5000 万吨的规模向发展中国家转运危险废物，从 1986～1992 年，发达国家已向发展中国家和东欧国家转移总量为 1.63 亿吨的危险废物。危险废物的越境转移对发展中国家乃至全球环境都具有不可忽视的危害。首先，由于废物的输入国基本上都缺乏处理和处置危险废物的技术手段和经济能力，危险废物的输入必然会导致对当地生态环境和人群健康的损害。其次，危险废物向不发达地区的扩散实际上是逃避本国规定的处置责任，使危险废物没有得到应有的处理和处置而扩散到环境之中，长期积累的结果必然会对全球环境产生危害。危险废物越境转移的危害还在于，这些废物是在贸易的名义掩盖下进入的，进口者是为了捞取经济利益，根本不顾其对环境和人体健康可能产生的影响，所以都得不到应有的处理和处置。危险废物的越境转移已成为严重的全球环境问题之一，如不采取措施加以控制，势必对全球环境造成严重危害。1989 年 3 月在联合国环境规划署（UNEP）主持下，在瑞士的巴塞尔通过了《控制危险废物越境转移及其处置的巴塞尔公约》，该公约于 1992 年 5 月生效，我国是该公约的签约国之一。

1.1.3　传统发展理论的失败

自二次世界大战结束以来，世界各国特别是发展中国家在制定发展规划和发展战略中经历了一系列的变化。二战后，亚非拉地区的许多国家纷纷摆脱了欧美帝国主义的统治，提出了各自的现代化发展战略。但是，这些发展战略不仅没有取得成功，反而使许多发展中国家陷入了新的困境：债务沉重，失业人口剧增，贫富差距进一步拉大，环境恶化。针对发展中国家的具体情况和现实问题，世界上一些发展中国家和国际组织在 20 世纪 70 年代初期提出了"以满足人的基本需求为目标的发展战略"。这种发展战略的最终目标是建立一个以平等为基础的社会，承认每一个人只要在世界上生存，就有满足其基本需要——食品、居住、教育的不可剥夺的权利。因此，满足人的基本需求是所有发展中国家社会发展的基本目标。要达到这种目标，所遇到的问题不是自然问题，而是社会政治问题。1976 年，联合国教科文组织提出了一个新的发展目标，即社会发展应是"以人为核心的发展"。他们认为满足人的基本需求无疑在发展目标中占有一席之地，但它和其他目标一样不能占有核心地位，而只能是一些补充因素。"以人为核心的发展"是多元的，即社会发展不局限于经济增长这一内容，而是经济、文化、教育和技术相互联系和相互补充的发展。它不仅要满足人的基本需求，而且要满足人与社会一系列复杂的多方面的需求，包括社会、文化和精神方面的需求。虽然"以人为核心的发展"战略比"以满足人的基本需求为目标的发展战略"在认识上更进了一步，但这两种发展战略都没有考虑人类活动对环境的影响，特别是在全球出现人口、资源和环境问题的大背景下，人类自身发展所受到的来自自然环境的束缚和影响。

1.1.4　可持续发展的提出

虽然可持续发展的思想在古代时期就早已有之，但作为一个新概念出现还是近二十余年的事。可持续发展的前身是生态发展（ecodevelopment）。所谓生态发展就是对环境无害的发展，符合生态规律的发展，或者说生态发展就是适合当地潜力，注重自然资源合理利用，技术的应用和组织的安排符合自然规律，尊重社会习俗的发展。可持续发展进一步拓展和深化了生态发展的内涵。可持续发展（sustainable development）一词最早由沃德（Barbara Ward）在 20 世纪 70 年代中期使用（barrow. C. J，1995），只是到了 1980 年，由国际自然资源保护联盟（IUCN）、联合国环境规划署（UNEP）和世界野生生物基金会（WWF）共同发表的《世界自然资源保护策略》（the World Conservation Strategy，WCS）才充分反映了可持续的思想。自 20 世纪 80 年代以来，随着全球人口、资源、环境问题的不断恶化，世界范围内掀起了一股追求可持续发展的浪潮。受联合国的委托，世界环境和发展委员会编制并于 1987 年发表了《我们共同的未来》的报告，首次将可持续发展引入政治和经济领域并阐明了可持续发展的定义——既满足当代人的需要，又不对后代人满足其需要的能力构成危害的发展。1992 年联合国在巴西召开了"环境与发展"首脑会议并通过了指导各国发展的纲领性文件《二十一世纪议程》，把可持续发展推向了高潮。1994 年，联合国计划开发署提出了可持续人类发展的新概念，将可持续发展的概念进一步拓展到了社会领域。所谓可持续人类发展就是这样一种发展，它不仅创造经济增长，而且关注经济增长成果的公平分配，它要再造环境，而不是破坏环境，它给予人助益，而不是使人们边缘化，它是这样的发展，它首先关注穷人，增加其选择和机会，使他们更多地参与到影响他们生活的决策活动中来。至此，可持续发展的思想渐趋成熟。

1.2 可持续发展的内涵

1.2.1 可持续发展的概念

与任何经济理论和概念的形成和发展一样，可持续发展概念形成了不同的流派，这些流派或对相关问题有所侧重，或强调可持续发展中的不同属性，从全球范围来看，比较有影响的有以下几类。

(一) 着重于从自然属性定义可持续发展

较早的时候，持续性这一概念是由生态学家首先提出来的，即所谓生态持续性，它旨在说明自然资源与其开发利用程度间的平衡。1991年11月，国际生态学协会和国际生物科学联合会联合举行关于可持续发展问题的专题研讨会。该研讨会的成果不仅发展而且深化了可持续发展概念的自然属性，将可持续发展定义为：保护和加强环境系统的生产和更新能力。从生物圈概念出发定义可持续发展，是从自然属性方面定义可持续发展的一种代表，即认为可持续发展是寻求一种最佳的生态系统以支持生态的完整性和人类愿望的实现，使人类的生存环境得以持续。

(二) 着重于从社会属性定义可持续发展

1991年，由世界自然保护同盟、联合国环境规划署和世界野生生物基金会共同发表了《保护地球——可持续生存战略》(Caring For the Earth：A Strategy For Sustainable Living)(《生存战略》)。《生存战略》提出的可持续发展定义为："在生存于不超出维持生态系统涵容能力的情况下，提高人类的生活质量"，并且提出可持续生存的九条基本原则。在这九条基本原则中，既强调了人类的生产方式与生活方式要与地球承载能力保持平衡，保护地球的生命力和生物多样性，同时，又提出了人类可持续发展的价值观和130个行动方案，着重论述了可持续发展的最终落脚点是人类社会，即改善人类的生活质量，创造美好的生活环境。《生存战略》认为，各国可以根据自己的国情制定各不相同的发展目标。但是，只有在"发展"的内涵中包括有提高人类健康水平、改善人类生活质量和获得必需资源的途径，并创造一个保持人们平等、自由、人权的环境，只有使我们的生活在所有这些方面都得到改善，才是真正的"发展"。

(三) 着重于从经济属性定义可持续发展

这类定义有不少表达方式。不管哪一种表达方式，都认为可持续发展的核心是经济发展。在《经济、自然资源、不足和发展》一书中，作者 Edward B. Barbier 把可持续发展定义为"在保持自然资源的质量和其所提供服务的前提下，使经济发展的净利益增加到最大限度"。还有学者提出，可持续发展是"今天的资源使用不应减少未来的实际收入"。当然，定义中的经济发展已不是传统的以牺牲资源和环境为代价的经济发展，而是"不降低环境质量和不破坏世界自然资源基础的经济发展"。

(四) 着重于从科技属性定义可持续发展

实施可持续发展，除了政策和国家管理之外，科技进步起着重大作用。没有科学技术的支持，人类的可持续发展便无从谈起。因此，有的学者从技术选择的角度扩展了可持续发展的定义，认为"可持续发展就是转向更清洁、更有效的技术，尽可能接近'零排放'或'密闭式'工艺方法，尽可能减少能源和其他自然资源的消耗"。还有的学者提出，"可持续发展就是建立极少产生废料和污染物的工艺或技术系统"。他们认为，污染并不是工业活动不可避免的结果，而是技术差、效益低的表现。

（五）被国际社会普遍接受的布氏定义的可持续发展

1988 年以前，可持续发展的定义或概念并未正式引入联合国的"发展业务领域"。1987 年，布伦特兰夫人主持的世界环境与发展委员会，对可持续发展给出了定义："可持续发展是指既满足当代人的需要，又不损害后代人满足其需要的能力的发展"。1988 年春，在联合国开发计划署理事会全体委员会的磋商会议期间，围绕可持续发展的含义，发达国家和发展中国家展开了激烈争论，最后磋商达成一个协议，即请联合国环境规划署理事会讨论并对"可持续发展"一词的含义草拟出可以为大家所接受的说明。1989 年 5 月举行的第 15 届联合国环境规划署理事会期间，经过反复磋商，通过了《关于可持续的发展的声明》。

可持续发展的概念表达了两个观点：一是人类要发展，尤其是发展中国家；二是发展要有限度，不能危及后代人发展的能力。这既是对传统发展模式的反思和否定，也是对可持续发展模式的理性设计。

可持续发展是以"人与自然和谐、人与人和谐"为主线，以自然为物质基础，以经济为动力牵引，以社会为组织力量，以技术为支撑，以环境为约束条件。可持续发展不是单一的生态、社会或者经济问题，而是三者互相影响、互相作用的综合体。

1.2.2　可持续发展的原则

1.2.2.1 公平性原则

可持续发展所追求的公平性原则，包括三层意思：一是本代人的公平，即同代人之间的横向公平性。可持续发展要满足全体人民的基本需求和给全体人民机会以满足他们要求较好生活的愿望。当今世界的现实是一部分人富足，而另一部分人特别是占世界人口 1/5 的人口处于贫困状态。这种贫富悬殊、两极分化的世界，不可能实现可持续发展。因此，要给世界以公平的分配和公平的发展权，要把消除贫困作为可持续发展进程特别优先的问题来考虑。二是代际间的公平，即世代人之间的纵向公平性。要认识到人类赖以生存的自然资源是有限的，本代人不能因为自己的发展与需求而损害人类世世代代满足需求的条件——自然资源与环境，要给世世代代以公平利用自然资源的权利。三是公平分配有限资源。目前的现实是，占全球人口 26％的发达国家消耗的能源、钢铁和纸张等占全球的 80％，这种富国利用地球资源的优势限制了发展中国家利用地球资源来达到他们自己经济增长的机会。

1.2.2.2　可持续性原则

可持续性是指生态系统受到某种干扰时能保持其生产率的能力。资源与环境是人类生存与发展的基础和条件，离开了资源与环境就无从谈起人类的生存与发展。资源的永续利用和生态系统可持续性的保持是人类持续发展的首要条件。可持续发展要求人们根据可持续性的条件调整自己的生活方式，在生态可能的范围内确定自己的消耗标准。

布伦特兰夫人在论述可持续发展"需求"内涵的同时，还论述了可持续发展的"限制"因素。因为，没有限制也就不可能持续。"人类对自然资源的耗竭速率应考虑资源的临界性"，"可持续发展不应损害支持地球生命的自然系统：大气、水、土壤、生物……"。"发展"一旦破坏了人类生存的物质基础，"发展"本身也就衰退了。可持续性原则的核心指的是人类的经济和社会发展不能超越资源与环境的承载能力。

1.2.2.3　共同性原则

鉴于世界各国历史、文化和发展水平的差异，可持续发展的具体目标、政策和实施步骤不可能是唯一的。但是，可持续发展作为全球发展的总目标，所体现的公平性和可持续性原则则是共同的。并且，实现这一总目标，必须采取全球共同的联合行动。布伦特兰在《我们共同的未来》的报告的前言中写道："今天我们最紧迫的任务也许是要说服各国认识回到多边主义的必要性"，"进一步发展共同的认识和共同的责任感，这是这个分裂的世界十分需要的"。共同性原则同样反映在《里约宣言》之中："致力于达成既尊重所有各方的利益，又保护全球环境与发展体系的国际协定，认识到我们的家园——地球的整体性和相互依存性。"可见，从广义上说，可持续发展的战略就是要促进人类之间及人类与自然之间的和谐。

1.2.3　可持续发展的标准

在实施可持续发展的战略过程中，必然要面对一个问题：如何衡量一个国家或地区的可持续发展状况。这就需要建立一个全球公认的可持续发展的评价标准体。国家贫富的传统评价指标是国民生产总值和经济增长率，而可持续发展的评价指标则相对宽泛，内涵丰富，一般认为要包括人口、社会、经济、科教、资源、环境等几个领域。

所使用的指标除经济社会方面外，还有资源潜力及利用率，生态环境的保护和损害程度，科技与教育投资等。可持续发展的评价指标体系应以人和社会的全面和持续发展为核心，综合评价各种与人类生存和发展有关的因素，它着重于经济发展的质量，如经济效益、生产效率、资源利用率、环境质量等，指示资源与环境的利用和保护状态、存在的问题并进行预警，反映人口和社会安全、健康、平等、舒适、文明程度，为可持续发展的研究、决策、规划、管理提供全面准确、客观的依据。世界银行在 1995 年 9 月 17 日向全球公布了衡量可持续发展的新指标体系，即以四组要素去判断各国和地区的实际财富及可持续发展能力随时间的动态变化。它们是自然资本，包括土地、水、森林、石油、煤、金属与非金属矿产等；生产资本，指所用的机器、厂房、基础设施（供水系统、公路、铁路、……）等；人力资源，指人的生产能力（教育、素质、营养等）所具有的价值；社会资本，指法律、政策、社会道德规范、风俗习惯等所具有的生产价值。按上述前三项指标，世界银行评价了全球192 个国家和地区的财富和价值，澳大利亚和加拿大由于人口较少，现拥有大量的自然资本而成为最富有的国家。该指标体系表明了生产资本只占国家财富的少部分（不超过 20%），组成国家财富的还有自然资本和人力资源，它尤其证实了对人力资源的投资是促进国家和区域发展的最重要的投资，也是体系可持续发展的最基本条件。如果一个国家只靠减少自身的自然资本去增加收入，并把其收入主要用于消费而不是再投资，则这个国家的财富值就会逐渐减少，这实际上是在削弱自己并损害子孙后代的发展机会，那就不是可持续发展。

1.3　可持续发展与环境意识

1.3.1　环境意识

环境意识所反映的社会存在不仅仅是指"生态环境这一特定的客观存在"，这是地理学的定义。环境意识所反映的社会存在，作为社会物质生活条件一定是人类学的环境，或社会的自然，是人类活动改变了的自然界。它的关键是人与自然的关系，人与自然环境的相互作用。它所强调的不仅是自然生态的变化，而且是文化因素的作用，是文化与自然环境的关系，特别是人类活动对环境的作用和引起环境污染的变化，以及环境污染对社会发展的作用，即环境污染的价值。也就是说，环境科学研究的对象是人类与环境，是文化与环境的层次上人与环境的相互作用。所以，我们认为，所谓环境意识，是人与自然环境所反映的社会思想、理论、情感、意识、知觉等观念形态的总和，它是反映人与自然环境和谐发展的一种新的价值观念。

1.3.2　产生环境意识和人对环境关系的认识

从以前看，社会发展只有人类目标，没有环境目标。由于社会的不发达，没有形成足够的原始资本。人们往往以牺牲当前的环境而去满足人们的眼前利益，大肆采取野蛮的方式去掠夺脆弱的自然资源，拼命地向自然索取，损坏了地球的基本生态过程，出现了不适应自然规律的现象，如滥伐森林、沙漠恶化、水土流失等。另一方面，人类不断向自然界排放废弃物，出现了大气污染、水污染等一系列严重的环境问题，威胁着人类生存。正是在这样的生态形势下，环境问题也就成为社会关注的一个焦点，环境保护作为社会的重要目标被提了出来，对环境的关心也就成为社会生活中的问题，整个公众意识发生了重要变化。这样就有越来越多的公众，抛弃了原来的消费主义的生活方式，自愿过简朴的生活，就出现了"绿色消费"的潮流，人们宁肯多花钱去买与保护环境有关的产品，如绿色食品、生态时装、绿色汽车、生态住宅等受到消费者青睐而走俏市场；与此相关，出现了生态旅游、绿色赞助、生态银行等。环境保护目标的确立是生态意识产生的重要标志。这种新意识的产生来源于人们对人类活动违背生态规律带来严重不良后果的反思，来源于人类对可持续发展的关注，以及对后代生存和保护地球的责任感。

1.3.3　环境意识的重要特点

环境意识是人类思想的先进观念，它是一种新的独立的意识形态，是在人类思想的深层对人类与自然的关系的科学认识。它的产生是人类意识进化的新表现，是人类价值观的完善，是人类的伦理价值和美学价值的进步，因而它与传统意识形态相比具有鲜明的特点。

① 环境意识强调综合思维，不仅把地球生态系统看成是有机整体，而且把人类、社会和自然界的相互联系和相互作用看成是一个有机整体，具有整体性的特点。

② 传统的意识强调人类活动，是为了主宰和统治自然，主张无限制地改造自然和利用自然；而环境意识依据生态系统整体的观点，认为人类改造和利用自然有一个限度，超过这一限度即会导致生命维持系统的破坏。

③ 环境意识在根本价值观上有重大的突破。它首先确立了人类与自然和谐发展的价值方向，并依据新的价值观改变传统的社会发展模式，选择新的谋生模式，实现社会物质生产方式和社会生活方式的变革。

1.3.4　环境意识是实施可持续发展的条件

要使我国整体生活水平提高，达到发达社会的目标，按现阶段经济增长方式，不增加环境污染是不可能的。但是，环境破坏，不仅会损坏生活质量，而且从根本上制约经济的增长，从而不可能达到发达社会的要求，造成经济与环境两者之间有一定的矛盾，因此就得努力协调解决。

"可持续发展"是社会发展模式的革命，传统的社会发展模式是以损坏环境为代价来取得经济的增长，这是不可持续的。联合国世界环境与发展委员会在《我们共同的未来》中给出"可持续发展"的定义："既要满足当代人的需要，又不对后代人满足其需要的能力构成危害的发展"。它的基本要求就是实现相互联系和不可分割的三个可持续性：一是生态可持续性，二是经济可持续性，三是社会可持续性。总之是人类生存和发展的可持续性。这里"生态可持续性"是最基本的。因为没有良好的全球环境，可持续发展是不可能的。美国景观生态学家福尔曼提出"可持续环境"概念。他认为，恒定的世界是不可能的，社会经济有发展和扩展阶段，两者总是交替进行的。检验可持续性有两个维：一是生态维，二是人类维。生态维是生态可持续性；人类维是人类需要及文化多样性。如果有了可持续性环境，那么从长远来看，发展将是可持续的。因而他强调"可持续的环境"，他说："可持续的环境是这样一种地区，在这种地区中生态完整性和人类的基本需求在多个世代同时被保持。"实现可持续发展这一目标意味着一场变革，包括人类价值观的变革，以及人类行为方式的变革。其中以新价值观的形成为核心的环境意识的产生及其浅层发展具有先导性的作用，是实施可持续发展战略的必要条件。在我国，没有各阶层公众环境意识的提高，环境意识没有成为全民族深层的自觉意识，那么尽管《中国 21 世纪议程》是一个非常好的可持续发展的纲领，也很有可能只是作为一种理论存在，难以变成全民族的实践行动而得到实施。在这个意义上，提高全民族的环境意识具有关键性的意义。

1.3.5　提高全民族的环境意识

环境意识不可能自发、自动地产生，主要依靠教育和实际行动，因而提高全民族的环境意识，不只是认识问题或理论问题，而是实践问题。首先，应以经济建设为中心，加速经济现代化的进程。我们说过，环境意识不单纯是意识问题，它同经济的发展有着密切的关系，或者这样的说法是可以成立的，公众的环境意识同经济发展水平存在一定的正比例关系。但是我国公众环境意识水平低，在一定意义上看，是我国经济水平不高的一种表现。因此，我们要加速现代化经济发展，这是提高全民族环境意识的基础。其次，发展新的可持续的经济。其中最重要的是加快科学技术的发展，特别是开发绿色技术及其在各个生产领域的广泛应用，转变经济发展模式和经济基础增长方式。同时，把物质文明建设和精神文明建设结合起来，在精神文明建设中加强环境教育，把提高全民族的环境意识水平置于重要地位，特别要加强环境道德意识的教育，实施可持续生存的道德原则，把它作为民族文化素质提高的重要方面，不断完善公众的环境道德素质。当然，应将环境道德意识教育与环境行政意识、环境经济意识、环境法制意识、环境科学意识、环境文学和环境艺术意识结合起来，在环境意识的所有领域都不断地从浅层向深层发展，实现提高全民族的环境意识。第三，实现宣传战略的转变。在环境宣传教育领域，宣传我国环境保护的方针、政策和环境管理制度，宣传各个方面的环境科学与治理以及防止环境污染和生态保护的技术水平手段，是环境意识教育的基础工作。同时，宣传我国环境科学技术发展和环境保护事业的成就，宣传具有中国特色的环境保护道路，对鼓舞我们的斗志和明确自己的责任是很重要的。需要树立以下观念：一是居民有知晓环境现状的权力，要对环境污染和生态破坏的严重性予以公报。二是应该相信公众对揭露环境问题和污染事故的报道有分析能力，会采取正确的态度。三是"环境危机"意识是产生和形成环境意识的一个重要方面，危机教育在生态意识教育中占有重要地位，只有充分揭露环境污染事故的严重情况才能形成危机意识。可持续发展是一种新的生活方式，它需要有新的价值观、新的环境意识和行为方式的人去创造。我们每一个人都要自觉地塑造自己成为新人，并自觉努力地去创造新的生活。

第2章　可持续发展自然观与环境伦理观

2.1　可持续发展的自然观

2.1.1　人类发展与自然环境的关系

人类历史经历了不同的发展阶段（即前发展阶段、低发展阶段、高发展阶段、可持续发展阶段），形成了一个完整的发展序列谱。可持续发展阶段被认为是发展序列中一个更新的和更合理的阶段，当然每个发展阶段都具有特定的内涵，也表现出不同的特点，同时人类与自然的关系也发生着改变。在人类活动过程中，从对大自然崇敬膜拜、消极服从到征服自然、改造自然，向大自然无限制地索取和掠夺，最后日益恶化的生存环境已经威胁到人类的正常生活。面对严酷的现实，人类进行了深刻的反思，认识到人类与自然之间应和谐统一，人类应做大自然的朋友，而不是敌对关系。人与自然的相互作用，大致经历了3个阶段。

2.1.1.1　恐惧、盲目阶段

大约1万年以前，人类活动只是个体范围或部落范围，靠采食渔猎进行个体延续。对大自然是恐惧的、盲目的，并且被动地接受大自然所赋予的一切财富，对人类的各种疾病及自然灾害没有任何办法，只是听之任之，完全是自然拜物主义。但是火的发明使人类的生活得到极大的改变，这是第一次人类对自然力量的利用。火改变了人类的生活质量，除了带给人类以更多的安全感之外，还大大扩展了人类的生活空间。这时人类与自然的关系是和谐的，自然界的生态也是平衡的，无环境污染和干扰生态平衡。

2.1.1.2　适应阶段

农业革命之后，随着人类生存空间的扩大，开始利用简单的技术和工具进行生产，基本生产以农业为主，出现了简单再生产。这时的人类劳动仅能维持自身生命和繁衍后代的需要。这样人类慢慢地适应了大自然，对自然界有了认识，生产和生活只是按照自然规律进行。人类开始从适应自然转向利用自然，但是这个阶段由于人类的相对生存空间广博，原始的自然资源较丰富，生态环境自身调节能力也较强，与自然的和谐关系逐步松弛，造成环境低度与缓慢退化，但没有造成生态环境的危机。

2.1.1.3　对抗自然、征服自然阶段

工业革命的兴起，使人类从利用自然、改造自然的状态异化为对抗自然、征服自然。发展的内因，已从人口的基本生存需求转变为人类生存条件的不断改善和物质生活水平的持续提高。因此，从工业革命兴起到20世纪中后叶，物质财富空前增加，人力资本迅速积累，生产资本的功能极大拓展，人类的物质生活水平空前提高，人类对自然资源的利用强度和能力极大增强，同时人类对自然灾害和社会风险的抵御能力有了较大的提高。然而，在社会生产力快速发展的同时，也造成人类社会不可持续发展的危机。早在100多年前，恩格斯对不考虑后果破坏森林的行为曾作过精辟深刻的评述，"不要过分陶醉于我们对自然界的胜利，对于每一次这样的胜利，自然界都报复了我们。"人类只重视征服自然，利用自然，而没有注意对自然的滋养与保护，使大自然变得伤痕累累。这一阶段人与自然由原来适应和受制约的关系发展为人对自然主动、全面的索取和占有关系，人类借助于通过人的智慧创造出来的

强大的生产工具，向自然开战，向自然无限地索取，把自然界当作满足社会多种需要的财富的原料仓库，通过作用于自然界这个客体和对象的生产劳动达到自己的目的。

经过以上3个阶段，面对威胁人类自身生存的环境恶化的严酷现实，人们不得不反思过去的行为，调整自身的行为规则，最终达成共识：人类社会要持续发展，必须处理好人与自然的关系，使人类与自然和谐共处。

2.1.2 正确认识人与自然的关系

过去，人们一直把国民生产总值作为国民经济统计体系的核心，把经济指标作为经济发展的唯一价值追求，而且把社会发展仅仅看作是经济增长。在这种认识的指导下，由于单纯地追求经济指标，不顾经济发展所造成的对资源的浪费和对环境的破坏，从而出现了资源枯竭、环境污染、生态危机等全球性问题。这些问题的产生，不仅严重妨碍了经济的长期持续发展，而且还危及到了人类的生存。它不仅不能使社会得到全面进步，而且也不能使经济得到持续发展。这一事实表明，在可持续发展理论中，不仅包括人与人的关系，而且也包括人与自然的关系；可持续发展理论不仅包括经济的持续发展，而且包括自然、经济、社会的全面的可持续发展，因此其内涵包括自然的可持续性、经济的可持续性和社会的可持续性。当然这三者是不可分割的一个整体。人与自然之间关系的实际内容是和谐，人与人之间关系的实际内容是平等。如果说工业文明时代提倡的是科学与民主，那么可持续发展思想的生态文明观的旗帜和口号则是和谐与平等。

可持续发展理论中自然观是坚持人和自然的和谐统一。我国古代人通过自身的经验得出"人类如果一味地向自然界索取，自然界就会报复人类"的结论。而现在人类不仅要通过对自然环境的利用和改造造福于自身，还要注意对自然环境的保护、关爱和回报，实现人、资源、环境的和谐共处，这就是可持续发展理论中自然观的主要表现。正确认识人与自然的关系，我们应从人与自然的伦理学和辩证关系两个方面来讨论。

(1) 人与自然的伦理道德关系 确认人与自然的和谐关系，具有强烈的时代性和挑战性，同时必有一种道德准则，主要有：第一，人是自然的一员，大自然为人类提供了各种资源和生存的环境。人类与自然界的其他生物不同，但是仍属于大自然。历史和实践证明人类只有依靠大自然才能发展和进步。第二，人类是大自然保护的主要负责人。在自然界中人类是有意识的，具有思维活动的能力，他们不是简单地接受自然界恩赐，而是不断地应用所有的自然条件去改造和超越自然，协调自然与自身的和谐发展。由于多年以来，人类过多重视了自身的发展，而忽略了自己保护自然界的责任，使人类与自然的关系紧张，人类也尝到了自己酿造的苦果。因此人类应该树立正确的生态文明观，达到人与自然和谐共处，协调发展。第三，人类应善待自然。人类是大自然的一员，又是自然的主人。人类与自然应该是和谐共处，尊重自然和热爱自然，以古人"天人合一"的思想加现代生态伦理道德观念来正确处理人与自然的关系。

可持续发展理论中的自然观是人与自然和谐统一的生态伦理道德观。我国古代就有一种有机的自然观——"天人和谐"，这种自然观包含社会生活及个人修养的原则，这种观念不仅具有理论意义，而且能用于指导我们发展经济和制定政策，对促进社会的发展具有重要的实践意义。在自然经济条件下，许多技术领域遵循这一原则，在发展生产的同时保证了人与自然关系的基本和谐。而经济日益发达的今天，正确对待人与自然的关系，也是实施可持续发展战略的思维方式的转变。首先人类中心主义的观点要改变为人类与自然和谐共处的生态价值观，因为我们每一个人都是自然界生态链上的一环，每一个人都在通过自己的行为方式不同程度地影响着自然界，作为生活在地球村的一位公民，必须同自然界建立一种友善、和谐的关系。

（2）人与自然的辩证关系　人与自然之间的现代关系，必然是历史的、实践的辩证关系。人是自然之子，来自于自然，归属于自然，是自然界的一部分。恩格斯指出："我们连同我们的肉、血和头脑都属于自然界，存在于自然界。"因此人类生存必须依赖于自然，受到自然界的影响和制约。同时，人类的思维和创造能力能够改造和支配自然。人类的生存和发展都离不开一定的生产和生活资料，更离不开与之相适应的生活环境。因为自然资源是人类改造自然的首要条件，这正如"巧妇难为无米之炊"，如果没有自然资源，人类就不可能进行各种能源和原材料的生产。另外人类改造自然必须借助于一定的物质手段，才能创造人类社会的物质财富。同时人类必须遵循自然规律，这是不以人的意志为转移的。无论如何，人只能作为自然界的一个部分来发展自然界的潜力，自然也只能在人作为自然界之内的一部分的意义上来展现它对人的生存意义。而现在首要任务是理清人与自然在历史的实践中的本质关系，重新认识人的生存和发展对于自然界的依赖性，重视自然界对于人的"优先地位"。只有这样，才能在人与自然二者的辩证统一发展的限度内，最大程度地发展人的主观能力和自然的效用，使人类向着一个更加美好的前景前进。

2.1.3　人与自然和谐共处是一种新的生态价值观

现代生态价值观的核心是"人与自然和谐共处"，目的在于建立人与自然和谐共处的关系。而可持续发展理论核心是仅仅围绕两条主线：首先，人与自然的关系统一。通过认识、解释、反演、推论等方式，寻求人与自然系统的合理化。把人的发展与人类需求满足同资源消耗、环境的退化、生态的威胁等联系到一起。其次，努力实现人与人之间的关系和谐。随着人类伦理观念的进化、观念的更新、道德的感召等人类意识的觉醒，更应通过政府规范、法律约束、社会有序、文化导向等人类活动的所有组织，逐步达到人与人之间关系（包括代内的关系和代际的关系）的调整与公正。可以看出可持续发展的实质是体现人与自然之间和人与人之间的关系的和谐与平衡。有效协同人与自然的关系，是保障人类社会可持续发展的基础；而正确处理人与人的关系，则是实现可持续发展的核心。"基础"不稳，则无法满足当代和未来人口的幸福生存与发展，"核心"背向，将制约人类行为的协同统一，进而又威胁到"基础"的巩固。可持续发展必须以人类与自然的相互作用为中心，强调自然界是人类生存和发展的基础，两者必须协调，人类的经济社会才能持续发展。人类和环境的协调统一，是可持续发展思维方式的核心和希望。当然，这也并非忽视其中包含的人与人的关系。人与人之间的代际关系和代内关系，都是通过人与自然之间的关系反映出来的。由此可见，人与自然之间的关系和人与人之间的关系是可持续发展的核心和重点，但是，在这两种关系中，人与自然之间的关系又是更为重要的关系，它是重中之重。

2.1.4　结论

自从地球上出现了人，人与自然界就发生了对象性关系。在一个相当长的时期内，人类一直弱小无力，"受制于天"，是自然界的一名"奴仆"，从而取得"受命于天"的地位。工业革命所创造出来的大规模机器化生产和矿物燃料使用则使人类掌握了无比巨大的能量，在"人定胜天"意志和理想的支配下，人类试图使自然界完全朝着自己所设定的方向变化。这种发展确实取得了很大的成功，但同时也产生了极大的负效应，造成人类生存的全球性危机，迫使人类不得不重新思考，于是提出可持续发展思想，以便将人类的未来发展引向"天人合一"的轨道上来。人类是自然界的产物，人类的前途和命运取决于人类同自然界的和谐相处程度，从"受制于天"到"天人合一"的发展恰恰反映了人类与自然界从不和谐到和谐的渐进演化进程，这正是人类可持续发展的逻辑基础和取得成功的关键所在。对我国这样一个资源缺乏、环境恶化，并承载着世界上最多人口的国家来说更加需要树立人与自然和谐共处的生态价值观，对我国的可持续发展具有重要的现实意义。

2.2　环境伦理观

2.2.1　环境伦理观的建构

环境伦理学是在20世纪40年代提出，70年代获得定位的一门新兴学科，随着工业化带来的环境问题的出现和逐渐加重，人们不断用宣言、政策、国策以及法律等手段来调整人和自然的关系，企图求得人和自然的和谐发展。但是人们认识到仅用上述手段还是不够的，还必须建构一种环境伦理学扩展道德功能的领域，把传统道德调整人和人之间的关系扩展到调整人和人以及人和自然之间的关系。人与自然之间以及受人与自然关系影响的人与人之间的伦理关系是环境伦理学的研究对象。环境伦理将伦理道德的视野扩展到了自然，是对传统伦理道德的补充和升华。环境伦理学通过对人类与自然环境伦理关系的重新认识，通过对自然价值的正确理解，改变人类旧有的以增强对自然界的征服掠夺为手段、以扩大自然资源消耗为代价的发展方式，建立起人与自然之间和谐的新伦理关系，以解决人类面临的环境危机，保证人类社会与自然的和谐发展。

环境伦理观强调对建立在可持续发展理论基础上的环境伦理观的研究，主张以可持续发展概念和思想为核心，建立现代环境伦理学理论体系，主张用环境伦理学的思想来解释和阐述可持续发展理论。可持续发展的环境伦理观的建构是基于可持续发展战略与环境伦理学的一种内在联系，即：一方面环境伦理学为可持续发展战略提供了理论上的支持，环境伦理学中对自然价值的认识和以环境公正为主体的道德规范系统构成了可持续发展论的环境伦理基础；另一方面，可持续发展战略也推动了环境伦理学的整合和超越，促进了环境伦理学的提高与发展。

2.2.2　环境伦理观的主要观点

环境伦理观在对环境危机的根源进行探索与反思的基础上，指出人与自然关系的对立是环境危机的深刻根源，它希望通过从多方面重塑人与自然之间的环境伦理关系，通过对自然价值的正确理解，改变人类旧有的以增强对自然的征服和掠夺为手段，以扩大自然资源的消耗为代价的发展模式，建立起人与自然之间和谐的新伦理关系，以解决人类面临的环境危机，保证人类社会与自然的和谐发展。因此，作为一种新的环境伦理理论，可持续发展的环境伦理观在自然观、价值观、技术观、人口观和消费观上有着全新的内容。

（1）"人与自然和谐相处"的自然价值观　环境伦理观认为：人类是自然的一部分，人类应该学会尊重自然；人类必须自觉约束自己干预自然的行为；人类必须把保护自然生态环境视为最重要的责任。

（2）倡导保证环境、经济与社会持续发展的技术观　众所周知，工业文明的辉煌成就是与技术紧密联系在一起的，技术给人类带来了福利、舒适、便捷，极大地提高了人们的物质生活水平。但是，随着工业文明弊病的日益显露，人们在反思现代化的同时，对支撑工业文明、推动经济发展的技术也进行了批判性审视。

面对工业文明的技术所带来的种种问题，环境伦理观提出了变革现代技术的主张，针对工业文明片面的、暴力型的、非持续性的技术，提出了全面的、非暴力型的、能够保证环境、经济与社会持续发展的技术方式与技术发展途径。

①　环境伦理观所倡导的技术是一种尊重自然、强调生态整体的协调、平衡的技术。环境伦理观所倡导的技术本质上是一种生态技术，也被称为"软技术"。环境伦理观要求实现科技的生态化，把是否有利于自然资源节约、利用和再生，是否有利于生态环境的稳定与完善作为科技成败得失的一个基本尺度。

②　环境伦理观所倡导的技术是一种规模与价格适宜，便于大多数国家特别是发展中国家运用，便于所有人参与的技术。环境伦理观主张，无论在发达国家还是发展中国家，都应该选择适合于一个国家或部门的特殊经济环境的技术。

③　环境伦理观所倡导的技术是一种讲究人性，符合人性的技术。它有助于人的创造性的发挥和身心的全面发展。环境伦理观坚持技术的人性化，认为那种机械的、单调的、毫无意义的、毁灭灵魂的、低能的劳动，是对人性的侮辱。技术的选择要留有发展人类创造性的充分余地，技术的人性化要求人们考虑技术的社会导向，人类的生存离不开科学技术，但科学技术的应用却需要社会的规范和监督。技术不仅服务于经济发展的直接目的，还必须确立以人为目的的宗旨，服务于人的全面发展。

可见，环境伦理观所倡导的技术必须有利于环境与生态平衡，有利于人性的展现与满足，有利于社会问题的解决。这一思想集中地体现在可持续发展的环境伦理观中。

2.2.3　控制人类人口增长的人口观

环境伦理观认为：地球的承载能力是有限的，人类生活和文化的繁荣与人类人口的减少相一致。当今世界面临着人类人口过度增长带来的环境社会、教育和生活保障的严重压力。可持续发展的环境伦理观主张控制人类人口的增长、保护自然环境、促进其他生命形式的丰富性和多样性，正如世界环境与发展委员会在《我们的共同未来》的报告中强调指出：人口不能继续以现有的速度增长。

2.2.4　可持续消费的消费观

工业社会倡导最大限度地满足人的物质欲望，崇尚消费主义，在消费主义价值观的影响下，人们把不断增加物质财富和不断扩大物质消费作为生活的目的，追求奢侈、挥霍型的消费生活方式。面对传统的物质型的消费方式带来的人类生存困境，《21 世纪议程》中明确指出："所有国家均应全力促进可持续消费模式，发达国家应率先达成可持续消费模式，发展中国家应在其发展过程中谋求可持续消费模式"。联合国环境规划署在1994 年于内罗毕发表的报告《可持续消费的政策因素》中提出了可持续消费的定义：提供服务以及相关的产品以满足人类的基本需求，提高生活质量，同时使自然资源和有毒材料的使用量最少，使服务或产品的生命周期中所产生的废物和污染物最少，从而不危及后代的需求。

可持续消费具有以下几个特点：①可持续消费是与环境承载能力相适应的消费模式，注重人与自然关系的和谐；②可持续消费要求人们节制物欲，倡导人们过健康、简朴、丰富的生活；③可持续消费以人的健康、生存为关注点，充满人道主义精神。④可持续消费强调在满足人类的基本物质需求的基础上，追求人类的精神丰富，致力于人的全面发展。

可持续消费是一种生态化的生活方式，它要求人们将生态意识、生态观念融入日常消费生活中，自觉维护生态环境，在满足基本生活需要的同时，更多地追求人的精神丰富，从而提高生活质量，实现人的全面发展。

2.3　环境伦理观的原则

环境伦理观以人与自然和谐统一的整体价值观为其理论基础，人与自然和谐统一的整体价值观的确立，决定了人类在处理与自然之间的道德关系时应当遵循以下原则。

（1）尊重自然的原则　"尊重自然"是由环境伦理学家泰勒提出的。泰勒认为人类尊重自然就是去发扬或维护生物或生态系统的善。为了使"尊重自然"落实到实践，泰勒提出了四个基本原则：不邪恶（nonmaleficence）、不干预（noninterference）、忠诚（fidelity）和恢复公正（restitutive justice）。

尊重自然的态度，源于人类对自然生态固有价值的认识，即并非只有人类才有享有水、空气、食物、栖息地等自然环境的权利，自然自身就拥有按照生态学规律持续生存的权利。所以，人类所享有的权利应该有限度，不能以造成其他生物不必要的痛苦和危害其他物种生存的方式来行使权利，不能只顾自己而剥夺其他生物的生存权利。

（2）保护生物多样性的原则　1992 年通过的《联合国生物多样性公约》开宗明义地指出：缔约国意识到生物多样性的内在价值和生物多样性及其组成部分的生态、遗传、社会经济、教育、文化、娱乐和美学价值，还意识到生物多样性对净化和保持生物圈的生命维持系统的重要性，确认生物多样性的保护是全人类的共同关切事项。

（3）可持续生存的原则　可持续发展环境伦理观是以人与自然和谐统一的整体价值观为基础，吸取各家所长形成的，它的可持续生存的基本道德原则是当一个事物有助于保护生物共同体的和谐、稳定和美丽的时候，它就是正确的；当他走向反面时，就是错误的。

（4）人类对自然的保护责任的原则　人类对自然的保护责任是一种特殊的伦理要求，因为只有人类具有道德主体的地位和道德主体的能力，具有自觉的道德意识，能够进行道德选择和做出道德决定。所以，只有人类是道德代理，这也就决定了人类的特殊责任，即人类对自然的道德责任，人既有改造自然的权利和自由，同时也有保护自然的义务和责任。人类作为道德代理人有着维护生态环境的义务，从而在一定程度上扩展了人类自身的权利和义务，即：一方面，人类作为地球生态系统中普通的一员而拥有获得和享用自然资源的权利，但拥有权利并不等于说人类对自然具有支配权，他必须同样遵守自然界中权利与义务的一致性，他必须和其它物种一样，在从自然界获取生存条件的同时，还有向其它生物生存提供条件的义务；另一方面，其它生物同样拥有自然权利，只是在实现这些权利时有赖于人类对自然义务的履行。

环境伦理观所包含的两个正义原则是：①一部分人的发展不应损害另一部分人的利益；②满足当前需要又不损害子孙后代满足其需要的能力，也就是说，可持续发展环境公正包括不同地域、不同人群之间的代内环境公正和现代人和后代人之间的代际环境公正。

第2篇 中国可持续发展概述

第3章 中国可持续发展进程

3.1 中国可持续发展历程

从1992～2013年中国实施可持续发展的二十多年历程当中，可持续发展在中国的全面推行体现在以下具有里程碑意义的重大事件和重大活动之中。

1992年6月3日～14日，联合国环境与发展大会在巴西里约热内卢召开，李鹏总理率中国代表团出席。会议通过《里约环境与发展宣言》、《21世纪议程》等重要文件。此次大会体现了当今人类社会可持续发展的新思想，反映了关于环发领域合作的全球共识和最高政治承诺，是世界发展史上里程碑式的事件。

1994年3月25日，国务院第16次常务会议讨论通过《中国21世纪议程——中国21世纪人口、环境与发展白皮书》。

1996年3月，八届全国人大四次会议批准了《中华人民共和国关于国民经济和社会发展"九五"计划和二〇一〇年远景目标纲要的报告》，第一次以国家最高法律形式把可持续发展作为国家的重要发展战略。

1997年3月，中央在北京召开第一次计划生育与环境保护座谈会，以后每年举行一次，并于1999年扩大为中央人口、资源、环境座谈会。

1998年，全国抗洪斗争取得胜利，全国人大常委会修订《森林法》、《土地管理法》，在长江中上游全面启动天然林保护工程。

1998年中央政府批准全国生态环境规划，接着又在2001年批准实施《全国生态环境保护纲要》。

2000年10月，国务院提出了关于实施西部大开发若干政策措施，在优先保护生态环境的条件下，开工建设十大项目。

2001年3月，九届全国人大四次会议通过"十五"计划纲要，将实施可持续发展战略置于重要地位，完成了从确立到全面推进可持续发展战略的历史性进程。

2002年约翰内斯堡首脑会议（可持续发展问题世界首脑会议）使各国国家元首和政府首脑、国家代表和非政府组织、工商界和其他主要群体的领导人聚集一堂，将全世界的注意力集中在可持续发展的各项行动之上。可持续发展要求改善全世界人民的生活质量，即使增加利用自然资源，也不能超出地球的承受能力。

2003年，党的十六届三中全会明确提出："坚持以人为本，树立全面、协调可持续的发展观，促进经济社会和人的全面发展。"

2003年12月23日，国务院新闻办公室23日发表《中国的矿产资源政策》白皮书，指出中国将主要依靠开发本国的矿产资源来保障现代化建设的需要，强调中国高度重视可持续发展和矿产资源的合理利用，并将扩大矿产资源勘查开发的对外开放与合作。这是中国首次就矿产资源政策发表白皮书。

中国共产党第十七次全国代表大会把科学发展观写入党章，成为中国共产党的指导思想之一。大会提出"坚持以人为本，树立全面、协调、可持续的发展观，促进经济社会和人的全面发展"，和"统筹城乡发展、统筹区域发展、统筹经济社会发展、统筹人与自然和谐发展、统筹国内发展和对外开放"的发展观。

2012年11月8日，党的十八大提出大力推进生态文明建设，即当前和今后一个时期，要重点抓好四个方面的工作：一是要优化国土空间开发格局；二是要全面促进资源节约；三是要加大自然生态系统和环境保护力度；四是要加强生态文明制度建设。在这次会议上首次提出"建立资源有偿使用制度和生态补偿制度"。

3.2　中国可持续发展战略

中国可持续发展战略，是中国政府为响应联合国号召，按照国际规范和标准制定的国家级可持续发展战略规划，标志着中国对待发展问题的认识和对发展道路的选择有了一个历史性的转变。

3.2.1　制定可持续发展战略的背景因素与思路

自从1992年6月联合国环境与发展大会后，中国政府之所以率先制定国家可持续发展战略《中国21世纪议程——中国世纪人口、环境与发展白皮书》，主要基于以下三个因素。

(1) 履行国际义务及对世界的庄重承诺　在被称作"地球首脑会议"的联合国环境与发展大会上，讨论通过了一个具划时代意义的重要文件——《21世纪议程》，这是联合国为世界各国实现可持续发展提供的一个行动准则，以确保各国在其经济发展过程中，既要保护好生态环境，也能促进经济的进一步发展，从而实现保护全球环境的奋斗目标。会议之后，联合国明确要求世界各国可根据国情，尽快制定本国的行动计划、战略目标和优先领域，采取切实的行动，实现《21世纪议程》所提出的战略目标。因此，制定并组织实施中国可持续发展战略，既表明了中国政府对联合国环发大会决议积极响应的明确姿态，也是中国政府坚决履行国际义务和对推进全球发展庄重承诺的有力佐证。

(2) 走具有中国特色的可持续发展道路，是正确的、必然的抉择　中国是一个发展中国家，提高人民生活质量，改善人民生存环境是一项十分紧迫的任务。但在发展经济时，我们不仅失去了发达国家工业化过程中拥有广阔的世界市场和利用全球原料资源以及无偿使用全球环境资源的优势，相反却面临着保护环境、防止污染的强大压力。随着经济高速发展和人口不断增长，生态环境问题已成为社会和经济发展中的重要制约因素。尽管我国已把环境保护作为一项基本国策并为实现环境与经济的协调发展作出了很大努力，但由于环境问题欠债太多，加上经济技术实力薄弱，不论是自然生态环境的保护，还是环境污染的控制与治理，与世界水平还相距甚远。许多经济、商贸、社会发展等方面的问题已对我国的对外开放、外向型经济发展以及国际地位和形象产生了部分消极影响。《21世纪议程》所规定的实现可持续发展的行为准则与我国保护环境、发展经济的思路与方向是一致的。因此，从国情出发，制定中国的可持续发展战略，探索出一条具有中国特色的可持续发展道路，实现环境与经济的协调、持续发展，是中国发展道路的必然选择。

(3) 树立良好的国际形象，争取国际援助　环境与发展大会后，联合国开发计划署及有关联合国机构和国际组织便着手制定《21 世纪议程》全球援助计划，建立世纪能力基金，支持各国的可持续发展能力建设、人才培训以及各国所提出的最为优先的发展领域和项目，以推进世界各国实施《21 世纪议程》的进程。联合国及有关国际机构希望中国在执行《21 世纪议程》方面走在前面，并对中国可持续发展战略的实施给予资金和技术上的支持帮助。中国是个发展中的人口大国，正面临着人口基数过大、资源相对短缺、环境问题较为突出的发展矛盾，其发展速度和质量对推进《21 世纪议程》的贯彻实施具有重要意义。因此，制定我国的可持续发展战略规划表明了我国认真履行国际义务的严肃态度，有利于树立良好的国际形象，争取国际援助，借助国际上的资金、技术和人才力量来推进我国的可持续发展事业。

3.2.2　中国可持续发展战略的组成

中国可持续发展战略是一个多层次、多要素的有机整体，它主要由以下方面组成。

（1）人口战略　控制人口数量，提高人口素质，开发人力资源。

人口发展是社会经济发展的一个有机组成部分，不能离开经济社会发展状况去谈论人口发展。因此，从我国的国情出发，要继续巩固当前在人口控制方面所取得的成果，实现与经济发展、资源承载、环境质量、生存空间和人口自身发展规律相协调的"适度人口"目标。根据土地承载力研究提供的资料，我们认为 2020 年人口不应超过 14.6 亿，2030 年实现人口的零增长，22 世纪最大规模不超过 16 亿，以 15 亿为控制目标较为恰当。在重视控制人口数量的前提下，要大力发展教育事业，积极培养各方面人才，提高人口素质，尽快减少总人口中文盲和半文盲的比例。

（2）资源战略　建立资源节约型的国民经济体系。其主要包括以下内容。

① 建立以节地、节水为中心的集约化农业生产体系。包括发展多熟制种植，提倡立体多层农业，采取先进的灌溉制度与技术和科学的施肥制度等，建立节时、节地、节水、节能的高效低耗的集约化农业生产体系。

② 建立以节能、节材为中心的节约型工业生产体系。包括采取技术改革、技术革新，加强资源综合勘探、综合开发和综合利用，提高资源的利用率、回收率与降低能耗物耗；开展工业用水的重复利用、循环利用；提倡废物利用，变害为利，重视二次资源开发利用；发展规模经营，杜绝低水平重复建设等。

③ 建立以节省运力为中心的节约型综合运输体系。包括充分发挥各种运输方式的优势，建立以铁路为骨干，铁路、公路、水运、航空、管道等有机结合、联运联营的综合运输网络；发挥水运（海运和内陆河运）运时大、耗能低的优势；发展油、气、煤浆的管道运送；建立以公共交通为主的城市交通体系，有条件地实行人、车分流；合理布局工业，发展集装箱运输，提倡运输社会化，减少空运率等。

④ 建立以适度消费、勤俭节约为特征的生活服务体系。我们主张与经济发展阶段和经济增长速度相适应的消费水平与生活方式，反对超越社会生产力水平的超前消费、高消费。提出资源节约型的国民经济体系，并无丝毫否定或贬低开源的意义和作用，相反还要积极提倡开源，提出资源节约型的主要目的在于合理地、充分地利用可贵的自然资源。

（3）环境战略　建立与发展阶段相适应的环保体制。

在现阶段，要充分考虑我国经济发展和国力的实际情况，使环境保护和环境建设的速度与国民经济增长的速度相协调。为此，应努力做到以下几点。

① 坚持经济建设、城乡建设、环境建设同步规划、同步实施、同步发展的战略方针，遵循经济效益、社会效益、环境效益相统一的原则，在经济建设和社会发展的同时，保护生

态环境，努力促进国民经济持续、稳定、协调、健康地发展。

② 坚持把环境保护纳入国民经济和社会发展计划和长远规划，实现国家计划指导下的宏观管理、调节和控制，使环境保护与各项建设事业统筹兼顾、综合平衡、协调发展。

③ 在工业、农业及其他产业部门中，建立以合理利用自然资源为核心的环境保护战略，坚持把保护环境和自然资源作为生产发展的基础条件，推行有利于保护环境和合理利用自然资源的经济、技术政策。

④ 建立和健全国家和地方各级政府的环境保护机构，逐步形成以各级政府环保部门为主管，各级有关管理部门分工的统一管理、相互协调、分工合作、各负其责的环境管理体制。

⑤ 适时颁布、实施环境保护的法律、法规、条例、标准，把环境保护建立在法制的基础上，不断完善、配套、推行各项环境管理的制度、措施，使环境管理走向制度化、规范化、科学化。

⑥ 搞好环境保护的宣传教育，不断提高全民环境意识和科学文化素质，大力培养环境科学和技术方面的专门人才。

（4）社会战略　正确处理好改革、发展和稳定三者之间的关系。

实现我国可持续发展的战略目标，当务之急是要正确处理好改革、发展和稳定三者之间的关系。

① 必须牢记发展这个"硬道理"。中国解决所有问题的关键是要靠自己的发展，只有集中力量发展生产力，才能使我国的综合国力不断增强，人民的生活水平不断提高；才能巩固和发展社会主义制度，保持国家和社会的稳定；才能从根本上摆脱经济文化落后的状况，跻身于世界现代化国家之林。总之，发展是解决国际国内一切问题的基础，是我们全部工作的中心。

② 为了更快地发展，必须坚持和深化改革。我国这些年经济快速发展和社会巨大进步的事实证明：改革是社会主义发展的强大动力。改革的重大意义不仅在于解决当前经济和社会发展中存在的一些重大矛盾和问题，推进社会生产力的解放和发展，而且还在于为今后长期的持续、稳定、协调、健康地发展和国家的长治久安打下坚实的基础。

③ 改革和发展必须有稳定的政治和社会环境。目前，我国正处于新旧体制转换和经济快速发展时期，保持稳定具有特别重要的意义。重大改革的推行，一定要把握好人民群众总体受益和总体承受能力这个原则，同时要密切注意可能引起的负面效应，并及时采取必要措施，以化解矛盾，使改革引起的社会震动减少到最低程度。

总之，为了保证我国可持续发展战略的顺利实施，在建设有中国特色社会主义过程中，我们必须把握好发展的速度、改革的力度和稳定的程度，使三者协调地向前推进，这是使我们的事业立于不败之地的根本保证。

3.2.3　中国可持续发展战略的八大主题

（1）始终保持经济的理性增长　在这里特别强调一种"效益内涵"下的经济增长。它既不同意限制财富积累的"零增长"，也反对不顾一切条件提倡过分增长。所谓注重效益内涵的健康增长，一般指在相应的发展阶段内，以"财富"扩大的方式和经济规模增长的度量，去满足人们在自控、自律、自觉等理性约束下的需求。著名经济学家索罗认为："可持续发展就是在人口、资源、环境各个参数的约束下，人均财富可以实现非负增长的总目标"。

（2）全力提高国民财富的质量　它意味着新增财富的内在质量，应不断地、连续地加以改善和提高。除了在结构上要不断合理与优化外，新增财富在资源消耗和能源消耗上要越来越低；对生态环境的干扰强度要越来越小；在知识的含量上要越来越高；在总体效益的获取上要越来越好。

（3）满足"以人为本"的基本需求　可持续发展的核心是围绕人的全面发展，人的基本生存需求和生存空间不断被满足，是一切发展的基石，因此一定要把全球、国家、区域的生存支持系统维持在规定水平的范围之内。通过基本资源的开发提供充分的生存保障，通过就业的比例和调配，达到收入、分配、储蓄等在结构上的合理性，进而共同维护全社会成员的身心健康。

（4）调控人口的数量增长，大力提升人口素质　人口数量的年平均增长率首先应稳定地低于 GDP 的年平均增长率，始终要把人口素质的提升纳入到政策的首要考虑之中，其实质就是把人口自身再生产同物质的再生产"同等地"保持在可持续发展的水平上。根据联合国开发计划署（UNDP）在其年度报告《人类发展报告》中的研究，人口资源向人力资本的转变，首先要把人的"体能、技能、智能"三者的合理组合置于可接受的状态之下，达到人口与发展之间的理想均衡。

（5）维持、扩大和保护自然的资源基础　地球的资源基础在可以预期的将来，仍然是供养世界人口生存与发展的唯一来源。可持续发展规定了必须保持财富的增长并满足人类的理性需求，它的实物基础主要地依赖于地球资源的维持、地球资源的深度发现、地球资源的合理利用乃至于废弃物的资源化。

（6）集中关注科技创新对于发展瓶颈的突破　可持续发展始终强调"人口、资源、生态环境与经济发展"的强力协调，科技进步在可持续发展战略实施中，能够迅速把研究成果积极地转化为经济增长的推动力，并克服发展过程中的瓶颈，以此达到可持续发展的总体要求。科学技术的发展，经济社会的发展，管理体制的发展，这 3 个主要方面将作为一个互为联系的大系统，通过宏观的调适和寻优，达到突破发展瓶颈的目标要求。

（7）始终调适环境与发展的平衡　可持续发展不赞成单纯为了经济增长而牺牲环境的容量和能力，也不赞成单纯为了保持环境而不敢能动地、智慧地开发自然。二者之间的关系在协同进化的总要求下，可以通过不同类型的调节和控制，达到在经济发展水平不断提高的同时，也能相应地将环境能力保持在允许的水平上。

（8）重点优化效率与公平的匹配　效率与公平，是社会经济发展过程中一对更深层次的交互矛盾。一般而论，偏重于效率的提高，所带来的后果之一可能是牺牲了公平。从另一方面看，倘若过分地照顾公平，所带来的后果之一可能是抑制甚或窒息了经济发展的活力。依照可持续发展的实践需要，既要保持效率的强劲增长，又要保持公平的良好实现，因此，两者的有机结合和均衡协同，是一个健康的可持续社会必备的基础条件。

3.3　《中国 21 世纪议程》

3.3.1　《21 世纪议程》

1992 年 6 月，召开了联合国环境与发展大会。会上所通过的关于全球保护环境、促进经济可持续发展的《21 世纪议程》决议文件，着重阐明了人类在环境保护与可持续发展之间必须做出的抉择和行动方案，并对全球环境合作及建立新的伙伴关系提出了原则性的意见。

议程首先阐明：要解决全球的环境与可持续发展问题，必须建立一种新的全球伙伴关系，实现一个更有效率的、公平的世界经济新秩序。《21 世纪议程》分为社会和经济、促进发展的资源保护及管理、加强主要团体的作用、实施手段 4 个方面。

议程的主要内容包括：①经济增长、社会发展和消除贫困是发展中国家首要的优先事项。国际社会和发达国家应特别关注和支持、援助发展中国家的发展问题。②通过贸易自由化促进可持续发展，建立一个开放的、公平的、非歧视性的、符合可持续发展目标并能使全球生产按照相对优势得到最佳分配的多边贸易制度。③向发展中国家提供额外的、足够的财政资源，并解决发展中国家特别是贫困国家的债务问题，使其向可持续发展方向转变。④增进和加强发展中国家的科学能力和潜在能力建设；增进发展中国家的科技教育和培训；协助发展中国家改善研究和发展的基础设施；发达国家应将环境无害化的科技成果以非商业性的优惠条件援助发展中国家。⑤加强商业和工业在环境保护方面的作用，以保护自然资源和生态环境。⑥所有社会团体的赞助和真正的参与是各国为求有效落实《21 世纪议程》所有方案领域内各国政府所同意的目标、政策和机制，实现可持续发展的基本的先决条件。

3.3.2　《中国 21 世纪议程》的主要内容

1994 年 3 月 25 日李鹏总理主持国务院第十六次常务会议，通过了《中国 21 世纪议程》——中国 21 世纪人口、环境与发展白皮书。这是世界上第一个出台的国家级 21 世纪议程，引起国内外的极大关注。《中国 21 世纪议程》被定为国家制定"九五"计划和到 2010 年远景目标的指导性文件。

3.3.2.1　《中国 21 世纪议程》的主要内容

《中国 21 世纪议程》共有 20 章，设 74 个方案领域，大体上分为可持续发展总体战略，社会与人口可持续发展，经济可持续发展，资源、环境保护与可持续利用四大部分（图 3-1），其主要内容如下。

第一部分：可持续发展总体战略。

这一部分由序言、可持续发展战略与对策、可持续发展立法与实践、费用与资金机制、可持续能力建设以及团体及公众参与可持续发展共六章组成，设 15 个方案领域。

该部分从总体上论述了中国可持续发展的背景、必要性、战略与重大行动，强调可持续发展的前提是发展，提出了要逐步建立国家可持续发展的政策体系、法律体系以及促进可持续发展的综合决策机制和协调管理机制。依靠科技进步增加经济效益，提高劳动者素质，不断改善发展的质量，促进可持续发展的社会体系、资源可持续利用与环境基础的建设。其中，教育和科技的能力建设在可持续发展总体战略中占有突出重要的地位，包括健全可持续发展管理体系，加强人力资源开发，采取各种措施，提高受教育者特别是计划管理决策人员的可持续发展意识和能力，实现人口、经济、社会、资源和环境的综合协调发展。此外，这一部分还指出，《中国 21 世纪议程》的实施费用将主要依靠中国政府的自身投入，同时广泛吸收国际社会和民间、企业、个人的投入，推动金融界以信贷、保险业务等形式支持中国的可持续发展。

第二部分：社会与人口可持续发展。

这部分由人口、居民消费与社会服务、消除贫困与可持续发展、卫生与健康、人类住区可持续发展和防灾减灾共五章组成，设 19 个方案领域。

该部分包括继续贯彻实行计划生育、控制人口数量、提高人口素质这一基本国策，控制人口增长，提高人口素质，特别要改善妇女受教育条件，提高农民文化素质，转变传统的生育观念，同时注重满足人民基本的卫生保健需求，减少地方病、控制传染病，减少因环境污染和公害引起的健康危害，保护易感人群，迎接城市的卫生挑战。此外，在工业化、城市化

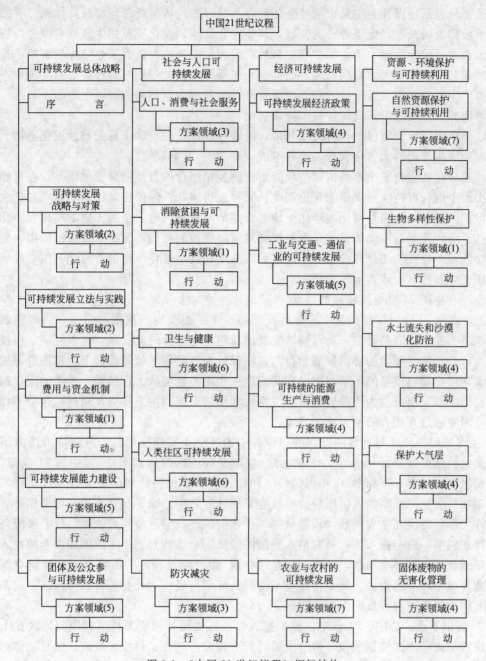

中国21世纪议程

| 可持续发展总体战略 | 社会与人口可持续发展 | 经济可持续发展 | 资源、环境保护与可持续利用 |

图 3-1　《中国 21 世纪议程》框架结构

进程中，要积极发展中小城市和小城镇，加强基础设施建设，完善住区功能，改善住区环境，促进建筑业的发展，同时建立起与社会经济发展相适应的自然灾害防治体系。贫困是中国可持续发展的大敌，为此，《中国 21 世纪议程》提出通过实施行之有效的扶贫政策和措施，增强贫困地区自身经济发展能力，到 20 世纪末实现国家"八七扶贫攻坚计划"目标，基本解决 8000 万贫困人口的温饱问题。

第三部分：经济可持续发展。

这部分由可持续发展经济政策，工业与交通、通信业的可持续发展，可持续的能源生产和消费，农业与农村的可持续发展共四章组成，设 20 个方案领域。

这部分包括建设社会主义市场经济体制以及综合的经济与资源环境核算体系，有效利用经济手段和市场机制，促进经济的发展，调整农业结构，优化资源和生产要素组合，提高农业投入和农业综合管理水平，保护农业自然资源和生态环境；改善工业结构与布局，推广清洁生产工艺和技术；大力发展交通、通信业；加强综合能源规划与管理，提高能源效率与节能，推广少污染的煤炭开采技术和清洁煤技术，开发利用新能源和可再生能源。

第四部分：资源、环境保护与可持续利用。

这部分由自然资源保护与可持续利用、生物多样性保护、水土流失和沙漠化防治、保护大气层和固体废物的无害化管理共五章组成，设20个方案领域。

该部分包括建设基于市场机制与政府宏观调控相结合的自然资源管理体系，在自然资源管理决策中推行可持续发展影响评价制度，完善生物多样性保护法规体系，建立和扩大国家自然保护区网络；加强荒漠化和沙化土地综合整治与管理，建立全国土地荒漠化和沙化监测和信息系统；控制温室气体排放，发展消耗臭氧层物质的替代产品技术，防治酸雨；完善有害废物处理、处置的法规和技术标准体系，实施废物最小量化，提倡资源化利用，发展无害化处理、处置技术，建设示范工程。

3.3.2.2　《中国21世纪议程》的特点

①《中国21世纪议程》为中国今后发展描绘了一幅美丽的蓝图，中国今后的发展将不只是经济的发展，而是要走一条可持续发展的新路。这是新的发展观，是以经济、科技、社会、人口、资源、环境的协调发展为目的，在保持经济高速增长的前提下，实现资源的综合和持续利用，环境质量的不断改善。使我们这一代不但能够从大自然赐予人类的宝贵财富中获得我们所需，而且也为子孙后代留下可持续利用的资源和生态环境。当然，这项工作是巨大的，需要经过几代人的努力才能完成。

② 可望解决环境与发展两方面的问题。中国经济正在快速增长，对环境的压力不断增加，重要的是要处理好环境与发展的关系，将解决环境问题落到实处。《中国21世纪议程》作为我国制定"九五"和2001年国民经济和社会发展中长期计划的重要指导性文件，并通过优先项目将这一战略纳入国民经济和社会发展计划之中。除了日常性的环境工作外，每年办几件大事，解决几个大问题，长期坚持下去我们的环境问题会明显改善。过去解决环境问题和计划脱节，资金投入少，只有纳入到国民经济的全盘计划之中才能保证资金的投入，才能真正缓解和解决环境问题。环境问题是《中国21世纪议程》中的重点，这样就克服了以往的就环境论环境的做法，而是将环境与发展，环境与经济、社会、自然协调统一起来，从根本上解决了环境与发展两方面的问题。

③ 突出重点。《中国21世纪议程》把人口、环境保护和资源持续利用问题放在十分重要的位置加以考虑。特别重视可持续发展的能力建设，教育、科技、政策、法规、体制、公众参与等都作为《中国21世纪议程》的重要内容，体现在能力建设的目标与行动中。力求结合中国国情，选择重点，分别轻重缓急，分阶段、有计划地摆脱传统发展模式，逐步由高消耗、低效益经济过渡到资源节约型经济。

④ 具有可操作性。从总体上讲，《中国21世纪议程》是一个重要的指导性文件，从制定之初就考虑到其可操作性，所以在制定《中国21世纪议程》的同时，也制定了滚动优先项目计划，将指导性文件和可实施的具体项目相结合。

⑤ 全民参与的计划。实施《中国21世纪议程》一个非常重要的方面是面向全体公民，特别强调对各级管理者进行可持续发展观念的教育，使他们逐步认识和理解可持续发展观。尤其在当前由计划经济向社会主义市场经济的转变过程中，使管理者在决策过程中自觉地把

环境与发展紧密结合起来，并通过他们不断地向人民群众灌输可持续发展思想和组织实施。

3.4　美丽中国的永续发展

继十七大报告之后，十八大报告再次论及"生态文明"并首次提出建设"美丽中国"。十八大报告明确指出，"面对资源约束趋紧、环境污染严重、生态系统退化的严峻形势，必须树立尊重自然、顺应自然、保护自然的生态文明理念，把生态文明建设放在突出地位，融入经济建设、政治建设、文化建设、社会建设各方面和全过程，努力建设美丽中国，实现中华民族永续发展"，"美丽中国"成为社会各界关注的新词。

3.4.1　美丽中国的含义

"美丽中国"是一个集合和动态的概念，是绿色经济、和谐社会、幸福生活、健康生态的总称，是全球可持续发展、绿色发展和低碳发展的中国实践，是对保护地球生态健康和建设美丽地球的智慧贡献。努力建设美丽中国是新时期我国发展的重大战略布局，是改善民生创造幸福生活的时代要求，是全面建设小康社会的必然选择，是中华民族可持续发展的迫切需要。

美丽中国是生态文明建设的目标指向，生态文明建设是建设美丽中国的必由之路。从中央到地方，打造美丽中国的布局谋篇正在展开。推进生态文明、建设美丽中国，重在继续加强环境保护，积极探索在发展中保护、在保护中发展的环境保护新道路，遵循代价小、效益好、排放低、可持续的基本要求，努力形成节约环保的空间格局、产业结构、生产方式、生活方式，推进环境保护与经济发展的协调融合。此外，加强生态文明制度建设也是重要的一环，包括建立科学的决策和责任制度、建立有效的执行和管理制度、建立内化的道德和自律制度。同时，要综合运用法治力量，通过进一步科学立法、严格执法、强化公正司法、促进全民守法，加速迈向美丽中国的步伐。

3.4.2　建设美丽中国

美丽中国的建设，不仅仅是生态文明的建设，同时还要把经济建设、政治建设、文化建设、社会建设纳入进来。生态文明建设在十八大报告中单独成篇，标志着中国特色社会主义事业总体布局从"四位一体"扩展为"五位一体"。其中最应强调的是生态文明建设。

3.4.2.1　明晰路径，推进生态文明建设

面对资源约束趋紧、环境污染严重、生态系统退化的严峻形势，着力推进绿色发展、循环发展、低碳发展是十八大报告提出的生态文明发展路径，也是当代中国当仁不让的选择。

走生态文明发展道路，就要建设低投入、高产出，低消耗、少排放，能循环、可持续的国民经济体系，建立节约型生产方式、生活方式和消费模式，建设资源节约型社会、环境友好型社会、气候适应型社会，发展循环经济、低碳经济和绿色经济，实施国家综合防灾减灾战略，建设绿色中国。

3.4.2.2　加强生态教育，提高全民族的生态素质

生态文明最终要落实到公民的生态素养上，如果公民个体没有形成建设生态文明的巨大凝聚力和社会氛围，即使政府和企业的责任尽到了，也会使生态文明的效果大打折扣。这种全新范式的文明不会自发地产生，它需要生态公民的自觉追求和积极参与。具有生态文明意识且积极致力于生态文明建设的现代公民就是生态公民。其最重要的一点是建立完善的生态教育机制，运用广播、电视、报刊等各种新闻媒体，广泛宣传绿色产业、可持续性消费、生

态城市、生态人居环境等有关生态文明建设的科普知识，将生态文明的理念渗透到生产、生活各个层面，增强全民的生态保护意识、参与意识和责任意识，树立全民的生态文明观、道德观、价值观，形成人与自然和谐相处的生产方式和生活方式。

3.4.2.3　发展生态产业，加强生态治理

现阶段发展生态产业的重点，是要建立起节约资源、少环境污染型的国民经济体系，走生态农业、生态工业的发展道路。发展生态产业，一要加大产业结构和产业布局的战略性调整，努力推进传统企业向高新企业转移，不断提升产业发展的规模和档次，为生态环境改善创造条件；重视节约资源、有效利用资源，下决心关停那些能源消耗大、经济效益差、环境污染重的企业；发展生态农业，主要包括绿色农业食品和绿色食品原料，生态林业、草业、花卉业，生态渔业，观光农业，生态畜牧产品，生态农业手工业等方面。二要实施生态治理，通过多元参与，在对话、沟通、交流中形成关于公共利益的共识，做出符合大多数人利益的合法的决策，建立在市场原则、公共利益和认同的基础之上的良性互动机制；大力推行 ISO 14000 环境管理体系认证，主动按照国际通行的"绿色"标准组织生产，提高产品在国际市场上的竞争能力；研究开发生态技术，重点解决危害人民群众身体健康、社会最为关心的环境问题，加快自然保护区、环境优美城市和生态省（市、区）的创建工程，全面推进生态环境的保护和治理。

3.4.2.4　完善生态文明建设的政策和法律体系

必须将环境保护纳入经济、社会发展计划与决策之中，建立循环经济型社会，建立绿色 GDP 的国民经济核算体系，建构生态化的法律与政策体系。

（1）建立环境经济政策体系　按照市场经济规律的要求，运用价格、税收、财政、信贷、收费、保险等经济手段，影响市场主体行为的政策手段，构建绿色税收、环境收费、绿色信贷、生态补偿、排污权交易、绿色贸易和绿色保险等环境经济政策，最终建立起我国完善的环境经济政策体系。形成引导生态型项目开发的扶持性政策，防止和遏制破坏性经营的刚性约束政策，旨在快速恢复生态植被的资源补偿性政策以及旨在为生态文明建设提供智力支持的科技投入政策。同时，加快国家标准制度体系的建设，制订和完善各类产业标准、行业标准和产品标准。

（2）建立环保监察体系　目前，环境保护部环境监察局和陆续成立的华南、西南、东北、西北、华东、华北六大环保督查中心 7 个部门已经构成了我国国家层面的环保国家监察体系。建立的独立于地方管辖的区域环保督查机构有助于国家的监管垂直到底，缓解国家监管能力不足的问题。但环境问题涉及企业、政府和民众 3 个治理主体，要使环保监察体系产生监督管理的长期效果，还需要针对政府和民众这两个主体充分发力，形成"三管齐下"的高压态势，尤其是充分挖掘、发挥公众在环保监察中的作用，依法保障而不是限制公众参与环保的权利，建立政府与公众的政策对话平台，使公众在环保参与中与政府形成良性互动。

（3）建立环境公益诉讼制度　突破原有"直接受害人才有权利提起民事诉讼"的现行环境诉讼法律规定，司法方面逐步扩大环境诉讼的主体范围，从环境问题的直接受害者扩大到政府环境保护部门，扩大到具有专业资质的其他环保组织，再扩大到更广大的公众群体，将群众日益增长的环境权利要求纳入规范有序的管理中。最终形成任何公民、社会团体、国家机关为了社会公共利益，都可以以自己的名义向国家司法机关提起诉讼的制度。同时，针对环境诉讼往往涉及比较专业的技术问题这一障碍，为公众的环境诉讼创造便利的司法条件。

3.4.2.5　建立生态文明指标体系

生态文明评估指标体系的建立应在积极吸收当前生态省、市、自治区，环境保护模范城

市，环境优美乡镇及生态工业区等建设成果的基础上，以人与自然和谐发展为核心，以建设资源节约型、环境友好型社会两大主线为支撑，以 DPSIR（驱动力—压力—状态—影响—响应）为模型，采用"问题驱动"的模式对生态文明建设进行系统、深入的调查和分析，并摸清相关活动、问题、状态、影响、措施之间的因果关系，建立生态文明评估指标体系框架。环境指标体系见表 3-1。

表 3-1　环境指标体系

类别	因素	考核指标
驱动力	经济增长	人均 GDP 和 GDP 增长率、人均工业增加值、工业分布密度
	社会发展	人口增长率、城镇化/工业化水平、人口密度
压力	资源消耗	单位 GDP 综合能耗、单位 GDP 耗水量、人均耕地面积
	污染物排放	单位 GDP 废水产生量、单位 GDP 固体废物产生量、单位 GDP COD 排放量
状态	资源	耕地保有量、一次能源储存量及可采年限、人均水资源量、工业分布密度
	环境	大气环境质量指数、水环境质量指数、区域环境噪声平均值、土壤综合污染指数
	生态	绿地覆盖率、森林覆盖率、生物多样性指数、生态系统完整性
	基础设施	城市基础设施系统完好率
影响	社会经济	人口平均寿命、人均可支配收入、环境事故造成的经济损失
	生态环境	酸雨频率、环境污染纠纷指数、区域流行病发病率、人均绿地面积
	社会评价	绿色 GDP 占总 GDP 的比例、公众对环境的满意度
响应	物质减量化	再生水回用率、能耗下降率、可再生能源使用量、水重复利用率、固废综合利用率
	产业消费	产业结构合理性、空间布局合理性、清洁生产审核通过率、政府绿色采购率、环境友好型企业比率
	污染治理	污水排放达标率、废水集中处理率、清洁能源使用率、危险废弃物安全处置率、环境投入占 GDP 比例
	管理制度	"三同时"执行率、环境管理制度建设的完善程度、信息平台建设的完善程度、规模化企业通过 ISO 14000 认证率、环境应急议案及响应系统建设

第4章 中国可持续发展现状分析

4.1 中国人口资源发展现状概述

4.1.1 我国人口发展的现状

（1）人口基数大　2000 年我国人口达到 12.95 亿，占世界人口的 22% 以上，也就是说世界上每 5 个人中就有 1 个中国人，而世界上的国家好几百个。目前，我国人口已达 13 亿多，不仅居世界之冠，而且大大超过其他人口大国。

（2）增长速度快　由于社会主义生产力的日益发展，人民生活改善了，医疗卫生事业进步了，人口死亡率大幅度下降，死亡率的下降造成了人口寿命的延长，我国平均预期寿命达到 68～70 岁。但是人口出生率却持续在高水平上，这就造成了人口的增长速度加快。据统计，从 1949～1982 年的 33 年里，人口由 5 亿 4 千万增加到 10 亿 800 多万，比新中国成立前人口增长率高了 7 倍多，比 1982～2002 年增加了 3 亿。

（3）年龄结构轻　我国人口中 30 岁以下的青少年占 50% 左右，这样的年龄结构，潜藏着强的生育后备军。20 世纪 50 年代同一年龄的妈妈只有四五百万，而现在，同一年龄的妈妈将有一千二百万以上，未来人口增长的势头仍然很猛。

（4）农村人口比例大　我国 13 亿多人口中，大约有 10 亿人口在农村，而农村人口的出生率大大高于城市，所以农村人口的自然增长率比城市高。另外，农村人口年龄构成比城市更轻，意味着未来农村人口增长速度仍然会高于城市，这就告诉我们，大力控制农村人口是计划生育工作的重点，也是实现人口发展的近期目标的关键。

（5）分布不均衡　全国人口集中于东南沿海各省，这是历史上遗留下来的经济发展不平衡的一种表现。例如西北地区的 13 个省、市、自治区，面积占全国总面积的 60%，而人口只占全国人口的 27%。

我国人口现状的这些特点，充分说明，控制人口增长速度，是摆在全国人民面前的极为紧迫而艰巨的任务。

4.1.2 我国资源发展的现状

进入 21 世纪，我国已进入快速发展的轨道，资源问题已成为最令人担忧的问题之一，主要体现在以下两个方面。

① 我国资源消耗的高峰期已经到来。根据中共十六大战略部署，我国将在 2020 年全面建成小康社会，这意味着我国经济将在高速运行 20 多年的基础上，继续高速运行 10 多年，年均增长率将达到 7.2%。高速发展战略离不开大宗资源的支撑，中国资源需求将急速增长。目前，我国 90% 以上的能源、80% 以上的工业原料、70% 以上的农业生产资料都是来源于矿产资源，30% 以上的农业用水和饮用水也都是来自属于矿产资源范畴的地下水，自 20 世纪 90 年代以来我国经济持续高速增长，矿产资源的消耗已呈激增态势，而我国在资源的使用上高消耗、高浪费的粗放型的经济增长模式，进一步加剧了资源的紧张形势。

② 我国资源的自身供给严重不足。我国在资源总量上可称丰裕国，但在人均资源分配

量上却是贫乏国，铁、锡、石油、天然气、钾、硫等大宗性矿产资源更为不足。随着国民经济的持续增长，完全依靠国内资源的局面将难以为继。据测算，我国目前已探明的主要矿产中，到 2020 年可以满足需求的只有 6 种。其中，供需矛盾最突出的当属石油。2020 年前后，若没有充分准备，"资源问题"将成为制约我国经济发展的新瓶颈。

4.1.3　我国人口、资源与环境协调发展中存在的问题

我国人口、资源和环境一直处于不协调发展的状态。目前，这种不协调发展的状况不仅没有得到根本改善，而且还产生了新的不协调因素，进一步加剧了人口、资源、环境、经济和社会发展问题的严峻性。

（1）人口、资源与环境整体发展不协调　当前，我国人口、资源与环境之间的矛盾越来越突出，其消极影响在很大程度上制约着经济和社会的发展。如人口与经济之间的不协调发展关系，主要表现在人口总规模急剧膨胀和劳动力适龄人口数量庞大，对经济发展形成了巨大压力；资源与经济发展之间的不协调关系，主要表现在随着经济产值增加，加大了对资源的大量消耗和浪费，使经济发展的自然资源基础不断受到削弱和破坏，已出现了某些重要资源的短缺；生态环境与经济发展之间的不协调关系，主要表现在经济活动对环境造成的日益严重的污染和自然生态持续恶化。从另一方面来看，被污染、破坏的生态环境不仅带来了巨大的经济损失，还对人们的健康构成严重的威胁。

（2）人口、资源和环境各个子系统的内部发展不协调　从我国目前人口、资源和环境发展的现状可以看出，人口、资源和环境各子系统内部发展不协调的现象非常普遍。

① 人口方面。计划生育政策虽然有效地抑制了人口自然增长，延缓了高峰期到来的时间，但同时，我国目前人口的发展又出现了新的问题：a. 年龄结构的问题。我国的老年人口增长速度较快，到 2020 年我国将步入老龄化严重阶段，到 2040 年达到峰值年龄的老年人口比例将超过 17%。b. 新生人口的性别比例失调。2004 年 7 月 15 日，国家人口和计划生育委员会公布，目前全国男女出生性别比为 116.9∶100，有的省份竟达到 135∶100。到 2020 年，我国处于婚龄的男性人数将比女性多出 3000 万～4000 万，这意味着平均五个男性中将有一个找不到配偶，将有数千万的男子无妻可娶，成为传统意义上的"光棍"。c. 人口将逐步进入负增长阶段。目前，我国的一些地区，如上海、武汉、浙江的余姚、常德、闽中等都出现了人口的负增长，尤其是上海，已连续十几年出现负增长，这已经拉开了我国人口负增长的序幕。同时，人口地区分布不平衡仍没有得到有效解决。

② 资源方面。随着人口增长，自然资源日趋紧缺，有些资源已接近资源承载极限。随着人口增长，各种有限资源的人均占有水平还将持续下降，对资源的需求却会大幅度上升。同时，经济发展中的资源空心化现象仍将是一个长期面临的问题。尽管科学技术进步将缓解一部分压力，但总体上仍将加重资源负荷，特别是加重对土地和淡水资源的压力。

我国的人口数量、质量和结构的变动也直接影响着环境，尤其是人口数量长期持续增长，引起不同程度的环境恶化，已经开始危及人类自身的生存和发展。我国正以历史上最严峻的生态环境，担负着最多的人口和最大的人口活动量，生态环境压力超越了大自然许多系统的临界平衡极限。

4.2　中国工农业发展分析

4.2.1　我国农业面对的问题

目前我国农业所面临的问题有以下几个方面：

① 人口特别多。占世界人口的 1/5，且农民数量特别庞大。

② 耕地特别少。耕地只占国土面积的 13%，人均耕地 1.38 亩，仅为世界平均水平的 40%。

③ 环境脆弱、资源短缺。山区丘陵多，平原面积小；干旱半干旱地区占去大部分，绿洲少得可怜；灾害频繁，水土流失严重。水资源的人均占有量仅为世界平均水平的 28%，且水土资源极不匹配，譬如水多的贵州缺地，地多的甘肃缺水。

④ 基础设施脆弱，经营方式比较粗放。我国还有一半以上的耕地靠天吃饭，缺少基本灌溉条件。

⑤ 农业科技创新急需加快步伐。农业科技创新水平在诸多领域仍落后于发达国家 10～15 年，农业科技成果的转化率不足 50%，而发达国家达 70% 以上。农技推广"线断网破人散"的情况并不少见，先进实用技术与农民之间"最后一公里"往往不能贯通。

4.2.2　工农业失衡的基本态势

改革开放以来，我国农业生产有了很大增长，到 20 世纪 80 年代中期基本解决温饱问题，现正向小康水平迈进。但总的来看，以粮棉油生产为主的种植业还是波动不稳，粮棉供求时而吃紧，表明我们的粮棉问题并未稳定过关。尤其是 20 世纪 80 年代后期以来农业投入减少，科技发展滞后，粮棉生产缺乏诱因，农业发展后劲不足，以国家工业化中期阶段为参照系来衡量，工农业发展仍然失衡。

① 工业增长过快，农业增长不足。

② 工农业两大产业就业结构失调，农业劳动人口比重过大。

③ 工农业之间长期不等价交换，农业部门资金流出过多。

④ 城乡居民差距重新拉大，消费水平相距悬殊。

4.2.3　工农业的发展方向

在农业方面，作为一个行业，农业必须向两个方向过渡，一个是向工业化过渡，走集约化生产的道路，一个是向观赏性田园农业过渡，走休闲型农业的道路。作为农民也面临着两种选择，一种是通过技术培训从事现代化的农产品生产，一种是安于现状，建立自给自足的农村自然经济。以自然经济的耕作方式来适应现代化市场经济的需要，无疑是中国当代存在的最大问题。农业要么进行彻底的工业化改造，要么就变成博物馆式的行业。农业发展一定要摆脱传统思想的羁绊，建立新的农业发展观。

在中国城镇化发展过程中，农村会长期存在下去。农业作为一个古老的行业在中国不可或缺，但是，农业生产的工业化已经成为一个趋势，除了保留观赏性的田园农业生产之外，农业必定会向集约化方向发展。作为农业生产的必不可少的重要因素，农民面临着转型的问题，一部分农民经过培训成为工业化生产中的流水线操作工，而另一部分农民则成为观赏型农业中的园丁。农业必须重新规划，传统的农业观必须改变。

在工业方面全面提高工业素质和实现工业结构升级是跨世纪中国工业结构调整的基本任务。具体表现在以下几个方面。

① 加大基础工业发展力度。基础工业和加工工业之间的矛盾在当前是被加工工业生产能力利用严重不足的事实所掩盖，基础工业对整体工业发展乃至国民经济的发展的"瓶颈"制约只是有所缓解，而并没有从根本上得到解决，从长远看更是如此。

② 调整加工工业，解决生产的相对过剩问题。加工工业生产过剩有需求方面的原因，但主要是由于地方和企业投资约束软化，盲目投资重复建设的结果。要解决当前的相对过剩

问题，必须对当前的资产存量进行重组，通过市场竞争，使生产和销售向优势企业集中，淘汰一批效益差、缺乏市场竞争力的落后企业和落后产品。调整对象也要从以增量调整为主转向存量调整为主。

③ 提高工业整体技术水平，实现技术升级。提高工业整体技术水平，实现技术升级是中国工业结构调整的长期任务。在当前要重点做好以下工作：一是培育工业企业的技术升级主体；二是加大对传统工业的技术改造力度；三是大力发展高新技术产业；四是重点发展机电工业，应把发展机电一体化技术装备作为促进工业结构升级的中心环节来抓。

④ 调整国有工业布局。改革开放以来，我国工业保持高速增长的主要动力得益于非国有工业的高速增长，工业内部所有制结构的变化也是非国有工业绝对增长而使国有工业的相对地位发生了变化，国有工业本身的调整涉及较少。但当前非国有工业尤其是乡镇工业高速增长的市场环境已发生了重大变化，高速增长的局面已经结束，推动工业发展及结构升级的思路需要重新审视。国有工业资产及资本金比重过大，是造成我国整体工业增长和工业结构升级缓慢的重要原因。

工业结构调整应以国有工业结构调整为突破口，具体包括两个方面：一是应适当降低国有工业在基础工业中比重，使部分国有资本从基础工业部门退出。这样可以打破国有工业在原来这些行业的垄断地位，引入有效竞争，提高生产效率。二是从基础工业退出的国有资本应迅速进入技术密集型产业，提高国有工业在这些产业部门的比重，以加速这些部门技术升级的步伐。

⑤ 促进工业、农业的协调发展。我国现代化进程中，有一个重要的问题就是如何处理农业、农村、农民问题。城乡问题伴随着中国现代化的整个过程。在市场经济体制中，要建立城乡统一、开放、竞争、有序的劳动力市场，要在城乡之间形成统一的产业链条，为农村的发展、减轻农民负担和增加农民收入提供更多的机会。

4.3　中国能源利用与科技创新

4.3.1　我国能源工业面临的挑战

4.3.1.1　应对气候变化和节能减排的形势

能源和气候问题密切相关，气候变化问题的诱因是碳排放，而碳排放又是能源问题，所以气候变化的实质是能源问题。防止全球气候变化的核心是要解决好能源问题，胡锦涛主席在 2009 年 9 月 22 日联合国气候变化峰会上提出了显著降低碳强度和大力发展可再生能源和核能的主张。

中国的基本国情和发展阶段特征决定了生态环境脆弱，易受气候变化的负面影响，因此面临比发达国家更为严峻的挑战。目前我国温室气体排放的现状是，温室气体排放总量大、增速快，单位 GDP 的碳排放强度高。我国的能源利用率较低，总体能源利用率为 33% 左右，比发达国家低约 10 个百分点。与发达国家相比，中国每万美元 GDP 能耗和 CO_2 排放量要高 3 倍甚至 10 多倍。

4.3.1.2　相当长时期内以煤为主的能源结构和石油的不可替代性

与主要工业化国家以油气为主的能源结构（油气占 60%～70%）不同，中国历年一次能源生产和消费构成中，煤炭所占比例高达 2/3 以上。中国能源结构以煤为主的特点，是由本国的能源资源条件决定的。截至 2007 年底，中国常规一次能源探明和剩余可采资源量（包括煤、石油、天然气和水能）中，煤炭占 73.2%，石油占 1.3%，天然气占 1.3%，水能占 24.2%。直到 2050 年中国能源需求结构中仍然以煤为主，传统化石能源仍居绝对优势，这是中国在考虑能源利用对策的时候必须依据的基本国情。

石油作为能源消费非常重要的一个组成部分，有它的不可替代性。经济发展对石油的需求，在许多应用领域是不能用其他能源替代的。随着国民经济的调整发展，我国的交通运输业发展突飞猛进，机动车保有量已达到 1.68 亿辆，其中汽车保有量为 6289 万辆，在可预见的未来，交通运输用燃料仍将以石油为主。

4.3.1.3　化石能源供应短缺和原油劣质化趋势日趋严重

受资源条件的限制，在未来相当长的一段时间内，中国能源结构仍将以煤为主，而且其消费量及所占比例还会有所增加。2008 年我国煤炭消费量已由 2000 年的 13.2×10^8 t 增加到 27.4×10^8 t，年均增量达到 1.77×10^8 t。近几年，我国煤炭消费量占能源消费总量的比例大约在 69%。

中国 55% 的煤炭用于发电，全国发电量中 80% 以上是由燃煤发电提供的。而我国煤炭中 40% 为高硫煤，不允许直接燃烧，所以煤的清洁化利用途径的研究将成为我国能源利用可持续发展的关键。

世界生产的原油中，重质油、含硫（高硫）、高酸原油的比例越来越大，原油劣质化趋势越来越严重。据剑桥能源研究协会（CERA）预测，2007～2020 年，重质原油占世界原油总产量的比例将从 12% 上升到 14%；全球原油的平均 API 将保持稳定或略有下降，但硫含量略有上升；全球液体原料的硫含量将从 2007 年的 1.2% 降至 2010 年的 1.1%，到 2020 年又将上升到 1.2%。

4.3.2　能源利用对策

根据我国能源工面对的严峻形势，提出了能源利用对策。

首先，要加快发展可再生能源、新能源。

其次，要研究我国炼油石化工业发展技术路线，充分利用好宝贵的油气资源；炼化要实行紧密一体化，以提高资源利用率，实现生产更大的灵活性，适应市场油品和石化产品变化的需求；选择合适的渣油加工路线，提高原油加工深度，将有限的石油资源转化为轻质油品，要开发更有效的渣油深度转化工艺，进一步完善劣质渣油加工的组合工艺；石油炼厂开发石油替代能源生产技术路线应利用现有石油加工设备和传统的炼油工艺加工替代能源产品，并使所得产品与炼厂传统的烃类燃料相容。

再次，要重点研究开发煤的清洁利用技术路线。作为其战略方向，应发展以煤气化为核心的多联产系统。建议抓紧开发 CO_2 零排放的煤气化制甲醇新工艺与风电的集成系统，并加快煤基醇醚燃料的推广应用，尽快实现甲醇制烯烃和乙二醇的工业化生产，加快甲醇应用领域的发展。为迎接"甲醇经济"时代，建议在发展煤制甲醇的同时开发多种原料的甲醇生产路线，主要有天然气不经过合成气途径制甲醇和 CO_2 制甲醇等。

4.3.3　当代科技发展的特点与趋势

20 世纪以来，人类为了满足自身不断增长的生活需要，产生了一系列促进社会经济发展、扩大市场需求的关键性、战略性的技术创造，而且科技创造创新的速度越来越快。

科技活动的主题、领域和目的在全球范围内得到认可，科技活动要素在全球范围内自由流动和合理配置，科技活动成果实现全球共享。全球化的进程增添了科技发展的活力和动力，世界上许多先进技术的研发在大型私有企业和跨国公司间展开，跨国公司普遍将 10% 以上的销售额投入到科研当中。在科技全球化的进程中，整个科技发展的动力机制也趋于国际化、市场化。在市场经济条件下,科技人才与其他市场活动的要素一样,不再属于一个单位、一个国家或地区的固有资源,科技人才全球性的自由流动已成为不可逆转的趋势,追求利润的最大化成为科技人才流动的主要价值取向。

4.3.4 我国科技发展的主要问题

虽然我国在科技事业的各个方面取得了很大成绩,但我国科技事业发展的状况与完成调整经济结构、转变经济增长方式的迫切要求还不相适应;与把经济社会发展切实转入以人为本、全面协调可持续的轨道的迫切要求还不相适应;与实现全面建设小康社会、不断提高人民生活水平的迫切要求还不相适应。

① 科技投入不足、产出低、发展的可持续性不强。

② 自主创新能力不高,科技竞争力弱,企业自主创新存在问题。

③ 科技拔尖人才匮乏,人才流失严重。

在科技发展方面我国与发达国家的比较见表 4-1。

表 4-1　在科技发展方面我国与发达国家的比较

比较项目	发达国家	中　　国
研发经费占 GDP 比重	一般在 2% 以上	最高占 GDP 的 1.4%
基础研究、应用研究和实验发展经费比例	发达国家 1:2:5 新兴工业化国家 1:2:4	1:5:9
专利技术实施率	60%~80%	10% 左右
科技成果转化率	30%~40%	10%~15%
高新技术产业产值	30%~40%	8% 左右
科技投入体制	企业主导型 发达国家和新兴工业化国家研发经费的 70% 由企业承担	我国的科技投入体制属于政府主导型,只有 30%~40% 的科研费用由企业支出
研发经费来源	国际上一般研究和开发资金占销售收入 1% 的企业难以生存,占 2% 可以维持,占 5% 以上的才有竞争力	中国大中型工业企业技术开发经费占产品销售收入的比重很低,不到 1%,全国规模以上工业企业研究开发经费占销售额的比重仅为 0.56%,大中型工业企业也只占 0.71%
企业进步的方式	企业自身力量占 60% 以上	9% 的开发由高校提供,43.6% 依靠企业自身力量,25.3% 靠引进外国技术设备,18.5% 依靠模仿创新,由政府研究机构完成的开发非常少
对外技术依存度	我国科技创新能力在全世界 49 个主要国家中位居第 28 名,我国对外技术依存度在 50% 以上,而发达国家低于 30%,美国和日本则在 5% 以下	
技术引进与消化比例	日本和韩国用于技术引进与国内消化吸收的投入资金比例大约 1:3,中国连 6:1 都不到	
核心技术情况	我国高科技领域中的发明专利,绝大多数来自国外,如无线电传输、移动通信、半导体、西药、计算机领域,来自外国企业和外资企业的,分别占 93%、91%、85%、69%、60%。由于缺乏核心技术,国产手机、计算机、数控机床售价的 20%~40% 支付给了国外专利持有者,仅成为外国企业的"打工者"	
企业研发机构比例	全国 2 万多家大中型国有企业中,有研发机构的仅占 25%	
科技人力资源和研发人员总量和相对量	总量分别位居世界第一和第二位,但我国从事科技的人员相对欠缺,每万人中从事科研活动的人数只有发达国家的 1/10	
科技人才的创新能力和人才质量需要提升	在 158 个国际一级的科学组织及其所属的 1566 个主要二级组织中,我国参与领导层的科学家仅占总数的 2.26%	
全球人才争夺战	全球性人才争夺战已经从企业层面上升到国家层面,西方发达国家及其跨国公司不仅利用各种优厚待遇吸引国内人才出国留学、工作,而且还利用各种优势条件挖掘优秀人才进入其在我国的生产、经营、研究、销售机构	

4.3.5 我国科技发展的战略选择

新时期科技发展战略：加快实现经济增长方式从要素驱动型向创新驱动型的根本转变；使得科技创新成为经济社会发展的内在动力和全社会的普遍行为；最终依靠制度创新和科技创新实现经济社会持续协调发展。

（1）制定我国新时期科技发展战略的背景 ①实现我国现阶段发展目标的需要：全面建设小康社会的宏伟战略，这是我国中长期经济社会全面发展的战略目标，是我国现代化进程中一个重要的历史时期。②应对世界科技革命和提高我国国际竞争力的需要：世界主要国家都将促进科技创新作为国家发展的基本战略。③发展我国科技的需要：我国特定的国情和需求，决定了我国不可能选择资源型和依附型的发展模式，必须走创新型国家的发展道路。

（2）新时期科技发展战略的总体目标 2020 年我国的科技创新能力将从目前的世界第28 位提高到前 15 位，进入创新型国家行列，为全面建设小康社会提供支撑，并为我国在 21世纪上半叶成为世界一流科技强国奠定坚实基础。第一阶段（2006～2010 年）调整科技发展战略，完善国家创新体系，落实科技发展战略部署，为建设创新型国家奠定基础。第二阶段（2011～2020 年）加速科技发展，提高自主创新能力，进入创新型国家行列。第三阶段（2021～2050 年）科技持续发展，进入创新型国家前列，成为世界一流科技强国。

（3）新时期科技发展战略的指导方针 从现在起到 2020 年，我国科学技术发展的指导方针是自主创新、重点跨越、支撑发展、引领未来。

（4）未来 15 年科技发展的原则部署 实施一批重大战略产品和工程专项，务求取得关键技术突破，带动生产力的跨越式发展。确定重点领域，发展一批重大技术，提高国家整体竞争能力。把握科学基础和技术前沿，提高持续创新能力，应对未来发展挑战。深化改革，构建适应市场经济体制和科技自身发展规律的新型国家创新体系。

4.3.6 新时期我国科技创新的政策

（1）财税政策 ①科技投入大幅度增加，确保稳定增长；形成多元化、多渠道的科技投入机制，使 R&D/GDP 逐年提高；发挥财政资金对激励企业自主创新的引导作用；加大对科技型中小企业技术创新基金等的投入力度。②税收激励。推进增值税转型改革，加大对企业研发投入的税收激励；完善高新技术企业发展的税收政策；支持创业风险投资企业的发展；扶持科技中介服务机构（孵化器、大学科技园等）

（2）金融与政府采购政策 ①金融支持。加强政策性金融对自主创新的支持；引导商业金融支持自主创新；改善对中小企业科技创新的金融服务；加快发展创业风险投资事业；建立支持自主创新的多层次资本市场。②政府采购。建立财政性资金采购自主创新产品制度。

（3）鼓励企业进行创新的政策 对企业消化吸收再创新给予政策支持，建设严格保护知识产权的法治环境，加强科技创新基地与平台建设，建立科技资源的共享机制。

（4）科技投入与条件平台 ①建立多元化、多渠道的科技投入体系。充分发挥政府在投入中的引导作用，通过财政直接投入、税收优惠等多种财政投入方式，增强政府投入调动全社会科技资源配置的能力。②调整和优化投入结构，提高科技经费使用效益。加强对基础研究、前沿技术研究、社会公益研究以及科技基础条件和科学技术普及的支持。提高国家科技计划管理的公开性、透明度和公正性，逐步建立财政科技经费的预算绩效评价体系，建立健全相应的评估和监督管理机制。③加强科技基础条件平台建设。科技基础条件平台是在信息、网络等技术支撑下，由研究实验基地、大型科学设施和仪器装备、科学数据与信息、自然科技资源等组成，通过有效配置和共享，服务于全社会科技创新的支撑体系。科技基础条件平台建设的重点是：国家研究实验基地、大型科学工程和设施、科学数据与信息平台、自然科技资源服务平台及国家标准、计量和检测技术体系。④建立科技基础条件平台的共享机制。建立有效的共享制度和机制是科技基础条件平台建设取得成效的关键和前提。根据"整合、共享、完善、提高"的原则，借鉴国外成功经验，制定各类科技资源的标准规范，建立促进科技资源共享的政策法规体系。

（5）人才激励政策　①加快培养造就一批具有世界前沿水平的高级专家。②充分发挥教育在创新人才培养中的重要作用。③支持企业培养和吸引科技人才。④加大吸引留学和海外高层次人才工作力度。⑤构建有利于创新人才成长的文化环境。

4.4　中国环境问题与环境管理

4.4.1　环境问题

环境问题是任何不利于人类生存和发展的环境结构和状态的变化，产生原因包括人为和自然两个方面。

目前危及人类生存和发展的环境问题可以分为以下几类。

（1）自然灾害　自然灾害是自然环境自身变化产生的，主要受自然力的操控，使人类生存和发展受到一定的损害。但是，现在一些大型工程的建设、大型武器的试验等也会引起类似的灾害。

（2）生态破坏　生态破坏主要指人类活动引起的生态退化以及由此产生的环境效应导致环境的结构和功能变化，对人类自身的生存发展以及环境本身的发展产生不利影响的现象。主要包括：水土流失、沙漠化、荒漠化、土地退化、生物多样性减少、森林锐减、湖泊富营养化、地下水漏斗、地面下沉等。

（3）资源消耗　随着全球人口的增加和社会经济的发展，对资源的需求与日俱增，然而人类正面临着某些重要资源严重短缺或者即将耗竭的威胁。资源匮乏的主要表现是：可利用土地资源紧缺、森林资源不断减少、淡水资源严重不足、生物多样性资源严重减少、某些重要矿产资源（包括能源）濒临枯竭等。

（4）环境污染　环境污染是指由于人为或者自然的因素，使得有害物质或者因子进入环境，破坏了环境系统正常的结构和功能，降低了环境质量，对人类或者环境系统本身产生不利影响的现象。

4.4.2　当代中国环境问题的八大社会特征

当前中国环境问题的主要的八大社会特征如下：①随着社会转型的加速进行，环境问题日益严重；②环境问题不仅表现为人（社会）与自然的矛盾，而且越来越表现为人与人之间的矛盾；③随着居民生活水平的提高，生活污染在环境问题中的分量加重；④城市环境问题受到高度重视，并在局部有所缓解；⑤农村环境问题呈加重的趋势；⑥环境问题与贫困问题交叉；⑦公众环境意识水平低下；⑧环境问题与其他社会问题交叉、重叠，解决的难度日益加大。这些特征的存在与当代中国社会特定的转型过程密切相关。

4.4.3　环境管理

北京大学的叶文虎教授将环境管理定义为：环境管理是通过对人们自身的思想观念和行为进行调整，以求达到人类社会发展与自然环境的承载能力相协调。也就是说，环境管理是人类有意识的自我约束，这种约束通过行政的、经济的、法律的、教育的、科技的等手段来进行，是人类社会发展的根本保障和基本内容。

4.4.3.1　环境管理的内容

环境管理与环境立法、环境经济有密切的关系，它不仅涉及社会经济方面，也涉及科学技术问题，环境管理的基本内容如下。

（1）从管理的范围来讲，可包括以下几个方面内容：①区域环境管理，指某一地区的环境管理，如城市环境管理、流域环境管理、海域环境管理等；②部门环境管理，指生产系统的环境管理，如工业环境管理、农业环境管理等；③资源环境管理，指资源保护和资源的最佳利用，如土地资源管理、水资源管理、生物资源管理、能源环境管理等。

（2）从性质来讲，环境管理可分为以下几个方面内容：①环境质量管理，包括环境标准的制订，环境质量及污染源的监控，环境质量的变化过程，现状和发展趋势的分析评价，以及编写环境质量报告书等；②环境技术管理，包括制订恰当的技术标准、技术规范和技术政策，限制生产过程中采用损害环境质量的生产工艺，限制某些产品的生产或使用，限制资源的不合理开发使用等；③环境计划管理，主要是把环境目标纳入发展计划，以制定各种环境规划和实施计划。

4.4.3.2　环境管理的特点

环境管理具有以下五个特点。

（1）二重性　环境管理是一种社会活动，具有双重的性质：它既有同生产力、社会化大生产相联系的自然属性，又有同生产关系、社会制度相联系的社会属性。管理的自然属性要求具有一定"社会属性"的组织形式和生产关系与其适应，同时，管理的社会属性也必然对其科学技术生产力方面产生影响和制约作用。

（2）综合性　现代环境管理是环境科学与管理科学、管理工程交叉渗透的产物，具有高度的综合性，表现在以下两个方面。①对象和内容的综合性：环境管理涉及人类环境质量和自然环境质量，由社会、科学技术、管理、政治、法律、经济等组成环境管理系统。②环境管理手段的综合性：限制或鼓励要采用经济、法律、技术、行政、教育等多种手段，并要综合加以运用。

（3）区域性　环境问题由于自然背景、人类活动方式、经济发展水平和环境质量标准的差异，存在着明显的区域性，因此环境管理必须根据区域环境特征，因地制宜采取不同的措施，以区域为主进行环境管理。

（4）广泛性　人们的环境意识和与环境问题有关的社会行为，是经常普遍地对环境起作用的因素，环境管理的对象首先是人们的意识和行为，这都决定了环境管理的广泛社会性。

（5）自适应性　不可耗竭资源的再生能力，区域环境容量水平，大气、水体自净能力等均属环境的自适应性。了解和掌握这一特点，对于保护环境、资源，对于实施经济合理的环境对策，都具有实际意义。

4.4.3.3　中国的环境管理发展现状

为了解决日益严重的环境危机，我国建立了从中央到地方的环境管理机构，建立了比较完备的环境管理体制；制定了与社会发展相配套的一系列政策法规；颁布了一系列环境保护的基本国策等。

（1）中国的环境管理机构　我国的环境管理机构又称环境保护行政主管部门，由中央、省、市、县、乡五级政府的环保行政机构组成。其中，中央与省级环境行政机关从事宏观环境管理，县与乡级环境行政机关从事微观环境管理，而市级环境行政机关介于两者之间，既进行宏观环境管理又从事微观环境管理。除此之外，该组织机构还包括中央政府内依法对环境保护工作实施分部门管理的部门及其在地方的派出机构，如国家海洋局及其南海分局（设在广州）、水利部长江流域水资源保护局（目前类似的水系水资源保护机构共 7 个，由水利部与国家环境保护局进行双重领导，以水利部为主）。

（2）中国环境管理法律法规体系　自 1979 年以来，我国已初步形成了具有独特性质的环境法律体系，它所涉及的问题是公民及其生存环境之间的关系问题，它用法律来影响公民的行为，协调社会经济发展与环境保护的关系，因此环境法是环境管理的依据和支柱。同时，根据环境管理的实践，环境法体系也处在一个不断完善的过程中。中国环境法体系构成见图 4-1。

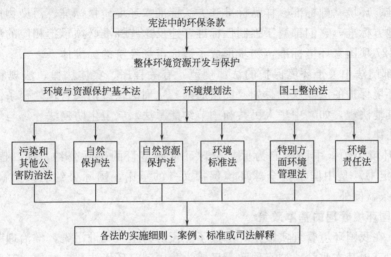

图 4-1　中国环境法体系构成图

① 宪法。宪法是环境法的立法依据，《中华人民共和国宪法》第 26 条规定："国家保护和改善生活环境和生态环境，防治污染和其他公害"。第 9 条规定："国家保障自然资源的合理利用，保护珍贵的动物和植物，禁止任何组织或者个人用任何手段侵占或破坏自然资源"。

② 基本法。《中华人民共和国环境保护法》是中国环境保护的基本法。该法确立了经济建设、社会发展与环境保护协调发展的基本方针，规定了各级政府、一切单位和个人保护环境的权利和义务。

③ 环境保护的法律、法规。环境保护的法律、法规是针对特定的保护对象如某种环境要素或特定的环境社会关系而专门调整的立法。它以宪法和基本法为依据，又是宪法和基本法的具体化，分为以下三类。a. 土地利用规划法：包括国土整治、农业区划、城市规划和村镇规划等方面，如《城市规划法》。b. 污染防治法：环境污染是环境问题中最突出、最尖锐的部分，一般来说，在工业发达国家，环境法是从污染控制法发展而来的。在环境保护单行法中，污染防治法占的比重最大。我国已颁布的污染防治法有《水污染防治法》、《大气污染防治法》、《固体废物污染环境防治法》、《海洋环境保护法》和《噪声污染防治法》。c. 环境资源法律法规：为了保护自然环境和自然资源免受破坏，以保证人类的生命维持系统，保存物种的多样性，保证生物资源永续利用，目前我国已颁布《森林法》、《草原法》、《煤炭法》、《渔业法》、《矿产资源法》、《土地管理法》、《水法》、《野生动物保护法》、《水土保持法》、《农业法》等环境资源法。

④ 环境保护部门规章、规范性文件。根据《中华人民共和国环境保护法》，国家环保（总）局也制定了大量的部门规章和规范性文件，如《水污染防治法实施细则》、《大气污染

防治法实施细则》、《环境保护行政处罚法》、《建设项目竣工环境保护验收管理办法》等。我国还制定了《放射性同位素与射线装置放射防护条例》、《淮河流域水污染防治暂行条例》、《城市绿化条例》等多个环境保护行政法规及规范性文件。中国人民解放军也制定了相应的规章和规范性文件，如《中国人民解放军环境保护条例》、《军队环境噪声污染防治规定》、《军队企业负责人环保责任制办法》等。

⑤ 环境保护地方性法规。各地人民代表大会和地方人民政府为实施国家环境保护法律，结合本地区的具体情况，制定和颁布了 1000 多项环境保护地方法规。

⑥ 环境标准。环境标准是环境法律体系的一个主要组成部分，包括环境质量标准、污染物排放标准、环境基础标准、样品标准和方法标准。环境质量标准、污染物排放标准分为国家标准和地方标准，它们都属于强制性标准，违反这些标准必须承担相应的法律责任。我国已制定了 427 项国家环境标准，初步形成了适应市场经济的标准体系。

⑦ 其他部门法中关于环境保护的法律规范。有关程序、实体法律、法规和部门法也包含许多关于环境保护的法律规范。如《民法通则》、《刑法》、《治安管理处罚条例》以及一些经济法规、其他法规，如《中华人民共和国节约能源法》、《卫生防疫法》等与环境管理工作密切相关的法律。

⑧ 国际环境公约。中国政府为保护全球环境而签订的国际公约，如《巴塞尔公约》、《蒙特利尔议定书》是中国承担全球环境保护义务的承诺，国际公约的效力高于国内法律（我国保留的条款例外）。

4.4.3.4　中国环境管理的基本政策

近年来，在我国环境管理实践中，形成了"预防为主"、"谁污染，谁治理"和"强化环境监督管理"三项基本政策，这三项政策已成为我国制定环境法律、法规、制度和标准的基本原则。

（1）"预防为主"的政策　此项政策是为了把消除污染、保护生态环境的措施实施在经济开发和建设过程之中，从根本上消除环境问题产生的根源，从而减轻事后治理所要付出的代价。要贯彻此项政策，在环境管理的具体工作中，应加强以下几方面的措施：把环境保护纳入国民经济计划与社会发展计划中去，进行综合平衡；实行城市环境综合整治；实行建设项目环境影响评价制度，避免产生新的重大环境问题；实行污染防治设施必须与主体工程同时设计、同时施工、同时投产的"三同时"制度。

（2）"谁污染、谁治理"的政策　这项政策的实施，就是为明确治理污染、保护环境是那些对环境造成污染及公害的单位或个人所不可推卸的责任，由污染产生的损害以及治理污染所需要的费用，都必须由污染者负担和补偿，从而使外部性费用内化到企业的生产中去，贯彻此项政策时应采取以下措施：结合技术改造防治工业污染；实施污染物排放许可证制度和征收排污费；对工业污染实行限期治理。

（3）强化环境监督管理的政策　这是三大政策的核心。因为中国这样的发展中国家，既不可能像日本那样提出"环境优先"的原则，也不可能照搬西方国家那样依靠高投资、高技术，只能在当前时期内把政策的重点放在强化环境管理上，通过强化管理，可以完成一些不要花费巨额资金就能解决的环境问题，另一方面可以用有限的环保投资创造良好的投资环境，提高投资效益。其主要措施是：加强环境保护立法和执法；建立环境管理机构和全国性环境保护管理网络。同时，中国自从参加 1992 年 6 月巴西召开的联合国环境与发展大会之后，结合中国的实际形势，出台了中国环境与发展的十大对策，这也是中国在新形势下进一步强化环境管理的十大对策：

① 实施可持续发展战略。

② 采取有效措施，防治工业污染。

③ 开展城市环境综合整治，治理城市四害。

④ 提高资源利用率，改善产业结构。

⑤ 推广生态农业，坚持不懈地植树造林，切实加强生物多样性保护。

⑥ 大力推进科技进步，加强环境科学研究，积极发展环保产业。

⑦ 运用经济手段保护环境。

⑧ 加强改进教育，不断提高公众的环境意识。

⑨ 健全环境法制，强化环境管理。

⑩ 参照联合国环境与发展大会精神，制定并实施我国的行动计划。

4.5　中国可持续发展展望

根据我国当前形势的发展来看，未来我国可持续发展的趋势有以下几个主要方向。

① 可持续发展战略的实施将进一步深入到各级地方并不断加强公众的参与。

② 能力建设将从重点通过举办各种形式的培训和利用各种媒体来提高人们的可持续发展意识转向重点建设可持续发展的制度机制、市场机制和企业、学术机构、政府部门以及公众综合的决策机制。

③ 环境管理手段将朝着适应市场经济体制的方向发展。

④ 可持续发展战略的实施将超越传统经济模式，建立在以信息、网络技术为特点的知识经济基础上，使即将到来的信息社会能够有效地避免工业社会不可持续性的发展模式。

⑤ 国际合作主体和渠道将趋向多元化。

第 3 篇　中国人口资源与可持续发展

第 5 章　中国人口与可持续发展

人类在经过漫长的奋斗历程后，在改造自然和发展社会经济方面取得了辉煌的业绩，与此同时，生态破坏与环境污染对人类的生存和发展已构成了现实威胁。保护环境是实现可持续发展的前提，也只有实现了可持续发展，生态环境才能真正得到有效的保护，保护生态环境，确保人与自然的和谐，是经济能够得到进一步发展的前提，也是人类文明得以延续的保证。随着人类社会经济的飞速发展，世界人口也越来越向城市集中，城市化逐步成为社会发展的趋势，目前人类城市规模也越来越大，一个国家城市化水平的高低已成为其现代化水平的一个重要标志，随着人类城市化进程的不断推进，世界上约有一半的人口居住在城市里，许多快速发展地区或城市，由于其人口高度集中，上百万的人口只在那相对拥挤的环境里活动，再加上那里工业以及社会经济发达，文化和政治活动相对其他地区频繁许多，人口聚集区的各类生活生产资源以及能源的消耗也是相当巨大的，因而发达地区人口对当地的生态环境所造成的污染也是相当大的，所以那里的生态系统失调的可能性要远远大于其他地方。住房问题、基础设施的不完善以及能源不足等问题都困扰着现在的城市人，这些都说明了城市可持续发展性差，城市环境保护的可持续发展就显得更加亟待解决，城市环境保护的可持续发展是城市整体水平上可持续发展的基础，也是非常值得我们关注的。

5.1　中国人口现状分析

人口是指生活在特定社会制度，特定地域，具有一定数量和质量的人的总称，是一个社会文化、经济活动的基础。在人类发展历史上，有过三次人口加速增长时期，它们都与生产力的革命性发展有密切的关联。第一次人口增长发生在石器时代以狩猎和采集为主过渡到以农业和畜牧业为主的生产方式。此时资源似乎是无限的，只要增加劳动力，产品就能相应增加，人口增长与经济发展是并行的。第二次人口加速增长随着产业革命和科学技术发展而形成，这次高速的人口增长主要发生在欧洲。如此高速的人口增长曾给欧洲带来严重的经济问题。第二次世界大战以后，出现了一个具有完全不同特征的人口加速增长时期，人口增长的速度远远超过前两次，到 1999 年 10 月 12 日全球人口已达到 60 亿。人口与经济发展的关系并不是永远以同样的规律相联系。

当今世界，"人口爆炸"的危机仿佛是一把高悬在人类头顶上的剑，随时都有坠落的危险。人口问题的危机已达到了威胁人类可持续生存和发展的程度。作为世界上拥有最多人口的中国，在享受着巨大人口福利带来的廉价经济优势的同时，也面临着一系列严峻的人口问题。人口老龄化进程的加快，男女性别比例的失调，养老制度的不完善以及人口素质的整体偏低给中国的转型时期带来了巨大的挑战以及跨越式发展的机遇。

　　许多人认为中国的人口已经被控制住了，人口问题已经不是一个问题了。事实上，一方面，中国实现了低生育水平和人口零增长的目标；而另一方面就目前的中国人口现状和发展趋势而言，我们丝毫没有放松和过分乐观的理由。中国人口问题由过去的以数量为主，向数量、质量、结构相互交织转变，使得中国人口问题及其解决更具复杂性和挑战性。中国人口占世界人口的比例长期保持在四分之一到三分之一之间，近年才降到五分之一，是世界人口问题举足轻重的国家。长期以来，国人总以"地大物博，人口众多"而自豪，但如今，众多的人口已经成为一种重负，成为制约我国可持续发展的最大问题。

　　当代世界国家实力的竞争，不是人口数量的比拼，而是人的素质和人才的竞争。中国的人口问题，也早已不是单纯的数量问题，人口的结构、分布、素质越来越成为深层次矛盾的痛点。纵观 1949~2049 年百年人口发展，1949~1999 年这 50 年，中国经历了人口从 5.4 亿增加到 12.6 亿的巨大压力；而 1999~2049 年这 50 年，在继续承受人口总量压力的同时，中国人口结构性问题，包括城乡人口结构、出生人口性别结构、人口年龄结构、家庭结构等，正在成为影响经济社会发展与和谐稳定的主要矛盾。最新普查结果揭示出中国人口国力的几大变化，如人口总量与人口素质的变化，人口流动增速迅猛、人口老龄化加速、人口分布不均衡加剧、出生人口性别比失衡等，也都是未来中国社会经济稳定发展存在的几大变数。过去 30 多年，我国能够保持高速经济增长的一个重要原因是妥善解决了人口问题，并充分利用人口资源的比较优势，创造了世界经济发展的"中国奇迹"。未来 10~20 年，是中国迈向中等发达国家行列的关键时期。此时，全面地认识人口问题，客观分析人口各要素之间的互动关系，把握好新的人口变动趋势，进一步完善人口与经济社会政策，统筹解决人口问题，促进人口长期均衡发展，更加紧迫和必要。

　　中国人口已经经过过渡期，生育率和死亡率都非常低，而且中国人口也越来越城市化。对于一个决心跻身世界最发达国家之列的国家来说，2010 年第六次人口普查结果可谓喜忧参半。中国人口受教育的比例大幅增加。受过大学教育的人口比例约为 8.9%，受过中学教育和小学教育的人口比例也有所增加。密歇根大学社会学教授谢宇说，受过大学教育的人口增加"将使中国在国际竞争中占据更有利的位置。"他说："未来的经济增长不仅依赖制造业，还依赖服务和高科技，而后者需要受教育程度更高的工人。中国已经为向后工业化时代过渡做好了准备。"人口普查数据也显示了不那么让人乐观的趋势，例如男女比例失衡。数据还显示，中国人口迅速老龄化。14 岁以下的人口减少了 6.29%，而 60 岁以上的人口增加了 2.93%，这预示着劳动力市场将日益萎缩。中国最新人口普查数据显示，在社会主义经济建设的关键时期，中国人口正在迅速老龄化，在总人口数增加的背景下，年轻人口数却在大幅减少。分析人士认为，这已经开始对经济造成影响，而且随着劳动力的减少以及赡养老年人的负担日益加重，未来这种影响将更为明显。

5.2　中国人口与环境承载力

　　人口数量多与增长速度快对有限的资源与环境构成巨大的压力。"环境承载力"的科学定义可表述为：在某一时期、某种状态或条件下，某地区的环境资源所能承受的人口规模和经济规模的大小，即生态系统所能承受的人类经济与社会的限度。这里"某种状态或条件"是指现实的或拟定的环境结构不发生明显不利于人类生存方向改变的前提条件；所谓"能承受"是指不影响环境系统正常功能的发挥。地球的面积和空间是有限的，它的资源是有限的，显然它的承载力也是有限的，因此人类的活动必须保持在地球承载力的极限之内。

人口增长对环境资源的压力主要表现在两个方面：一是人口增长通过对自然资源的过度开发利用，造成自然生态系统的破坏；二是人口增长造成环境的污染。自然资源是人类生活和生产资料的来源，是人类社会和经济发展的物质基础，也是人类生存环境的基本要素。

作为一种物质，自然资源和其他物质一样具有两种属性：一是其"实物"的属性，是人类生产活动用以作为能源和原材料的物质消耗；二是其"场所"的属性，是人类赖以维系生产、生活的场所和环境。自然资源具有实物资源和环境资源的两重性，由此决定了自然资源在社会经济发展中也具有两个方面的作用：一是生产活动中的原料作用；二是它的环境和社会作用。自然资源既可用于社会生产，作为发展生产力的物质投入，同时对自然环境系统也起着不可忽视的保护作用。

由于经济增长和人口增长的双重压力，使目前中国无论是可再生资源还是非再生资源的开发利用，都存在某种程度的过度问题。

从可再生资源来看：①耕地资源不断减少；②森林过度砍伐，"赤字"日益扩大；③牧场超载放牧，草场退化现象严重；④高强度捕捞，近海渔业资源遭受严重破坏；⑤水资源日益紧张。

从非再生资源的矿产开发利用来看，许多矿产的储量总回收利用率只有 25%～30%；一部分老矿山由于将会退役闭坑而使资源接替出现困难；全国 2/3 的有色金属统配矿山，主要金属的生产已到中、晚期，有的资源濒于枯竭；全国各油田的自然递减率已超过 15%，原油含水率接近 70%，且找矿成本大，勘探成本高，以上在自然资源开发利用方面存在的问题，不能不引起我们的高度重视。

造成上述人口、经济、资源供需矛盾日趋尖锐的主要原因有：一是人口增长过快。这种过快的人口增长，不仅限制了科学技术的发展速度，而且破坏了人类与生态环境的平衡。二是经济增长的粗放型。中国传统的经济增长方式是一种数量扩张的粗放型经营方式。这种粗放型的经济增长方式的必然结果只能是国民经济发展的高投入、低产出，高消耗、低效率、高浪费、低效益。因此，为了有效缓解中国人口和资源的矛盾，也必须从两个方面着手：一是要严格控制人口增长数量，减缓人口对资源需求增长的压力，避免出现人口-经济-资源环境的恶性循环；二是要加快经济增长方式的转变，走出一条投入少、消耗低、产出多、质量优、污染轻、生态好的高社会经济效益的新路子。

5.3 人口增长与粮食问题

改革开放以来，中国无论在人口控制还是在农业生产方面，都取得了有目共睹的卓越成绩。

粮食的载体是耕地。耕地是一种特定的土地，它是经过人类开垦后用于种植粮食等农作物并经常耕耘的土地。中国只有 10%左右的陆地是耕地，人均耕地面积 1.19 亩，不到世界平均水平的二分之一。耕地有两方面的重要特点：一方面，耕地不同于矿产资源，它是一种可持续利用的资源，但是耕地的某些组成要素可以被破坏、被消耗掉；另一方面，耕地有很强的有限性和地域性，陆地面积的有限性注定了耕地有限性，耕地总是在一定区位上的，那么侵占耕地和区位竞争就会使耕地面积减少。

其次，人口增长需要保障耕地面积。新中国成立以来耕地面积减少数目惊人，这种趋势难以有效控制。据估计，每增加 1 个城市人口大体要 1.5 亩土地，其中有不少是耕地。怎样保障耕地面积是个大问题。今后，城市发展规划要以提高内涵利用率为主，严格限制占用耕地。农村小城镇建设，要以原村镇为依托，量力而行，尽量少占耕地。城乡住宅建设要尽量不占耕地。

最后，人口发展需要大力提高土地利用率。如果耕地面积在减少，人口增长所需粮食在增加，那么，耕地使用效率的提高必须大于耕地缩小条件下人口用粮的增加部分。

人口与粮食均衡是中国可持续发展的长期追求，从特定意义上讲，人口与经济的关系是任何国家、任何历史时期所有社会问题的起点，而人口与经济的关系归根到底落实在人口与粮食的均衡上。也就是说，在现实生活中，人口与粮食的均衡总是以这样或那样的形式被人们当作新问题而提及。

回顾历史我们会发现，每一次人口与粮食发生严重失衡状况都有其深刻的社会经济背景。随着社会发展内容的丰富，人口与食物的关系也变得复杂起来。

中国是一个人均耕地比较缺乏的国家，随着经济的迅速增长，农业比较优势也趋于下降。为满足日益增长的食品需求，中国面临严峻的挑战。但压力越大，相对价格的刺激越强，人们越会做出积极的反应。在当今的中国农业经济中，作为增长基本推动力的技术进步、制度创新的潜力不仅没有枯竭，而且相当大。在农业市场机制逐渐完善的条件下，有效的激励将会诱致出更多的制度与技术创新，已有技术的转化率也会提高。特别是随着中国农民素质的提高，在有效的激励机制下，农民可以点石成金。

5.4　人口增长与环境污染

人口增长与环境问题，是当前人类生态学和环境科学的一个重要研究课题，同时又是社会科学与自然科学的重要研究内容，人口与环境的关系是马克思主义人口理论的一个重要组成部分，它随着人口增多和环境污染等问题的出现，越来越引起我国政府及整个社会的关注与重视，控制人口增长和治理环境污染也日益提上议事日程。人口增长使我国目前自然资源和生态平衡破坏都比较严重。环境污染不断加剧，正影响我国人民生活的改善和生产的发展，成为国民经济发展中的一个突出问题。

人口和环境的关系表现在许多方面，人口增长是引起或加剧环境破坏和污染的重要原因。环境污染从环境要素上来分主要有土壤、水、大气污染，从人类活动造成的污染来说主要有生产和生活污染。而人口增长在不同程度上引起或加剧了这些污染。

首先，人口增长加剧了土壤的破坏和污染。土地是哺育人类生存的永恒前提，它以博大的胸怀从衣、食、住、用、烧等方面供养着人类。人类主观上珍爱土地如生命，但客观上却使用各种手段促其生命的衰竭。由于我国庞大的人口数量，使人们对于食物的需求量剧增，于是出现了一系列土壤破坏和污染的问题。

其次，人口增长加剧了水资源的污染。水是人类生存的基本条件，人类视水为生命之源、为血液。遗憾的是人类在其生存过程中却不断地污染自己的血液，断其生命之源。水是人类生活和生产不可缺少的自然资源，水占据了地球表面的百分之七十，其中海水占97.4%，淡水只占2.53%。

水的污染主要有两种途径：一是工业废水和农业使用化肥农药造成的污染渗入水体，这与人口增多、消费水平提高绝对有关。人们对轻工业品如纸、香烟、棉毛织品、洗涤用品和重工业用品的需要量增加，刺激工业部门大量生产产品，这一方面促进了国民经济发展，满足了人们的生活需要，但另一方面却使废水量加大；人们对粮食、油料、蔬菜、水果、水产品、奶肉蛋的需要增加，使得农、林、牧、渔等生产部门和经营者为提高产量而不断地使用化肥农药和各种保鲜、催长、催熟的药品，直接造成土壤污染进而引起水污染。另一种途径是生活垃圾和生活废水渗入、浸入、流入水域造成污染。一般来说，人口密度大的地区，居民居住集中的地方，水资源污染相对严重，这是因为人多和居住集中，生活垃圾和废水也相应增多和集中，而垃圾、废水等无固定的处理场所和方法，尤其是居住在河边、井边的居民对水污染更为严重。

最后，人口增长加剧了大气污染。清新的空气是人类生存所必需的，由于工业的发展，人类将会燃烧更多的煤和石油，从而导致酸雨对环境的污染及其对人类的威胁越来越大。目前大气污染相当严重，是由交通运输工具排放有害气体引起的。随着社会的进步，经济的发展，收入的提高和时间的充足，人们谋生求职的迁移现象和外出社交旅游、探亲访友的活动日益增多，这从客观上促使了交通运输工具量的投入和车次的增多，从而使交通工具排放的尾气量增加，造成了大气污染。煤和石油不完全燃烧，便产生大量的二氧化硫及其氮氧化物，它们与大气中的水分结合，发生了一系列的化学反应，生成了硫酸、硝酸等一些化学物质，然后通过降水返回地面。

环境污染影响着人的死亡率和平均寿命。环境污染有明显的地区性，未受污染的山区和农村相对于受污染的城镇来说，人口死亡率低。从年龄结构看，老人、婴孩因环境污染的死亡率明显高于成年人。在人口出生率基本确定的前提下，环境污染引起的死亡率上升必然导致整个社会人口平均寿命的降低。

环境污染还影响人口迁移和人口分布。自古以来，人们常选择气候好、土地肥、水草旺、空气新鲜的地区居住，但因环境污染等原因，常迫使人口迁移和流动，这又会加剧另一地区的环境污染。

5.5　人口可持续发展目标

可持续发展是一种新的发展模式，在我国，可持续发展已成为党中央、国务院提出的指导我国迈向新的历史时期的国家发展战略。人口问题本质上是发展问题，我国人口基数庞大，人口素质较低，结构不尽合理，是目前人口的现实状况，我们制定政策必须以我国人口的现实国情为依据，而不能有所背离。我国作为一个人口大国，在以后相当长的时期内，必将仍然存在人口与资源、环境、经济、社会发展的种种关系，要实现可持续发展，必须控制人口数量，提高人口素质，调整人口结构。

客观地讲，人口与可持续发展的战略正是基于这样的实际，基于中国的国情而制定的一项战略措施，它对于建设"缩小地区差距，消除贫困人口，改善生态环境，促进人与自然的和谐，推动整个社会走上生产发展、生活富裕、生态良好的文明发展道路"的小康社会，有着积极的推动作用。

只有对于人口增长的有力控制，才能有效提高人口质量，合理调整人口结构。只有实施"控制人口增长，提高人口素质，调整人口结构"的人口调节政策，才能推动社会可持续发展。

就目前的中国人口现状和发展趋势而言，我们丝毫没有放轻松和过分乐观的理由。国家人口和计划生育委员会主任张维庆在上海召开的"人口与可持续发展战略国际研讨会"上表示：中国的人口问题由过去的以数量为主，向数量、质量、结构相互交织转变，使得中国人口问题及其解决更具复杂性和挑战性。

　　人口素质普遍提高是知识经济时代的一个基本特征，也是逐步实现以人力资源替代自然资源实现可持续发展的关键措施之一。中国拥有世界上最丰富的人力资源，但数量上的优势与总体素质不高的劣势处于矛盾状态，已成为制约中国当前经济发展的主要因素，更不利于中国的持续发展。中国沉重的人口负担还没有转化为人力资源的优势，控制人口增长，调整人口结构，提高人口素质，就成了中国实现可持续发展的唯一正确选择，选择可持续发展的道路，不仅有深刻的历史原因，而且有其现实的紧迫性。

　　就人口、资源、环境和经济发展等各方面而言，中国已经制定了各自的发展战略，并在一定程度上进行了总体上的协调。但是，要使人口、资源、环境和经济发展协调共进。这就要求政府建立起将人口、资源、环境和经济发展等多因素综合治理的总体发展战略——可持续发展战略。

第6章 中国水资源与可持续发展

水是人类及一切生物赖以生存的必不可少的重要物质，是工农业生产、经济发展和环境改善不可替代的极为宝贵的自然资源。

我们都知道目前我国的水资源分布极度不均匀。水资源危机制约着我国国民经济的可持续和健康协调发展，同时水资源危机在国际上也是世界性的难题，很多国家因为水资源的匮乏使得人们的正常生产生活受到了严重的影响。如何安全地解决水资源的危机，怎样通过水资源的可持续利用来支撑世界的繁荣以及社会秩序的正常维持，是我们研究可持续发展的重要内容之一。水资源的可持续利用和开发，是解决水资源危机的有效途径，也是解决水资源危机的最根本的途径。

6.1 中国水资源分布

我国是一个水资源短缺、水旱灾害频繁的国家，如果按水资源总量考虑，在世界排名第六位，但是我国的人均水量却是世界人均水量的四分之一。在全球范围内，我国属于轻度缺水国家。中国用全球7％的水资源养活了占全球21％的人口。专家估计中国缺水的高峰将在2030年出现，因为那时人口将达到16亿，人均水资源的占有量将为1760m³，中国将进入联合国有关组织确定的中度缺水型国家的行列。表6-1是我国流域分区水资源量。

表6-1   2003年流域分区水资源量　　　　　　单位：10⁸m³

流域名称	降水量	地表水资源量	地下水资源量	地表与地下水资源重复量	水资源总量
全国	59702.4	27203.8	8386.7	7394.8	28195.7
松辽河	5215.7	1114.6	556.0	293.5	1377.1
海河	1224.4	92.0	170.9	70.5	192.5
黄河	3181.3	523.8	393.8	291.8	625.9
淮河	2212.3	346.5	327.4	86.5	587.4
长江	20414.0	11125.9	2559.9	2420.9	11264.9
珠江	8612.0	4379.2	1009.5	984.9	4403.9
东南诸河	3668.6	2240.3	503.1	491.4	2252.0
西南诸河	9584.3	5926.8	1804.5	1803.6	5927.7
内陆河	5589.9	1454.6	1061.5	951.7	1564.4

我国水资源人均量低，分布极不均匀。我国是一个缺水严重的国家，淡水资源总量为28000亿立方米，占全球水资源的6％，仅次于巴西、俄罗斯和加拿大，居世界第四位，我国水资源总量是可观的，但人均只有2300m³，导致人均水资源量远远低于上述主要国家，也大大低于世界的平均水平。从单位耕地面积水量来看，也远远小于世界的平均水平，仅为世界平均水平的1/4、美国的1/5，在世界上名列第121位，是全球13个人均水资源最贫乏的国家之一。由于我国国土辽阔，各地区之间自然条件存在很大的差异，导致水资源丰富程

度出现显著的差别。扣除难以利用的洪水泾流和散布在偏远地区的地下水资源后，我国现实可利用的淡水资源量则更少，仅为 11000 亿立方米左右，人均可利用水资源量约为 900m^3，并且其分布极不均衡。

　　水资源的供需矛盾，既受水资源数量、质量、分布规律及其开发条件等自然因素的影响，同时也受各部门对水资源需求的社会经济因素的制约。新中国成立以来，在水资源的开发利用、江河整治及防治水害方面都做了大量的工作，取得较大的成绩。在城市供水方面，目前全国已有 300 多个城市建起了供水系统，自来水日供水能力为 4000 万吨，年供水量 100 多亿立方米；农田灌溉方面，全国现有农田灌溉面积近 8.77 亿亩；在防洪方面，现有堤防 20 万多千米，保护着耕地 5 亿亩和大、中城市 100 多个；水力发电方面，中国水电装机近 30MW，在电力总装机中的比重约为 29%，在发电量中的比重约为 20%。

　　通常来说，当径流量利用率超过 20% 时就会对水环境产生很严重的影响，而我国目前的情况是已经超过了 19%，比世界的平均径流量利用率超过了差不多 3 倍，有的个别地区更高。另外我国水资源的浪费也同样加剧了供需的矛盾，水资源利用效率较低，全国工业万元产值用水量 91m^3，是发达国家的 10 倍以上，水的重复利用率仅有 40% 左右，农业灌溉用水有效利用系数只有 0.4 左右，城市生活用水浪费现象十分普遍。中国的水环境恶化，水体水质总体上呈现恶化的趋势，全国污水排放量大，水土流失严重，地下水多年超标，部分地区出现了地面沉降的情况。

6.2　中国水资源可持续发展的理论依据

　　在理解水资源可持续利用之前我们先来了解一下可再生资源可持续利用的内涵，因为只有了解了可再生资源可持续利用的内涵，才能更好地理解水资源可持续利用的内涵。可再生资源可持续利用主要是指能够长期保持资源再生能力和令人们满意的环境质量的资源利用方式。它主要反映的是每个人都有权力充分利用各种已经拥有的资源来造福他们的社会。从经济利益的角度来分析，不难发现它反映的是资源存在本身就有巨大的潜在价值的事实。由于人类的理性是有限的，人们无法准确预测未来的潜在价值，所以资源的潜在价值就有可能被低估，资源利用的私有化就有可能给可再生资源带来灭顶之灾，因此必须想出一种理论或者方法来避免和降低这种风险的出现，而可持续利用的理论就是很好的选择，能够弥补人类理性的不足，实现资源的可持续利用。

　　可以从以下几个方面来对水资源的可持续利用进行理解：①适度开发，对资源利用后，不要破坏资源的固有价值，并且尽可能地避免对资源不利的因素；②要为后人留有一定数量和质量的资源，保证后人能够正常生活，同时还要为他们留下能够自由选择的余地；③在开发时，不要因为某个地区或者地点的开发利用而影响其他地方的正常生活；④水的利用率和投资效益是策略选择中的主要准则；⑤在开发水资源的时候，除了要保证开发水资源的经济效益很明显外，还要保证不会因为这种情况而引起其他问题。⑥可持续水资源的系统，除了维持其生态、环境和水文的完整性外，还必须能够充分帮助实现未来社会的目标。

6.3　中国水资源可持续发展的实施举措

　　随着经济的发展和人口的不断增长，人们越来越清楚地认识到水是维持自然界一切生命和社会经济可持续发展所必需的自然资源之一。

　　水资源作为社会经济发展的基础性资源的主要原因是：①水资源是农业的命脉。我国是农业生产大国，农作物生长的每一个过程都是离不开水的。②水资源是城市及工业的血液。在我国城市和工业的供水为物质生产和人民生活提供了必要的条件，是城市赖以生产和发展的基础。城市的规模在逐渐扩大，而城市的地下水却受到了过度开发。③水资源是经济社会可持续发展的重要支撑。

　　中国水资源可持续发展的管理对策如下：①建立国家统一的水资源管理体系，对水资源进行统一管理、科学管理和环境管理。水资源的综合利用必须从全局性和经济效益出发，把水资源的开发利用与能源和原材料的开发利用、环境保护、维持生态平衡有机地结合起来，把供水、灌溉、抗旱、水土保持以及旅游结合起来，尽快建立健全有力的水资源统一管理体系，将各个用水部门统筹起来进行综合管理。②建立水资源市场，实现水资源市场化管理。建立水资源市场是可持续发展的需要，是水资源供需矛盾加剧的必然产物。建立水资源市场的目标是在水资源的使用和分配中引入市场机制，实行"使用者付费"的经济原则，利用经济手段和市场刺激，使其成为法律手段的重要补充，确保政府的调控作用。水资源价格在水资源调控中起着重要作用，水价过低就会将供水部门的效益无偿转让给用水部门，从而使供水成本得不到补偿，所以建立一套完善的水资源价格体系是实现水资源市场化的关键。③对水资源实施资产化管理。水资源资产化为加强水资源的有效管理提供了理论依据，把水资源视为资产，在管理上将其划入资产领域，对其进行资产管理，这既是资源资产化的出发点，也是其根本归宿，这样会彻底改变传统的水资源价格观念。④开发节水潜力，建立节水型社会。我国在工业用水和农业用水方面都存在着巨大浪费，因此还有很大的节水潜力可挖。在全面节约的同时，适当开源，把节水意识与社会经济可持续发展结合起来，进一步把我国建设成为一个节水型的社会，使有限的水资源发挥更大的社会经济效益和生态效益。节水型社会包括节水型农业、节水型工业以及节水型社会城市。⑤建立实时的水资源管理系统。利用遥感技术、通信技术、计算技术等先进的技术手段，建立水资源管理体系的数学模型、信息管理系统以及地理信息系统，通过预定模型实施信息的运转，逐步进行修正和完善，正确指导水资源的持续开发利用，促进社会经济与环境的协调发展。⑥既要考虑当代人的利益，又要兼顾后代人的利益，主动采取"财富转移"政策，对地表水资源的开发利用要限制在其再生能力的限度内，同时采取措施促进其再生产；对于深层地下水的开发利用要减少消耗，提高利用效率。

第7章　中国森林资源与可持续发展

　　森林资源的可持续发展是指既满足当代人对森林各种产品的需要，又不使当代人对森林资源构成危害。原林业部在《中国 21 世纪议程林业行动计划》中指出：走林业可持续发展的道路，是中国可持续发展的必然选择。森林资源的增减变化直接影响和反映生态环境的改善和恶化，重视和促进森林资源的建设，是环境与生物多样性保护最重要的部分之一，更是人类自身生存的需要和社会文明进步的标志。因而，在社会经济发展的新形势下，应对我国森林资源现状进行研究分析，指出目前我国森林资源可持续发展中存在的问题，未雨绸缪，及时采取切实可行的措施，调整战略部署与建设步伐，开源节流，使森林资源可持续发展为我国生态环境的改善和保障林产品供给做出积极贡献。

　　过去 50 年，全国共消耗森林 100 亿立方米，今后 50 年，森林资源消耗量至少需要 185 亿立方米，为现有森林总量的 1.8 倍。为此，今后 50 年森林覆盖率要提高 26% 以上，需净增森林面积 9000 多万公顷，按照原有的速度，完成这一任务需要 140 年。所以，实施经系统整合后的六大林业重点工程可带动林业跨越式发展战略，缩短在常规状态下恢复和发展森林资源所需要的时间，用 50 年完成在常规状态下需要 100 年才能完成的生态建设任务，使中国林业早日跨入可持续发展的新阶段。

7.1　中国森林资源

　　森林资源的主体是木材、竹材和其他林产品，以林木资源为主，由乔木或灌木组成绿色植物群体，还包括了林中和林下植物、野生动物、土壤微生物及其他自然资源等整个森林系统所能提供的、能服务于人类生产生活的所有生物和非生物资源，是林地及其所生长的森林有机体的总称，是整个陆地生态系统的重要组成部分，是自然界物质和能量交换的枢纽。森林是一种极重要的自然资源，是生物多样化的基础，其中拥有大量的生物资源，它不仅能够为生产和生活提供多种宝贵的木材和原材料，能够为人类经济生活提供多种物品，更重要的是森林能够调节气候，保持水土，防止和减轻旱涝、风沙、冰雹等自然灾害，还有净化空气、消除噪声等功能。森林同时是一个天然的动植物园，哺育着各种动物，生长着多种珍贵林木、药材，是巨大的遗传资源库。森林属于可再生的自然资源，可以更新，同时也是一种无形的环境资源和潜在的"绿色能源"，反映森林资源数量的主要指标是森林面积和森林蓄积量。

　　森林是自然植被的一类，因此具有自然植被的许多特点，但也具有不同于其他植被的特征。首先，森林资源的类型多样，空间分布广阔且不均衡，由于地理、气候条件等自然因素的复杂多样，形成了森林资源类型多的特点。全世界木本植物 2 万余种，我国有约 8000 余种，由于我国从南到北地跨热带、亚热带、暖温带、温带和寒温带 5 个主要气候带，因而形成了雨林、热带季雨林、亚热带常绿阔叶林、暖温带落叶阔叶林、温带针叶林与阔叶混交林、寒温带针叶林等多种主要的森林类型。其次，森林资源以木材为主，多种资源并存，其整体效益和外部效应明显，在众多的森林资源类型中，许多具有很高的价值，包括经济价值、观赏景观价值、生物多样性价值等。第三，与其他自然植被一样，森林资源具有一定条件下的可更新性；森林有它自己的一个兴衰过程，一块过去曾经是森林的土地，如果在弃耕后无人过问，经过一连串的变化，会重新恢复成为森林。第四，与其他可更新自然资源相比，森林资源生产的周期性较长。第五，森林资源受自然环境和人类活动影响明显。森林资源可分别按照用途、可更新性、市场化程度、所有权等划分为不同类别，其中按照自然属性来划分森林资源是最为基本的方式，按照自然属性，森林资源可分为生物资源和非生物资源两大类。生物资源又可分为植物资源、动物资源和微生物资源三类。非生物资源主要包括气候资源、土地资源、水资源、景观资源等，还可包含位于森林之内的矿产资源。根据需要，各类资源还可作进一步的划分。因为森林是以木本植物为主要建群种的生物群落，所以森林的分类是森林资源分类的重要基础。基于不同的目的，森林有不同的分类方法，主要包括植被分类、立地分类、林木特征分类（林木组成、林木起源、林木年龄等）、用途分类（如分为防护林、用材林、经济林、薪炭林和特种用途林）、人为干扰分类（如原始林、次生林和人工林）、森林景观分类等。

7.2　森林资源可持续发展中遇到的问题

不同国家、不同国际组织确定的森林资源范围不尽一致。按照中华人民共和国林业部《全国森林资源连续清查主要技术规定》，凡疏密度（单位面积上林木实有木材蓄积量或断面积与当地同树种最大蓄积量或断面积之比）在 0.3 以上的天然林；南方 3 年以上，北方 5 年以上的人工林；南方 5 年以上，北方 7 年以上的飞机播种造林，生长稳定，每亩成活保存株数不低于合理造林株数的 70%，或郁闭度（森林中树冠对林地的覆盖程度）达到 0.4 以上的林分，均构成森林资源。在联合国粮食及农业组织世界森林资源统计中，只包括疏密度在 0.2 以上的郁闭林，不包括疏林地和灌木林。我国至今已经进行了 7 次森林资源清查，2009 年我国森林面积为 1.95 亿公顷时，森林覆盖率为 20.36%，森林蓄积量为 137.21 亿立方米，人均拥有森林面积 0.145hm^2，人均森林蓄积量 10.15m^3。我国的森林资源地理分布也是不均衡的，人均森林资源的空间分布差异较大。近年来，我国森林资源的显著变化就是森林面积和蓄积量的持续增长，2005～2009 年，全国森林覆盖率由 18.21% 提高到 20.36%，我国现存人工林面积达 0.62 亿公顷，居世界首位；其次，我国森林蓄积量有所提高，森林采伐逐步向人工林转移，天然林采伐量下降；第三，我国森林资源数量和质量仍处于世界较低水平，例如我国森林覆盖率只有全球平均水平的 2/3，人均森林面积不足世界人均占有量的 1/4，乔木林每公顷蓄积量只有世界平均水平的 78%；第四，我国现阶段的森林资源发展压力较大，征占用林地现象仍然存在，个别地方毁林开垦现象依然存在，质量好的宜林地面积减少，未来的营造林难度越来越大。为追求经济效益，将天然林改造为人工林的现象仍存在。目前我国的森林资源存在以下几方面的威胁。

① 森林资源储备总量不足，逆转严重。据统计，我国森林覆盖率只有全球平均水平的 2/3，排在世界第 139 位。人均森林面积 0.145hm^2，不足世界人均占有量的 1/4；人均森林蓄积量 10.15m^3，只有世界人均占有量的 1/7。

② 可采森林蓄积不足。全国用材林蓄积量为 42.27 亿立方米，占全部森林蓄积量的 31.63%。其中我国可采资源面积只有 891.46 万公顷、蓄积 12.84 亿立方米，分别仅占林分面积和森林蓄积的 6.24% 和 10.61%。在用材林的成熟林中，西藏有 5 亿立方米，近期尚无条件进行开发性采伐，其余的成熟林的病腐、风折和枯损比重大，林分自然枯损率高。森林可采资源少，木材供需矛盾加剧，森林资源的增长远不能满足经济社会发展对木材需求的

增长。

③ 现有储备的森林资源分布不均，受自然地理条件、人为活动、经济发展和自然灾害等的影响。我国现有储备的森林资源分布不均，东北地区（包括辽宁、吉林、黑龙江）森林覆盖率最高，达 40.22%；西部地区（包括重庆、四川、贵州、云南、西藏、陕西、甘肃、青海、宁夏、新疆、内蒙古、广西）土地面积约占全国土地面积的七成，森林覆盖率最低，仅为 17.05%；东部地区（包括北京、天津、河北、江苏、浙江、福建、山东、广东、海南）森林覆盖率为 35.68%；中部地区（包括山西、安徽、江西、河南、湖北、湖南）森林覆盖率为 33.30%。防护林面积比重较大的是东北地区和西部地区，均超过 50%。用材林面积比重、经济林面积比重较大的是东部地区，分别为 46.19% 和 21.23%；天然林面积比重较大的是东北地区和西部地区，均超过 70%；人工林面积比重东部地区最高，达 58.58%，东北地区最低，仅为 21.22%。

④ 储备的森林资源质量不高，结构不合理。我国目前有 0.57 亿公顷宜林荒山荒地和 0.54 亿公顷宜林平原。这些宜林地中，质量好的仅占 13%，乔木林每公顷蓄积量 85.88m³，只有世界平均水平的 78%，年平均生长量为 3.85m³/hm²，平均郁闭度为 0.56，平均胸径仅 13.3cm，人工乔木林蓄积量仅 49.01m³/hm²。森林质量总体低下，林种结构、龄组结构不合理。

我国林种结构和林龄结构见表 7-1、表 7-2。

表 7-1 林种结构

林种	用材木	防护林	经济林	薪炭林	特用林	合计
面积/万公顷	6416.16	8308.38	2041.00	174.73	1197.82	18138.09
所占比例/%	35.37	45.81	11.25	0.96	6.60	100

注：资料来源：根据 2010 年中国森林资源报告整理而成。

表 7-2 林龄结构

林龄	林分面积/万公顷	所占比例/%	林分蓄积/m³	所占比例/%
幼龄林	5261.86	33.94	14.88	11.13
中龄林	5201.47	33.55	38.61	28.90
近熟林	2305.37	14.87	26.50	19.83
成熟林	1817.25	11.72	31.59	23.64
过熟林	919.04	5.92	22.05	16.50
总计	15504.99	100	133.63	100.00

注：资料来源：根据 2010 年中国森林资源报告整理而成。

⑤ 森林资源储备途径单一。目前，进行森林资源储备的主要途径是人造林，储备途径单一。森林资源储备不仅是量的储备，更是质的储备，应在保证量的同时保证储备质量，只有达到质的飞跃，才是真正意义上的森林资源储备。在森林资源量的储备上，应进行高标准的人工造林，弥补现在人工造林的不足，进行封山育林，以促进森林资源天然更新；同时，建立生态循环林业经济发展模式，增加森林资源数量。在质的方面，可以实施森林生态系统管理，实施人工林的近自然化改造，进行低质低效林改造等，通过以上措施改善储备途径单一的不足之处，丰富森林资源储备途径。在保证量的同时改善森林资源的质量，达到森林资源储备的目的。

7.3　中国森林资源可持续发展政策

森林资源地域辽阔，种类繁多，且不断地发生变化，人们要想经营管理好森林，与自然和谐相处，使森林更好地为人服务，就必须了解森林。《2010 年全球森林资源评估》提供的重要信息是，森林采伐和自然损失速度仍然很高，但是趋势有所放缓。20 世纪 90 年代，全球每年消失约 1600 万公顷的森林，过去 10 年来下降至每年约 1300 万公顷。同时在全球范围内，一些国家和地区的植树造林和森林自然扩展有效降低了森林面积的净损失。调查森林资源状况首先要做的是区划和调查。区划是将一定地域（国家、省、县等）内的森林，按照自然、林学、经济等方面特性的不同划分成面积大小不同的单位以便于经营管理。森林调查是根据行政单位（国家、省、县）和森林经营单位（林业局、林场、公司）等不同的对象，使用不同的调查方法，对特定的内容进行方向性的区划。森林区划的单位有的是永久性的，有的是可以改变的。森林调查根据范围、对象和内容不同可分为 3 种：全国性的森林资源连续清查（一类调查）、企事业单位森林资源规划设计调查（二类调查）和森林经营单位生产作业调查（三类调查）。

森林管理工作可分为以下方面。

（1）合理区划森林　合理的区划，可便于调查统计和分析森林资源的数量和质量，便于组织经营单位开展营林活动和进行技术经济核算，有效地管理森林资源。包括林种区划、林业经营权属区划、林区土地利用区划、森林经营区划。首先是要按照国民经济可持续发展以及国土整治的要求确定出省（区）及各县、市、林业局的森林覆盖率，明确各林种的比例，确定各林种的分布位置，尤其是生态公益林的各林种，必须按照因害设防的原则明确划出，并要做到实地划界设标，图、表、经营方案与现地一致。这些区划均应落实到具体的地方。

（2）适时查清资源　实行以林为主、林区多资源综合调查。依据资源调查的目的，每 5 年进行一次资源监测性的连续清查（一类调查），满足国家和省制订森林采伐限额和林业方针、政策之需；每 10 年进行一次森林经理（二类）调查，修订森林经营方案，满足各森工企业指导林业生产建设、调整林业结构和森林结构之需；组织好每年的作业设计（三类）调查，把森林经营方案设计的森林采伐、抚育、更新造林、林分改良及病虫防治等的各年度任务落实处，以利于组织林业生产建设和森林资源管理。

（3）开展森林资源动态监测　利用一、二、三类调查成果，伐区拨交验收，更新造林设计与验收、森林资源管理（采伐、运输、销售以及检查、审计资料）所提供的信息，更新森林资源档案数据库，强化森林资源管理与监督。为此要特别强调林场森林资源档案员必须积极与拨验队配合，深入现场，对伐区作业质量、更新造林质量现场实测验收，省级规划院最终验收。三类调查与二类调查以固定积、蓄积及其长消率为主要调查对象。要充分利用小班为基础相扣；查准资源的实际消长率，在监测方面利用先进的 3S 技术，特别差分式的 CPS 技术，要加大这方面的投资。

（4）编制或修订森林经营方案　森林经营方案内容一般包括森林资源与经营评价，森林经营方针与经营目标，森林功能区划、森林分类与经营类型，森林经营，非木质资源经营，森林健康与保护，森林经营基础设施建设与维护，投资估算与效益分析，森林经营的生态与社会影响评估，方案实施的保障措施等主要内容。森林经营方案要分生态公益林和商品经济林两大部分编制。生态公益林的重点是突出提高生态功能和生态效益，要按林种提出经营目标，提出具体的林分结构指标，做出调整结构的经营措施和管护措施；商品经济林的重点是提出用材林、经济林、薪炭林的定向培育目标——树种、材种、径阶、株数、蓄积、生长量、出材量。在不破坏森林生态环境恢复能力的弹性限度的条件下，确定合理的更新恢复和经营周期、年采伐产量与产值，提出具体的经营措施，尤其要具体落实到每一经营小班。以达到不定向培育森林的目的，用25％左右的高生产潜力土地承担起85％以上的木材年产量，严禁将国家批准的采伐量向一般公益林大量转移，切实保护好重点和一般生态公益林。

（5）组织指导森林经营方案的实施　森林经营方案是森林经营主体为了科学、合理、有序地经营森林，充分发挥森林的生态、经济和社会效益，根据森林资源状况和社会、经济、自然条件，编制的森林培育、保护和利用的中长期规划，以及对生产顺序和经营利用措施的规划设计。由林业局资源科按森林经营方案的各项设计交本局的三类调查队深入调查设计，形成作业设计文件，报请上级资源管理部门批准并颁发生产作业许可证后，交林场组织实施；作业后，林场森林资源管理、监督站负责现场实测验收，现场修正森林资源档案；林业局及上级资源监督部按规定组织检查、评比，及时总结经验教训，及时推广应用。

（6）开展森林资源审计　包括一年一度的森林经营管护审计；局长、场长任期责任制审计；局长、场长离任审计；森林经理期经营效果审计；森林资源追踪审计。审计内容侧重于森林经营方案设计的各项指标是否达到，森林消耗限额，采伐、运输、销售三总量，造林保存率、森林覆盖率，森林生长量、消耗量、森林结构、森林质量等。审计的目的主要是依法监督检查执法情况，总结经验教训，指导实施经营方案。要依据审计结果对各林业局局长、场长和管护承包者实行奖罚、废止承包合同。

（7）林政管理　林政管理是针对林业经营过程中所涉及的管理问题，依照林业相关政策法规，对林业相关产业实施的业务管理。其核心内容包括"六管理一执法"，即林业经营管理、林权管理、森林资源管理、野生动植物保护和自然保护区管理、林木采伐管理、木材流通管理和林业行政执法。

（8）森林资源管理　森林资源是决定林业生存与发展的基本变量，是发挥各种功能的载体，森林总量影响着国家的环境状况、战略选择和发展道路，也决定着国家林业发展的基本政策。因此，管理、保护和发展森林资源，对于维护国土生态安全、保障中华民族的有效生存和发展空间、促进国民经济和社会健康发展具有极其重要的意义。森林资源管理是指对林木资源和林地资源数据的管理。从管理对象看，不仅包括林木资源和林地资源，还包括森林动、植物资源，旅游资源等；从管理的业务范围看，不仅包括森林资源数据和调查设计规划的管理，还包括对森林资源经营利用等活动进行决策、组织、调节和监督。森林资源管理包括制订并颁布森林采伐限额及对执行情况的检查，三总量管理、森林资源档案管理、林区其他资源管理。

7.4　中国森林资源可持续发展的意义

森林不仅提供木材和林副产品，更重要的是它具有涵养水源、保持水土、防风固沙、调节气候、保障农牧业生产、保存物种基因、维持生态平衡和美化环境等生态环境，在调节地球环境，减缓乃至遏制全球环境恶化趋势方面具有不可替代的作用。在森林的上述功能和作用中，其生态效益或间接效益要比其所提供木材的直接效益大得多。一个较大的国家和地区，其森林覆盖率达到 30％以上，而且分布比较均匀，那么这个国家或地区的自然环境就比较好，农牧业生产也就比较稳定。几十年以来，我国的森林经营管理工作与许多国家一样，都将森林永续利用作为最重要的经营原则和目标，并在《森林法》中加以明确规定。在林业中，不同的历史时期有不同的森林永续利用概念，最近的森林永续利用概念是："在一定经营范围内能不间断地生产经济建设和人民生活所需要的木材和林副产品，持续地发挥森林的生态效益、经济效益和社会效益，并在提高森林生产力的基础上，扩大森林的利用量。"森林资源可持续利用的目的主要在于以下几个方面：①森林永续利用不仅包括木材、林副产品等有形产品的经济效益，还包括了无形的社会效益和生态环境效益；②永续经营森林资源的生产活动，不是周而复始地简单再生产，而是扩大再生产；③森林经营不能只对资源进行利用，而是要不断地提高资源的生产能力，提高资源的数量与质量；④在不同地域范围，其永续利用的条件、内涵是不相同的；⑤永续利用是不间断地满足人们的需要。

森林是以乔木为主的多种生物种群有机联系而组成的整体，由于具有茂密的林冠，形成了独特的森林环境，与无林地有很大的差异。森林不仅提供包括木材的直接资源，同时有着巨大的环境功能，具有显著的生态效应，这也就是森林资源的基础来源。与其他植被一样，森林通过绿色植物的光合作用，吸收二氧化碳，释放氧气，合成有机物，起到了第一性生产的作用。森林能够通过截流、吸收和调节等方式，起到涵养水源和保持水土的作用。森林能够吸收大量的太阳辐射，通过植物的蒸腾作用降低周围环境的温度，增加湿度，保持水分，降低风速，形成新的小气候环境，大面积的森林植被还能增加一定的降水量。森林还具有吸收毒物、杀灭病菌、过滤粉尘、减缓噪声等美化环境的作用。森林能提供大量且多样化的资源，为人类的生产和生活服务。

通过森林的生命活动，积极保护并不断改善着人类的生存环境。这种作用渗透在自然生态系统之中，构成了自然生态的平衡。森林本身是陆地生态系统中面积最大、结构最为复杂、功能最稳定、生物总量最高的生态系统，它对整个陆地生态系统有着决定性的影响，只有维护好这个生态系统，才能保证人类生存环境的稳定。

7.5　中国森林资源可持续发展措施

森林是地球上重要的自然资源，对于人类生存、经济发展和社会进步有着极为重要的作用。但是人类长期过度采伐利用和破坏森林资源，致使地球生态环境遭受严重破坏。森林是生态环境的主体，破坏森林就是破坏生态。当今全球面临的温室效应、臭氧层破坏、土地荒漠化、水土流失等环境问题，无不与森林锐减密切相关。森林法制是生态法制的重要组成部分，它要求有完备的法律体系、有力的执法机构、有效的监督手段，还要求树立起法律至上的权威，在森林保护中要做到执法必严和违法必究。同时要做好森林管理工作，尤其是执行森林经营方案，强化资源林政管理监督，建立各级政府保护和发展森林资源责任制等以法律条文固定下来，为施行依法治林提供依据。

建立和完善相关制度和地方规章制度是实现森林保护与经济可持续发展的有效途径。森林法律法规的行政法性质突出，应实行森林保护补偿救济办法，弥补林区保护森林所受损失。调整林区的产业结构，走造林护林与脱贫致富相结合的道路。要加强森林法制宣传力度，提高人民群众的生态环境保护意识，形成群众性护林体系，使群众自觉树立造林、管林、护林的意识。

　　施行林价是实行森林资产化管理的核心。用林价管理森林资源，实行资源有偿使用，建立与之配套的制度，切实把森林资源管住，既是当务之急，又是长远之计。用林价管理森林资源应从二类调查开始，通过二类调查，求算出各小班、林班的林价预算值，并在森林经营方案中体现出来，森林经营方案一经上级批准，就等于国家把这个林业局、林场的森林资产按货币形式交给企业经营，迫使企业通过提高森林数量、质量去提高林价。

　　实现中国森林资源可持续发展的措施主要有以下几项。

　　（1）建立防护林体系　对于改善生态环境、防风固沙、保持水土、涵养水源及保护河流水和营造工农业生产环境具有重要作用，改善生态条件，保证人民生活和工农业生产的生态安全。防护林建设工程是森林发展的重点工程之一，通过这一工程的实施，使林种结构更趋合理，使防护林庇护农田、牧地、保护水土、防风固沙和涵养水源等生态功能明显增强，间接的经济效益更加可观。

　　（2）坚持谁采伐谁更新的原则　在分配落实木材生产计划的同时，切实落实采伐迹地更新造林的保证措施。通过建立林业合作经济组织，明确合作经济组织成员在取得木材生产计划后，必须按采伐面积每亩 200 元或按采伐材积每立方米 50 元的标准向合作经济组织缴纳采伐迹地更新造林保证金。对更新造林达到要求的，凭林业部门迹地更新造林、抚育合格证退回保证金。对采伐迹地未如期按要求更新和抚育的，由林业合作经济组织代行或委托林业部门组织更新造林抚育，费用在保证金中支付。同时林业部门要依照森林法对未完成更新造林和抚育的采伐人实施相应处罚，并停止木材采伐指标的分配。

　　（3）退耕还林工程　控制水土流失的根本途径是增加森林面积。退耕还林不单单是林业部门的事，需农、林、牧协同攻关。解决农、林、牧发展中的矛盾，探讨林、牧结合工程的生态技术，重点解决树种优化，抗旱造林技术和乔、灌、草复合配置技术，林木病虫害防治技术，这对于退耕还林工程的持续发展和效益具有极其重要的支持作用。

　　（4）实行伐区管理责任人和监管人负责制　国有林由国有单位落实技术人员为伐区责任人，单位负责人为伐区监管人；集体所有林地由林木所有者落实伐区责任人，当地林业工作站落实技术人员为伐区监管人。对因伐区设计弄虚作假导致滥伐林木的，要同时追究滥伐林木当事人和设计人员的责任；对因伐区管理员不实施有效检查监督，导致超范围、超数量采伐林木的，要同时追究滥伐林木当事人和伐区管理员的责任。对责任人的处罚，除通报批评和给予经济罚款外，根据情节轻重，要采取调离工作岗位、解除聘任技术职务、免职等行政处分。

　　（5）规范林业行政执法　把林政许可管理与行政处罚职能分开，组建林政管理稽查大队，及时查处违章违法采伐、运输、经营加工木材和乱征滥占林地、乱捕滥猎野生动物等破坏森林资源的行政案件，实现森林资源保护管理的规范化、制度化、法制化。

　　（6）坚持以人为本，提高监督人员的政治素质和业务素质　加强政治思想教育，进一步提高监督人员对监督事业的思想认识，重点解决敢于监督、善于监督的问题。加强思想作风、工作作风、生活作风等方面的教育，在监督人员中树立良好的风气。

　　（7）重视森林资源深层开发，进一步提高综合效益　为了合理开发森林资源，充分发挥森林的经济效益、社会效益和生态效益，实现森林资源的持续利用，应重视森林资源的深层次开发。应重点发展对国土安全、生物多样性保护、公众休闲和生态旅游等有突出（影响）作用的林种。

　　在产业发展上，进一步调整和优化产业结构，改变过去单纯以营林和木材生产为主体的产业模式，以森林资源为依托，选择对林业整体实力支撑力大、带动性强、效益高和市场前景广的龙头产业，建立林、工、副、贸相结合，产、供、销一体化的新型产业结构。

　　（8）加大对破坏森林资源违法犯罪的打击力度　大力整顿森林公安的工作作风，使之真正成为作风过硬、清正廉洁、纪律严明的森林卫士。要从重、从严、从快查处一批破坏森林资源的违法案件，震慑犯罪分子，营造良好的林业法治环境。

　　森林是人类赖以生存的基础，是人类的摇篮，森林资源在我国经济发展中具有重要地位，然而近年来，我国的森林资源相当孱弱，森林资源的保护和发展面临着沉重压力。因此，只有走可持续发展路线才能保证林业和国家经济、社会、环境协调发展。

第 4 篇　中国能源与可持续发展

第 8 章　中国能源概述

8.1　中国能源现状分析

8.1.1　能源结构

世界资源的分布是不均匀的，每个国家的能源结构差异也是非常大的。当发达国家的人们充分享受着汽车、飞机、暖气、热水这些便利的时候，贫困国家的人们甚至还靠着原始的打猎、伐木来生活。

国际能源署的能源统计资料显示非经济合作发展组织的地区，如亚洲、拉丁美洲和非洲，是可燃性可再生能源的主要使用地区，这三个地区使用的总和达到了总数的 62.4%，其中很大一部分用于居民区的炊事和供暖。

我国是世界上少数以煤炭为主要能源的国家之一，远远偏离当前世界能源消费以油、气燃料为主的基本趋势和特征。2002 年我国一次能源的消费总量为 1425.4Mt 标准煤，构成为：煤炭占 66.5%，石油占 24.6%，天然气占 2.7%，水电占 5.6% 和核电占 0.6%。煤炭高效、洁净利用的难度远比油、气燃料大得多，而且我国利用煤炭的主要方式是大量直接燃烧使用，用于发电或热电联产的煤炭只占总量的 47.9%，而美国却为 91.5%。

我国终端能源消费结构也很不合理，电力占终端能源的比重明显偏低，国家电气化程度不高，2000 年一次能源转换成电能的比重只有 22.1%，世界发达国家平均皆超过 40%，有的达到 45%。

8.1.2　能源效率

矿物燃料是工业、运输和民用系统的主要能源。发电主要是靠矿物燃料燃烧后所放出的化学热来实现的。世界上公认的燃料供应的有限性以及社会对能源的高度依赖性，促使人们以极大的努力来研究各种新的代用能源。核动力已经在电力生产中起着重要作用，太阳能已用于家庭供暖，一个以太阳能、地热、风能和潮汐能的利用为目标的大规模研究开发计划正在付诸实施。与此同时，矿物燃料则开始变得越来越宝贵，而且从长远观点看，工业界将不得不以节能作为一种自我保护措施。在这种情况下，必须制止燃料的浪费，能源利用的综合效率应当成为工程设计中的一个重要评价标准。

对于很多人特别是发达国家的人来说，"能源效率"意味着受苦和牺牲。相信很多人对 20 世纪 70 年代的"石油危机"还记忆犹新，当时要求人们关闭家中的取暖器（穿毛衣）、将灯调暗、尽量不开车等，这种节能的做法是不正确的。"能源效率"和"节能"虽然相关，但其实施过程是不一样的。能源效率是指终端用户得到的有效能源量与消耗的能源量之比，节能是指节省不必要的能耗。例如当你在客厅看电视时还把厨房里的灯开着，这是一种不节能的行为，并不是说降低了能源效率。没目的地耗能就是浪费，避免这种浪费并不代表牺牲，而恰恰是省钱。必须认识到生产能源是需要成本的——无论是电、汽油、民用燃料油还是天然气等，这不是指经济成本，而是能源成本。

比如石油精炼厂需要能量才能运转，假设一家精炼厂需要1L当量的汽油才能生产出5L供汽车使用的汽油，再设想现在有了新科技，只需要1L当量的汽油就可以生产出10L供汽车使用的汽油，显而易见，这是因为能源效率提高了。

提高能源效率是缓解能源危机的一条极重要的途径，由于欠发达国家在技术和资金方面的问题，能源效率十分低下，与发达国家的差距非常大，当然就算是发达国家也同样需要继续开发新的技术来实现更高的能源效率。因此，许多发达国家开始帮助一些不发达的国家和地区来改善能源使用状况，实现一种互利共赢的合作关系。

我国能源从开采、加工与转换、储运到终端利用的能源系统总效率很低，还不到10%，只有欧洲地区的一半。通常能源效率主要是指后三个环节的效率，约为30%，比世界先进水平低约10个百分点。我国能源消耗强度远高于世界平均水平，2000年我国单位产值能耗按汇率计算为1274吨标准煤/百万美元，美国为364吨标准煤/百万美元，欧盟为214吨标准煤/百万美元，日本为131吨标准煤/百万美元。2000年，我国火电供电煤耗平均为392g标准煤/(kW·h)，日本为316g标准煤/(kW·h)；钢可比能耗中国平均为781kg标准煤/t，日本为646kg标准煤/t；水泥综合能耗中国平均为181.0kg标准煤/t，日本为125.7kg标准煤/t。

我国能源利用率低的主要原因除了产业结构方面的问题以外，是由于能源科技和管理水平落后，终端能源以煤为主，油、气与电的比重较小的不合理消费结构所致。节能旨在减少能源的损失和浪费，以使能源资源得到更有效的利用，与能源效率问题紧密相关。我国能源效率很低，故能源系统的各个环节都有很大的节约能源的潜力和空间。

2000年10月美国能源部负责国际事务的部长助理戴维·L·戈尔德温在"中国能源与西部地区经济发展"会议上的讲演中提到，提高能源效率的技术和做法不仅能降低能源成本，减少废弃物和污染，而且可以提高生产率和产品质量，对环境产生有利影响。减少能源用量从而降低成本，可使个人、公司和整个经济获益，本来要投资于能源生产和使用的资金，现在可投资于其他领域，用来促进经济增长和提高生产率。中国的能源研究所估计中国若将其工业能源使用效率提高到国际水准，则可能进一步将能源消耗减少30%～50%。

8.1.3 能源环境

世界著名的八大公害事件——比利时马斯河谷烟雾事件、美国多诺拉烟雾事件、伦敦烟雾事件、美国洛杉矶光化学烟雾事件、日本水俣病事件、日本富山骨痛病事件、日本四日市哮喘病事件、日本米糠油事件，前四位都是由于人类在工业发展和生活中能源利用和管理不当而造成的，其中最典型的是伦敦烟雾事件和美国洛杉矶光化学烟雾事件。我们来简单地了解一下这两次事件当时造成的危害，就可以理解能源利用和环境保护的重要关系了。

伦敦烟雾事件：1952年12月5～8日，伦敦城市上空气压很高，大雾笼罩，连日无风。而当时正值冬季大量燃煤取暖期，煤烟粉尘和湿气积聚在大气中，使许多城市居民都感到呼吸困难、眼睛刺痛，仅四天时间内死亡了四千多人，在之后的两个月时间内，又有八千人陆续死亡。这是20世纪世界上最大的由燃煤引发的城市烟雾事件。

洛杉矶光化学烟雾事件：从 20 世纪 40 年代起，已拥有大量汽车的美国洛杉矶城上空开始出现由光化学烟雾造成的黄色烟幕，它刺激人的眼睛、灼伤喉咙和肺部、引起胸闷等，还使植物大面积受害，松林枯死，柑橘减产等。1955 年，洛杉矶因光化学烟雾引起的呼吸系统衰竭死亡的人数达到四百多人，这是最早出现的由汽车尾气造成的大气污染事件。

还有目前温室效应和地球变暖给人类带来的威胁。科学家们寻找地球变暖的各种解释，20 世纪以来工业化的结果已经造成了温室效应，过度燃烧、砍伐森林树木、草原过度放牧、植被破坏都减少了地球本身调解二氧化碳的功能。又如海上船舶航行的时候污染海面，还有原油泄漏造成的污染，也令海水不能正常地吸收二氧化碳。在人类不断扩大自己的生存空间的时候，也慢慢地把自己围困在更小的范围里面挣扎，如果再继续这样下去，人类会发现自己再也没有适合居住的土地了。

为了阻止气候进一步恶化，很多国家已经联合起来，互相合作制约。1997 年 12 月，160 个国家在日本京都召开了联合国气候变化框架公约（UNFCCC）第三次缔约方大会，会议通过了《京都议定书》。该议定书规定，在 2008～2012 年期间，发达国家的温室气体排放量要在 1990 年的基础上平均削减 5.2%，其中美国削减 7%，欧盟 8%，日本 6%，当时美国政府在议定书上签了字。

我国能源环境问题的核心是大量直接燃烧煤炭造成的城市大气污染和农村过度消耗生物质能引起的生态破坏（我国农村消耗的生物质能，其数量是全国其他商品能源的 22%），还有日益严重的车辆尾气的污染（大城市大气污染类型已向汽车尾气型转变）。

我国是世界上最大的煤炭生产国和消费国。燃煤释放的 SO_2 占全国排放总量的 35%，CO_2 占 35%，NO_2 占 60%，烟尘占 75%。我国酸雨区由南向北迅速扩大，已超过国土面积的 40%，1998 年酸雨沉降造成的经济损失约占 GNP（国民生产总值）的 2%。温室气体 CO_2 排放的潜在影响是 21 世纪能源领域面临挑战的关键因素，我国 1995 年的 CO_2 排放量约为 821Mt 碳，占世界总量的 13.2%。

我国农村人口多、能源短缺，且沿用传统落后的用能方式，带来了一系列生态环境问题：生物质能过度消耗，森林植被不断减少，水土流失和沙漠化严重，耕地有机质含量下降等。

我国政府也已经开始重视能源环境问题，正在努力改善和挽救日益恶化的生态环境。1989 年 12 月 26 日第七届全国人民代表大会常务委员会第十一次会议通过《中华人民共和国环境保护法》，之后又陆续颁布了《中华人民共和国大气污染防治法》、《水污染防治法》、《环境噪声防治法》等相关的环境保护法律和法规，中国还努力参加国际合作，引进先进技术来改变以前落后的能源利用形势。

8.1.4　能源安全

能源是国民经济的基本支撑，是人类赖以生存的基础。能源安全是国家经济安全的重要方面，它直接影响到国家安全、可持续发展及社会稳定。能源安全不仅包括能源供应的安全（如石油、天然气和电力等），也包括对由于能源生产与使用所造成的环境污染的治理。

能源安全是指能源可靠供应的保障。首先是石油天然气供应问题，油、气是当今世界主要的一次能源，也是涉及国家安全的重要战略物质。1973 年石油危机的冲击，造成那些主要靠中东进口石油的国家经济混乱和社会动荡的局面，给人们留下了深刻的印象。现在许多国家都十分重视建立能源（石油）保障体系，重点是战略石油储备。预计 2010～2020 年后世界石油产量将逐步下降，而消费仍将不断增加，可能开始出现供不应求的局面，世界油、气资源的争夺将加剧。

我国的石油、天然气资源相对较少，人均石油探明剩余可采储量仅为世界平均水平的 1/10。从 1993 年起，我国已成为石油净进口国，1996 年石油净进口量为 1393.4 万吨，随着石油供需缺口逐年加大，不断增加石油进口将是大势所趋。但大量从国外进口石油有可能引起国际石油市场振荡和油价攀升，油源和运输通道也容易受到别国控制，所以说我国的能源安全问题也面临巨大的挑战。

8.2　能源可持续发展的意义

能源是人类赖以生存和发展不可缺少的物质基础，在一定程度上制约着人类社会的发展，如果能源的利用方式不合理，就会破坏环境，甚至威胁到人类自身的生存。可持续发展战略要求建立可持续的能源支持系统和不危害环境的能源利用方式。

随着世界经济发展和人口的不断增加，能源需求也随之增大。在正常的情况下，能源消费量越大，国民生产总值也越高，能源短缺会严重影响国民经济的发展，成为制约持续发展的因素之一。许多发达国家曾有过这样的教训，如 1974 年世界能源危机，美国能源短缺 1.16 亿吨标准煤，国民生产总值减少了 930 亿美元；日本能源短缺 0.6 亿吨标准煤，国民生产总值减少了 485 亿美元。据分析，由于能源短缺所引起的国民经济损失，约为能源本身价值的 20~60 倍。因此，不论哪一个国家的哪一个时期，若要加快国民经济发展，就必须保证能源消费量的相应增长，若要经济持续发展，就必须走可持续的能源生产和消费道路。

在快速增长的经济环境下，能源工业面临经济增长与环境保护的双重压力。能源一方面支撑着所有的工业化国家，同时也是发展中国家发展的必要条件。另一方面，能源生产也是工业化国家环境退化的主要原因，也给发展中国家带来了很多问题。

从以前学过的知识以及相关部门提供的数据可以看出我们的环境正承受着巨大的压力。科学界有越来越多的人认为："温室气体"的人为排放源对全球范围内的气候变化有重要的贡献。目前关于全球平均温度升高的报道是毋庸置疑的，而且，每年大气中的 CO_2 和其他气体浓度均稳定升高。同样，对于温室气体同热辐射之间作用机理的理论认识也不存在任何争议。尽管有关平衡效应和大气-海洋循环动力学等大气物理问题尚未完全解决，但是全球变暖的趋势是由人类活动特别是化石燃料燃烧造成的这一事实已逐渐成为科学共识。面对这些发现，有人开始号召"给世界经济脱碳"（Goldner9，1996）。尽管如此，在世界范围内工业化国家并未努力采取严格的措施来削减温室气体的排放（Neve York Times，1997）。

此外，我们还应该考虑到化石燃料资源的长期可耗竭性前景以及当前地理分布的不均匀性。工业化国家在 20 世纪后半叶已经经历了地理分布不均匀性所造成的深远影响。简单地说，20 世纪 70 年代的"能源危机"就是那些曾经或者现在仍旧强烈依赖燃油进口的工业化国家所面临的燃油供应中断危机。

发展中国家对能源的潜在需求则是工业化国家的数倍，因为其总人口是工业化国家的 3 倍以上。目前，发展中国家的能源需求正以每年 7% 的速度增长，而发达国家却只有大约 3%，而且这些需求大部分只能通过进口石油来满足。随着人类社会进一步发展，除非采取替代能源技术，否则对化石燃料的需求还将继续增长。那些拥有资源或者能够负担进口费用的不发达国家将增大对燃油的需求，而其他不发达国家则只好发展其他化石能源，如煤和天然气，而不管本国是否有足够的资源，这将加快全球污染和气候变化的步伐。

人类只有依靠科技能力、科学精神和理性才能确保全球性、全人类的生存和可持续发展，才能使人口、资源、能源、环境与发展等要素所构成的系统朝着合理的方向演化。纵观人类发展史，可把人类社会的发展规律归为智力发展的规律，把科技进步视为人类社会发展的基础和第一推动力。在未来时期，人类只有更加依赖科学文明、技术文明，才能创建更高级的人类文明模式，从而形成区域的和代际的可持续发展。

8.3　中国能源与工业化道路

8.3.1　能源是社会文明程度的标志之一

能源是人类赖以生存和社会进步的重要物质基础，能源的每次重大突破，都会引起生产和社会的重大变革。钻木取火，使吃熟食和取暖成为人类生活的必需。后来，人类直接把埋藏在地下的煤、石油作为能源，导致了产业革命的出现。随着科学技术的进步，在初级能源的基础上，电力作为"二次能源"的出现，又进一步变革了人类文明。文明，一般是指人类所创造的物质财富和精神财富之和，它是人类活动的积极成果，是社会及其文化发展到一定阶段的产物。人类文明的历史是人类对自然与社会关系的历史，人类文明的每一步，都和能源的利用息息相关。

人类进化发展的过程，其实就是一部不断向自然界索取能源的历史，能源成为了社会文明程度的标志之一。换句话说，人类破坏其赖以生存的自然环境的历史同人类文明史一样古老，从远古时代的猎人开始，"人类就从事推翻自然界的平衡以利于自己"的活动。

8.3.2　中国的能源消费

8.3.2.1　能源总储量不足，保障程度不高

长期以来，地大物博、资源大国的传统观念掩盖了我国能源总储量不足的事实，也淡化了对资源的保护和合理利用。能源的多与少是与需求密切相关的相对概念，如果说过去中国是一个资源大国，不仅是因为过去统计数据含大量"水分"（与国际上经济可采储量比较）的储量基数大，而且还因为当时经济不够发达，资源需求量较小，资源保障年限较高。今天在与国际可比的尺度上，大多数资源储量骤减，同时随着经济的飞速发展和人口数量的不断增加，对资源的需求量剧增，资源保障度急剧下降。在储量下降、消费猛增的形势下，不论是从绝对量还是相对占有量来看，中国许多资源的储量已无大国地位。

在我国现有化石能源储量中，煤炭占世界总量的 16％，石油占 1.8％，天然气占 0.7％，三者加和折合成标准油当量占世界化石能源总储量的比例不足 11％。与占世界人口 21％ 的人口比例相比，中国已发现的主要能源的储量不是丰富，而是相当贫乏。

8.3.2.2　人均资源占有量低，需求压力巨大

近百年来，世界工业化历史表明，与人均 GDP 一样，主要能源的人均消费量是衡量一个国家经济社会发展水平的重要标志，人均 GDP 与主要能源的人均消费量具有可循的相关关系。目前的发达国家无一例外地以发展中国家人均数倍甚至数十倍的强度消耗能源。

表 8-1 显示了中国人均能源占有状况及与几个主要大国的对比。表 8-2 则显示了中国主要能源的人均产量、消费量及与世界平均水平的比较。可以看出，中国的大部分资源人均占有量远低于世界平均水平，其中石油的人均占有量只有世界人均的 11％，天然气不足 5％，化石能源（包括石油、煤炭、天然气）只有世界平均水平的 58％。大部分能源的人均消费量也低于世界平均水平，与发达国家相比就更低。

表 8-1 中国一些主要能源人均占有储量及世界的比例（1999 年）

能源项目	中国		美国	俄罗斯	加拿大	印度
	人均储量/t	占世界人均/%	人均储量/t	人均储量/t	人均储量/t	人均储量/t
化石能源总量	67	58	468	893	207	39
石油	1.8	11	14.8	44.2	22.4	0.55
天然气	1063m³	4.5	17527m³	320733m³	60253m³	548m³
煤炭	125	79	913	772	288	77

表 8-2 中国一些主要能源人均产量、消费量及占世界人均的比例（1999 年）

能源项目	产量		消费量	
	人均产量/kg	占世界人均/%	人均消费量/kg	占世界人均/%
石油	125	22	181	26
天然气	22m³	4.8	16.8m³	4.6
煤炭	822	110	990	133

8.3.2.3 能源结构问题突出，优质能源短缺

中国的能源消费结构很不理想，如石油、天然气等优质能源所占比例太小，以煤为主的能源资源特点决定了煤炭在能源结构中占相当大的比例。2002 年能源生产总量（13.90 亿吨标准煤）中，煤炭占 70.7%，石油占 17.2%，天然气占 3.2%，水能占 8.2%，核能占 0.7%（图 8-1）。

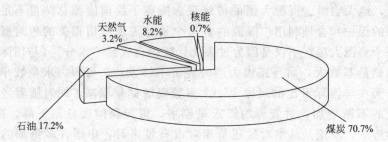

图 8-1 中国 2002 年能源生产结构

能源消费的增长明显低于能源生产的增长，致使能源供需矛盾呈现平稳趋缓的态势。由于煤炭的大量开采和消费，已经造成了对环境的严重污染和对公众健康的危害。因此，调整和优化能源结构，尽可能多地用清洁能源替代含碳量高的化石能源，已经成为能源产业发展应当遵循的基本原则。

8.3.2.4 单位产品能耗高

中国的能源需求增长迅速，压力很大。节约能源、降低能耗是中国发展的必由之路。能耗分析是一个相当复杂的问题，因为产品的能耗受许多因素影响，涉及资源、技术、经济、社会、环境等各个方面。中国的大部分企业单位产值能耗大，以下是中国能源消耗与工业七国（G7）的比较：G7 国家每创造 1 美元消耗的能源（1993 年不变价）为美国 16×10^6 J，日本 6×10^6 J，德国 9×10^6 J，法国 9×10^6 J，意大利 8×10^6 J，英国 13×10^6 J，加拿大 21×10^6 J，以上 G7 国家平均创造 1 美元消耗的能源为 11.7×10^6 J，中国经济每创造 1 美元消耗的能源为 69×10^6 J，是 G7 国家平均值的 5.9 倍，是美国的 4.3 倍，是德国的 7.7 倍，是法国的 7.7 倍，是日本的 11.5 倍。

8.3.3　中国工业化道路的选择

"十六大"报告曾指出:"实现工业化仍然是我国现代化进程中艰巨的历史性任务。信息化是我国加快实现工业化和现代化的必然选择。坚持以信息化带动工业化、以工业化促进信息化,走出一条科技含量高、经济效益好、资源消耗低、环境污染少、人力资源优势得到充分发挥的新型工业化路子。"这里所讲的新型工业化道路,不同于西方发达国家和第二次世界大战后一些新兴工业化国家已走过的传统工业化道路,也有别于我国从第一个五年计划期间起步的、迄今长达半个多世纪的工业化历程,"科技含量高、经济效益好、资源消耗低、环境污染少、人力资源优势得到充分发挥"五个特征,深刻揭示了我国新型工业化道路的基本内涵。

如果联系工业化面临的国际环境和国内体制条件等因素,从内涵和外延两个角度,进一步全面理解"新路子"的丰富内涵,拟可归纳为以下几个方面。

(1) 以科技进步为动力,由信息化带动的工业化道路　工业化是指传统的农业社会向现代化工业社会转变的历史过程。在不同的历史条件下,各国实现工业化的道路应有所不同,就当时代表先进生产力的科学技术对工业化的带动作用而言,在西方工业化国家也有差别。英国是自 18 世纪 30 年代～19 世纪 40 年代在世界上第一个基本上完成工业革命的国家,当时英国工业革命的动力主要是蒸汽机的发明和应用,是以蒸汽机为动力的机械化带动了英国的工业化。法国、德国、美国、意大利、日本等国于 19 世纪先后开始并基本上完成了本国的工业革命,是因为电的发明和电动机的广泛使用,电气化起了巨大的带动作用。二战后一些新兴工业化国家实现工业化和现代化,是由电子化、自动化带动的。中国现在正步入工业化中期阶段,国际社会正在进入信息时代,继续推进我们的工业化进程,必须走以信息化带动工业化的新路子。

(2) 以降低资源消耗、提高经济效益为核心的工业化道路　提高经济效益是经济工作的核心目标,追求工业化,不仅要大大提高劳动生产率,更要提高经济效益,在当今经济全球化的国际背景下,竞争的根本目的仍然是以较少的生产成本获取更多的经济效益。我们不能再走只讲产值和产量,不重视质量和效益,以粗放型经济增长方式为主的工业化老路子,必须走以提高经济效益为核心的新型工业化道路。

(3) 环境污染少,同实施可持续发展战略相结合的工业化道路　实现工业化,不能以过度消耗资源、破坏生态环境为代价,不能危害子孙后代和整个人类的可持续发展,而且走"先污染、后治理"的传统工业化道路,劳民伤财,延缓了整个现代化的进程。我国是人口大国,人均占有的资源比较少,在工业化进程中,必须始终注意节约资源与环境友好,给后人留出可持续发展的空间。

工业化是由农业经济转向工业经济的一个自然历史过程,存在着一般的规律性,但在不同体制下,在工业化的不同阶段,可以有不同的发展道路和模式。根据"十六大"报告的精神,新型工业化道路主要"新"在以下几个方面。

① 新的要求和新的目标。新型工业化道路所追求的工业化,不是只讲工业增加值,而是要做到"科技含量高、经济效益好、资源消耗低、环境污染少、人力资源优势得到充分发挥",并实现这几方面的兼顾和统一,这是新型工业化道路的基本标志和落脚点。

② 新的物质技术基础。我国工业化的任务远未完成,但工业化必须建立在更先进的技术基础上。坚持以信息化带动工业化,以工业化促进信息化,是我国加快实现工业化和现代化的必然选择。要把信息产业摆在优先发展的地位,将高新技术渗透到各个产业中去,这是新型工业化道路的技术手段和重要标志。

③ 新的处理各种关系的思路。要从我国生产力和科技发展水平不平衡、城乡简单劳动力大量富余、虚拟资本市场发育不完善且风险较大的国情出发，正确处理发展高新技术产业和传统产业、资金技术密集型产业和劳动密集型产业、虚拟经济和实体经济的关系。这是我国走新型工业化道路的重要特点和必须注意的问题。

④ 新的工业化战略。新的要求和新的技术基础，要求大力实施科教兴国战略和可持续发展战略。必须发挥科学技术是第一生产力的作用，依靠教育培育人才，使经济发展具有可持续性，这是新型工业化道路的可靠根基和支撑力。

新型工业化道路相对于传统工业化道路有以下四个突出的特点。

① 在三次产业的协调发展中完成工业化的任务，而不是孤立片面地实现工业化。

② 在完成工业化任务的过程中推进信息化，而不是把信息化的任务推向未来。

③ 把实现工业化纳入可持续发展的轨道，而不是先污染后治理、先破坏后建设。

④ 在工业化过程中尽力发挥我国人力资源丰富的优势，而不是造成大量劳动者失业。

新型工业化道路要求我们必须把工业发展和农业、服务业的发展协调统一起来，使工业化同时成为农业现代化和推进现代服务业发展的基础和动力；把速度同质量、效益、结构等有机地结合和统一起来，使我国工业真正具有强大的竞争优势；把工业生产能力的提高和消费需求能力的提高协调统一起来，把工业增长建立在消费需求不断扩大的基础上；把技术进步、提高效率同实现充分就业协调统一起来，使更多的人能够分享工业化的成果和利益，并实现人的全面发展；把当前发展和未来可持续发展衔接和统一起来，尊重自然规律和经济发展规律，走文明发展之路，实现人与自然的和谐。

8.4　未来能源的可持续发展

8.4.1　能源结构和能源政策开始向可持续发展转变

目前的能源发展是不可持续的。一个可持续发展的能源系统既要满足当代人的需求，同时又不能损害子孙后代满足其需求的能力。中国能源产业当前的发展方向明显不符合可持续发展的要求，能源使用密度大大高于发达工业化国家。早在"十五"期间，能源消耗和国内生产总值之间的弹性系数就明显上升，从发展趋势看，未来中国能耗增量将非常庞大，能源消费构成中以污染重的煤炭为主，石油进口正在不受控制地增长，能源转换和应用技术墨守成规且效率低下。这些因素对环境造成的影响是中国现行标准所不可接受的，中国正面对能源不安全的威胁，政府已认识到需要进行改革。

在过去的几年里，中国政府开始下大力气去提高人们对于提高能效的迫切性的认识，并相应进行改革。最高层的政策制定者宣布，需要进行根本的改革来制定一个新型的、综合的政策框架，以确保长期能源安全和可持续发展。

政府所强调的四个领域是：①注重能源效率和资源节约；②更加依靠竞争和市场；③加大法律法规的执法力度；④在国务院的支持下建立了国家能源委员会（"能源委员会"，"委员会"），将能源和能效上升作为国家重点关注的问题，这四个领域为新能源政策提供了可行的基础。

8.4.2　可持续发展政策的四大指导方针

指导可持续发展政策的四大相互关联的方针为以较低的能源密集度实现经济增长，国内资源的有效利用，保护环境，确保供应安全，可概括如下。

① 能耗增长速度必须尽可能低于经济增长速度。如果能源和国民生产总值之间的弹性系数稳定在第十个五年计划所达到的水平上或超过这一水平（例如弹性系数为 1.0 或更高），那么，实现政府确定的 2020 年经济增长目标可能会影响能源可持续发展。降低经济增长的能源密集度的目标是最基本的，没有这个目标，供应安全和环境保护的目标就无法实现。

② 更好地利用国家储量丰富的能源资源。在可预见的将来，煤炭将继续在一次能源供应中居于主导地位。除煤炭外，中国的大陆以及海域，无疑蕴藏着更多的石油资源，这些石油资源中有一部分尚未被开采，另一部分尚未发现。对国内资源更充分利用有助于减少石油进口增加所导致的不安全感。

③ 必须保护环境，使环境不受中央和地方能源生产、转化、消费方面的负面影响。由当前能源体系特别是煤炭的使用所引起的环境恶化已达到不可接受的地步，这直接导致对人类健康、居住环境等产生严重的负面影响。大力提高能源利用效率，广泛使用可再生能源，是实现环境保护目标的关键所在。这也有助于保障能源供应安全，减少与化石燃料相关的能源价格的波动。

④ 能源体系必须有效防止无论任何原因所引起的供应短缺，而且关键能源的供应应当更为安全。中国不可避免地要加速融入全球能源经济，这为中国实现能源多样化创造了条件，中国将更多地使用"洁净"的天然气和可再生能源。同时，中国还应关注供应安全，特别是石油进口以及包括液化天然气进口终端这样的重要能源基础设施的薄弱点。

这些方针应当被用于帮助评估法律法规、项目和措施的价值和有效性，这些法律法规、项目和措施构成实现中国能源可持续发展的综合性政策的最终内容，同时还是检验和评价现有能源法律法规的标准，以决定对它们是保持、修改还是废弃。

8.4.3　可持续发展步骤的顺序

中国政府的第一项工作是在可持续发展目标的指引下，积极地建立完整的法律框架，形成统一的能源政策体系。这项工作应当由中央政府以政策声明的形式来表述，它包括对省及省以下行政实体就其应发挥的关键作用进行咨询和磋商并宽泛地了解其意愿。

短期阶段（最初的 12 个月）：能源委员会应配备足够的人员、获得经费和授权。

——提议通过一部新的综合性的能源法。

——征求公众意见和反馈报告。

——对历史和现有能源数据的综合性、准确性和及时性做重大调整改进。

——指导能源研究计划，该计划是在跨部门基础上由来自政府部门、产业部门和学术界的国家一流能源专家组成的工作组（task force）来完成的。

——确保与其他政府部门及其政策的紧密协作与协调，特别是对外贸易、交通和城市发展方面的政策。

对现有能源商品的价格控制需要尽快重新评估和取消，以避免给消费者传递扭曲的信号，鼓励对能源的合理使用。

中期阶段，即 12 个月以后，一些工作要尽快地启动。

国家电力监管委员会的角色和职责需要明确，授权后的委员会的工作方向是使电力市场发挥作用，在价格和投资决策中，通过将环境外部成本内部化，逐步理顺市场的交易和投资行为。

设立天然气监管委员会（可以在国家电力监管委员会内设立，但具有独立性），其职责与国家电力监管委员会对电力市场的职责类似，负责对天然气市场下游天然气净化工厂的管理。作为结果，天然气和电力产业的自然垄断（输配功能）将被现代监管所替代。

电力、天然气和石油日用产品市场的开放即将完成，竞争将逐步加剧，政府需进行监督（而不是调控）价格，以制止市场优势地位的滥用。作为结果，能源商品市场应通过市场竞争而不是通过政府来调节，这样会提高所有资源的使用效率，在各种环境下更好地平衡市场供需。

技术转移、开发和快速实施计划将启动。作为结果，来自全世界的尖端技术应使中国能源发展获得良好的环境效益和经济效益。

双边和多边国际合作应得到加强。

能源供应安全和弹性应继续加以完善，中心目标是帮助指导包括国际合作、能源技术和能源商品来源等各种领域内的决策制定。

对于能源改革带来的社会问题和地方问题，政府应及时给予回应。

中国民间团体应对能源政策、计划和措施的提议以及可持续发展能源政策的实施开展咨询，了解情况和相应反馈，他们在这些领域特别是在偏远地区和农村地区可以作出有益的贡献。

通过短期和中期阶段，获取尖端技术和推进社会变革的机会正在迅速减少，政策将会在由此产生的强烈的紧迫感的推动下加以实施。

长期阶段，时间跨度上超越了"十一五"规划期间。

通过最好的研究和有效的建议，并基于开展"十一五"规划的经验，能源委员会将会制订一个长期、可持续改进能源和环境效率并实现可持续发展的计划。

能源法规也将根据需要适时不断地进行更新，以确保对能源经济的发展，以及对走可持续发展道路所需要的电力等相关问题都有所界定。

包括石油、天然气、煤炭、可再生能源等能源资源的勘探和开发，都将对投资和企业开放，对资金的来源、企业是国有的还是私有的、来自国内还是国外都不再有任何限制。

政府在能源商品市场的活动将仅限于对市场运行的认真监督，只有当证实买方或者卖方有滥用市场主导地位的行为时才对市场进行干预。

国际上最有效的技术将强制性地应用于所有的主要新能源的生产、转换和投资消费，以及在国内市场销售的机动车辆和设备上。

关于本行动计划的预期结果如下。

从短期来看，中央政府领导对能源可持续发展政策的承诺将为改革提供有价值的方向，同时，能源委员会的工作一方面是基于中央政府的工作组，另一方面是基于各省和公众的咨询，这将有助于弥补政策制定者在事前准备建议时缺乏的横向和纵向的协调。研究计划也应为建立实际信息和意见的"储存库"提供基础，以便政策制定者在制定能源法规时能进行参考。同时，作为行政行为的结果，应该为建立能源商品功能市场而继续努力。

从短期以及进入"十一五"规划期间来看，到 2010 年实现单位 GDP 能耗降低 20％这个重要目标的提出，不仅为高效经济提出了号召，还会降低单位产出的能源需求，是不损害经济增长的第一个核心计划，这个计划已在一定程度上改善了环境，相对降低了能源进口需求。单位 GDP 能耗降低 20％的目标，也将为以后的工作建立一个基准，比如在技术转让领域，决定的执行会根据最初的分析、目标、下放权力情况以及提供的技术和财政支持，参照当地的水平来进行。

从中期来看，天然气和电力产业的效率提高将通过市场的更有效运作显现出来，这还有助于改善环境状况，也会带来所有部门能源效率的快速提高，从而使能源消耗增长速度显著低于经济增长速度。有关城市化和公共交通的新政策，以及建筑物、设备和机动车辆更高效率的标准也将削弱经济增长与能源消费以及与个人收入增长之间的关系。充分利用国家在统一计划下更多的双边和多边的国际合作的力量可以获得更可靠、更多样化的能源进口供应，并借此满足中国技术转让计划和多样化借贷形式的需要。可测量的能源密集度的提高和能源弹性的降低都将提出报告，以使其低于其他的综合能源需求、进口要求和污染排放量。

从更长远来看，中国有着现代、全面的能源法，这充分反映了政府履行能源可持续发展的承诺，能源法的长期指导性给所有的能源参与者，包括投资者、消费者和生产者以信心。能源组合正在实现多元化，不断增长的清洁煤炭占主导地位，天然气和电力在最终的能源消费中所占的份额持续上升。与此同时，电力生产中将具有更多的可再生能源内容。能源市场的运转更为有效：展示合理程度的透明度，支配地位的滥用得以控制以及对自然垄断进行有效规制。通过有针对性的计划，包括特定费用的安排、补助金和收入补助，有效处置市场定价和其他政策因素对于特定的经济、社会和地域产业部门的不利影响。随着对中国监管机构的效率的信心增强以及对能源企业竞争力的信心增强，使得政策能够准许各类开发中国资源的投资者广泛进入，从而使得这些资源可以更加集中和更有效率地开采，不再像以前那样由国有上市公司单独开采。反之，国有上市公司更加平稳地融入国际舞台，通过开展商业化运作，带回新鲜的思想和新的资本，这将使它们获得更多的外国投资的机会，竞争力得到增强。广泛宣传的、正在执行中的计划，使经济"持续改进"能源效率，这会积累和提高"十一五"规划期间实现的收益。通过对最有效、最实用和最适宜的技术的了解和应用，大多数新投资，无论是最大规模（新火电厂）或者小型（新农村住宅建设）的投资均使用了新技术。同时，能源使用和转换设备的存量将可能最大限度地逐步以大量节能方式进行改进。最终，中国将被国际上认可为新的、有效率的能源技术的试验场，同时正在成为运用此类技术所生产产品的净出口国。

第9章 中国石油能源与可持续发展

当今世界能源发展仍处于石油时代，石油是创造社会财富的关键因素。从来没有任何一种资源像石油那样，对当代人类生活产生如此重大的影响，对当代国际经济与政治产生如此重大的冲击。几乎所有国家都把石油置于能源战略的核心位置。从长远和全球的观点来看，所谓能源问题，确切地说也就是石油问题。中国能源安全问题最突出的是石油安全问题，石油安全是中国能源安全的关键。中国能源的可持续发展战略，无疑也应把石油的可持续发展置于极其关键的位置。

9.1 石油能源与经济发展

9.1.1 国际石油价格波动与世界经济增长

9.1.1.1 石油消费与经济增长的关系

石油是工业的血液，工业经济与石油需求之间呈现出一种正相关的关系。廉价的石油促成了世界经济在第二次世界大战后迅速恢复，并导致了 20 世纪五六十年代世界经济特别是西方经济的高速增长，世界经济发展水平整体迈上了一个新台阶。在 20 世纪 60 年代到 70 年代初世界经济高速发展时期，石油消费与经济增长之间的关系保持 1∶1.5，这说明了想要获得较高速度的经济增长，必须要有高于经济增长的石油供应。从整个 20 世纪来看，1900 年世界石油消费量只有 2000 万吨，1929 年达到 1 亿多吨，1950 年达到 5 亿吨，到了 1997 年高达 36.85 亿吨。20 世纪世界经济发展特别是工业经济发展的巨大成就是不言而喻的，而工业高速发展又与石油的大量使用息息相关。据专家估计，世界经济年均增长 1%，石油的年均消费量将增长 0.4%。

石油消费与经济增长的这一正相关关系说明，没有石油一个国家就不能维持正常的经济增长，没有石油一个国家连简单的再生产都不能维持。

9.1.1.2 石油价格波动影响世界经济增长

从对 20 世纪国际原油价格与世界经济增长率的正相关关系的分析可以看出，在 20 世纪 60 年代以前，世界经济增长与原油价格之间的这种正相关关系非常吻合，油价基本稳定不动，世界经济保持着良好的稳步增长，石油消费需求大幅增长。进入 60 年代后，为了维护自身的合理权益，主要石油输出国成立 OPEC 组织，开始了与西方工业化国家的抗衡。这时的油价开始逐步上升，而世界经济也随油价的上涨失去了以往稳定增长的态势。进入 70 年代后，油价的波动更加剧烈，世界经济和原油的消费增长也开始进入到摆动不定的时期。在 20 世纪以来的这 100 多年中，前 70 多年的油价波动幅度相对后 30 多年要小得多，两次世界大战期间也都未造成大幅度的油价震荡。1973~1974 年国际市场上的石油价格从每桶 3 美元涨到 12 美元，上涨了 4 倍，石油价格暴涨引起了西方国家的经济衰退，据美国经济学家的估计，那次危机使美国国内生产总值增长下降了 4.7%，使欧洲的增长下降了 2.5%，日本则下降了 7%。1979~1980 年伊朗爆发革命，而后伊朗和伊拉克开战，使石油日产量锐减，国际石油市场价格骤升，每桶石油的价格从 14 美元涨到了 35 美元。这次石油危机也引起了西方主要工业国家的经济衰退，美国政府估计，美国国内生产总值在这次石油危机中大概下降了 3%。1990 年爆发了海湾战争，海湾战争更是一场石油战争，当时油价一路飞涨，3 个月的时间石油从每桶 14 美元突破到 40 美元。不过，这次高油价持续时间并不长，与前两次危机相比，对世界经济的影响要小得多。而现在是否会面临第四次石油冲击则令人担忧。随着地缘政治风险的上升和能源市场危险信号的增多，石油已经再度成为经济发展的不确定因素。如果过去的一幕重现，将加速通货膨胀和全球经济衰退。从宏观经济角度来看，石油曾被视为全球经济增长的"功臣"，也多次被看作全球经济衰退的"罪魁祸首"，而现在则再次成为左右世界经济的重要因素。无疑，石油已经成为现代经济社会发展进步的生命线。随着社会经济对石油的依赖程度越来越高，石油价格对经济社会动荡的反应也必将越来越敏感。

每当原油价格持续维持在较高水平时，世界经济就会出现衰退，原油消费量增长率递减，这种现象被称为"石油危机"。这种规律性的波动引起了世界各国的高度重视，进而加大了对石油经济的研究。研究的主要内容是石油价格持续高涨的程度、持续时间的长短和在波动情况下石油的供需关系；波动产生的通货膨胀或紧缩的压力与发达国家贸易赤字的关系，工业产业调整，税收制度的变动等；以及如何建立相应的国家石油安全制度和开发能源替代战略等。

纵观 20 世纪的世界经济，石油供给的高速增长为世界经济的高速增长作出了重要贡献，而国际油价的大波动给世界经济增长又带来了大动荡。然而，国际油价的波动是一种必然趋势，世界经济在国际油价的波动中波浪式地向前发展也是一种必然趋势。

9.1.2　世界各国的石油发展战略及其借鉴

在新的 21 世纪世界石油市场和地缘政治格局变化的大背景下，许多国家都在根据新的国际局势和自身的地位调整它们的能源发展战略，以确保自身的能源安全，提升其在国际社会的政治、经济地位。

9.1.2.1　世界各国的石油发展战略

（1）美国　节约或开发是第一次石油危机后美国能源政策的主题。20 世纪 70 年代美国出现了能源短缺问题，开始进口石油。1973 年第一次石油危机后，美国进行了战略储备，能源问题成为其后美国历届政府关注的主要问题之一。面对油价上涨引发的一系列问题，时任总统尼克松、福特、卡特等都曾推出能源咨文。1990 年海湾发生危机，当时的总统布什也提出新的能源战略，历数其政策，重点都在节能和开发新能源上。1999 年美国国家安全战略报告仍把能源保障列为国家安全的重要方面，主张提高能源效用，寻找替代能源，确保国外石油来源，但更强调保持重要产油区的稳定和安全，以确保拥有得到资源的机会，确保资源的自由流动。

把握主导权已经代替低廉油价成为美国在重要能源产区的战略目标。美国认为，低油价已不能完全反映美国利益，不能完全符合美国国家安全的要求，相反，还可能对美国国家安全构成挑战。美国对中东的依赖减少，低油价对美国经济意义不大。而亚洲国家正成为世界能源的主要消费者和廉价石油的主要受益者。油价持续低迷不仅要造成海湾地区的动荡，还将培养美国的潜在对手。为此，美国提出对石油生产国的援助要同受援国政治、经济制度等挂钩。未来能源战略应为配合实现全球战略目标，加强在重要能源产区的主导性，扩大能源供应网络。事实上，美国的目光已经从海湾、中亚扩展到非洲、拉丁美洲和黑海地区等，主要目标是在确保能源安全的同时，牢牢把握在世界重要能源产地的主导权，保持其世界单极优势。

（2）日本　由节能转为开发，日本对能源政策的重点和方向都进行了调整。第一次世界石油危机和海湾危机时，日本能源对策的重点均为节约能源。20 世纪 70 年代初石油占日本能源消费的近 80%，危机发生后，内阁迅速制定了紧急对策，此后日本将节省能源作为主要战略，产业政策重点由"资源能源多消耗型"转向"省资源能源型"，厉行节约。海湾危机时日本政府制定了"动态能源战略"，压缩石油消费，但无济于事。此次油价波动，日本政策重点转向开发，开发节能产品、节能技术以及新能源，开发重点由核能转向安全的电能、太阳能等。兼顾环境是世界能源政策的发展方向，在这方面日本仍处于潮流前列。中东是日本石油的主要来源，随着与中东阿拉伯国家能源合同的到期，日本开始调整政策，拓宽渠道，谋求与中国、俄罗斯、东南亚等国家和地区发展能源关系，实现能源来源多渠道化。

（3）俄罗斯　俄罗斯是能源大国，在其推出的新世纪国家能源战略中，主张能源产品开采和出口仍要保持高水平，以获取资金为国家提供预算收入，推动经济发展。吸引外资用来提高国内能源使用效率，充分利用高科技发展绿色能源，以减少污染，加强环境安全，强化俄罗斯能源优势。在能源出口方面，俄罗斯确保欧洲市场，同时，适应世界经济形势发展的新变化，积极占领亚太地区市场来满足新兴国家经济发展对能源不断增长的需求。

在石油战略上，俄罗斯决定调整与 OPEC 的关系，同其建立协调机制，但不加入OPEC，保持独立性，只在重大能源问题上影响 OPEC 的行动，确保俄罗斯国家利益。为确保在能源战略产区的利益，俄罗斯积极插手中亚等地区的事务。通过能源因素发展与各国际能源、经济组织的建设性合作关系，对能源、经济等问题施加影响，提升俄罗斯在全球事务中的分量。在大国关系中积极注入能源因素，通过建设输油管道等，加强与中国、日本等国的关系。

俄罗斯政府近 10 年将继续发展国家石油天然气工业，燃料能源综合体应成为俄罗摆脱危机和实现经济增长的重要依靠力量。其原因有三：一是燃料能源综合体可为国家提供40% 的外汇储备和大部分预算收入，是稳定经济、缓解社会矛盾的重要因素；二是燃料能源综合体的发展对俄罗斯扩大与欧洲和其他国家的合作有重大的政治、经济、军事意义；三是俄罗斯外债负担沉重，正处于还债高峰期，仅 2000 年就还本付息 170 亿美元。因此，在一定时期，继续增加燃料能源生产和出口换取更多外汇是普京政府一个最现实的选择。

（4）印度　随着近年来印度国内能源需求的迅速增加，以及当前国际安全形势导致的世界原油市场前景更加扑朔迷离，印度将加快调整能源战略摆到了政府议事日程的优先位置，以确保未来能源安全，保持经济继续稳步增长。印度石油发展战略的关键点有：一是建立石油战略储备。仅 2001～2002 年度，印度共进口了 7870 万吨原油以及 100 万吨石油产品，分别花费 6039 亿卢比以及 120 亿卢比。因此，为预防不测，印度政府正在考虑分阶段增加原油的战略储备，以确保达到 45 天的储备标准。二是加快油气资源开发。鉴于石油工业在印度国民经济中发挥的作用日益增加，伴随着经济的不断增长，国内石油供需之间的差距愈来愈大，急需提高国内原油和天然气的产量，增加炼油设备的能力和输送油气设施的容量，扩大销售网络。为此，印度政府在第十个五年计划（2002～2007 年）期间投资 1.7 万亿卢比（约合 354.2 亿美元）用于发展石油和天然气工业，以加速经济增长。为加速石油和天然气工业的发展，政府已制定了一项"新开采许可证政策"，目前这一政策已经实施了三个阶段，共投资 43 亿美元，开发了 70 座油气田。此外，印度石油公司还进军海外，在苏丹投资 7.4亿美元，同苏丹共同开发石油和天然气。

尽管印度包括煤在内的战略资源储量丰富，但长期以来，独缺石油的无奈现实让印度经济多次尝到了国际原油市场风云变幻的苦头，政府采取富有前瞻性的一系列举措，无疑将会提高未来国家抵御风险的能力，增强印度经济发展的后劲。

9.1.2.2 中国石油发展战略

（1）积极开辟国外资源 在全球能源形势日趋紧张的严峻对局中，中国的石油对外依存度有增无减。2004 年，对外依存度一度上升到 40%。按目前进口的增长速度来看，2006 年中国石油进口的依存度将高达 50%。据权威机构预测，到 2020 年，中国石油需求将达到 4.5 亿吨以上，国内可供应不到 2 亿吨，石油海外进口将达到 60%～70%。经济的快速发展致使我国石油资源不可能完全依靠"自力更生"，因此中国石油战略应着眼于"走出去"，积极开辟国外资源。

（2）降低风险的多层次石油战略 我国的石油进口战略要从分散风险着手，主要思路是促进石油进口多元化，在确保中东石油进口的同时，加强与非洲、拉丁美洲、中亚以及俄罗斯等产油地区和国家的互利合作。中国积极开展"石油外交"，以营造多元化的外交格局。

（3）建立石油战略储备体系 目前，美国、日本、德国的石油储备分别达到 158 天、161 天和 127 天，而我国的石油储备与这些发达国家相比还有很大差距。为了保障原油的不间断供给，平抑国内油价的异常波动，我国应有计划地建立石油战略储备体系。

（4）节约能耗最现实 值得注意的是，2004 年国际油价高涨对欧美等工业化国家的影响远低于对发展中国家的影响。据预测，每桶石油价格每涨 10 美元，美国、日本、欧盟经济增长率将回落 0.2%、0.4%、0.5%，而发展中国家将平均下降 1.5%。发达国家是石油消费的大户，却在石油涨价时受到微弱冲击，原因在于其石油密度大于发展中国家，即单位 GDP 消耗的石油少于发展中国家。中国万元 GDP 的能耗是世界平均水平的 3.4 倍，是日本的 9.7 倍，因此，在油价上涨、石油供应存在风险的情况下，大幅度提高能源利用效率、大力发展循环经济是一个更为现实的选择，节约是缓解资源瓶颈的大战略。

（5）积极寻找替代能源 解决石油供应短缺问题，还有一个思路是改善我国的能源消费结构，逐步降低国民经济发展对石油能源的依赖。我国煤炭储量丰富，目前已标明的煤炭保有储量超过 1 万亿吨，可采储量在 1100 亿吨以上；已探明的剩余天然气可采储量超过 2 万亿立方米，按 2002 年的产量水平可开采 70 年左右。可以说，我国发展替代能源潜力巨大，"石油进口替代战略"切实可行。我国天然气行业的发展前景良好，有望在部分能源供应领域实现"以气代油"。我国从 20 世纪 70 年代末开始进行煤炭直接液化技术研究，"煤制油"工业化项目有利于优化中国能源结构，权威机构认为，如果石油的价格高于每桶 22 美元，煤液化技术将具有竞争力，而现在的国际油价已经突破 50 美元/桶。

在我国的石油战略中，还包括以下应有之义：培养国内石油期货市场，加大对国际石油期货的投资，以远期合同交易方式降低近期价格风险，增加影响国际油价的话语权；改革石油价格形成机制，转变刚性传导国际油价的被动局面；加快石油天然气立法进程，进一步加大国内油气资源勘查开采的政策扶持力度等。

9.2 石油在中国经济发展中的战略地位

9.2.1 石油对中国经济发展的重要作用

9.2.1.1 石油是中国现代工业发展的重要原料

中国曾经是贫油国，到 20 世纪 60 年代初实现了基本自给，到 70 年代还有出口。然而，随着中国现代化建设的不断推进和发展，国民经济增长对石油的需求不断增长，1993 年中国成为成品油的净进口国，1996 年又变成原油的净进口国。近 10 年来，中国国民经济的高速增长和产业结构的迅速变化，带动中国石油消费量快速增长，年均增长率达到 6% 以上，而国内石油供应年增长率仅为 1%～7%。这种供求矛盾使中国自 1993 年成为石油净进口国之后，石油进口量迅速上升。统计显示，1996～2003 年间中国原油净进口量已从 2000 多万吨增加到 9112.63 万吨。

从中国石油消费情况来看，81% 的石油应用于石油加工业、化学纤维制造业、化学原材料及制成品行业。原油每年消费量都在增加，每年平均原油消费量增长率为 6% 左右，汽油消费年均增长率为 5.07%，柴油消费年均增长率为 12.77%，煤油消费年均增长率为 16.44%，燃料油消费年均增长率为 1.89%。其中，柴油在运输业中的消费年均增长率为 24.5%，汽油在运输业中的消费年均增长率为 8.12%，煤油在运输业中的消费年均增长率为 30.6%，燃料油在运输业中的消费年均增长率为 53.81%。这些增长率均超过了当期 GDP 的增长，充分表明了运输业对石油制品需求的依赖，也充分表明了运输业的高速发展为国民经济增长所作的贡献。此外，原油在化学原材料及制品行业年均消费增长率为 14.25%，柴油在制造业年均消费增长率为 14.41%，进一步反映出原油及其制成品在中国化工等基础工业中的重要作用。也就是说，没有这些油料的充分保证，这些行业将不可能有高速发展，中国经济高速发展也将受到重大影响。

9.2.1.2　中国经济发展对石油的依赖程度越来越高

在中国能源消费结构中，2000 年石油的消费比重为 25%，虽然没有达到发达国家的 40% 左右，但同样单位重量的原油对国民生产总值的贡献却远远大于煤炭的贡献，通常原油对国民生产总值的贡献约是煤炭的 8.69 倍，燃料油约是煤炭的 32 倍。而且随着科学技术水平的提高，石油对经济贡献率的递增速度也远远大于煤炭。另外，石油比煤炭对环境的污染要小得多，煤炭服务的领域石油几乎完全可以胜任，但石油服务的领域，在目前的技术水平、成本结构和环境要求等方面，煤炭还难以胜任。随着对原油及其制品这些重要工业原料消费需求的增加，中国经济的发展对石油的依赖程度越来越高。

由此可见，从某种程度上讲，能否保证石油供应的安全和供应是否具有合理的价格是中国经济能否保持持续快速健康发展的一个关键。而保障中国石油安全，就是要保障在数量和价格上能满足中国经济社会持续发展需要的石油供应。

9.2.2　国际石油价格波动对中国经济的影响

9.2.2.1　国际石油价格波动对中国经济的直接影响

石油在经济发展和社会进步中发挥着不可替代的作用。20 世纪最后 30 年里三次石油危机导致的三次油价暴涨，都对世界经济造成了严重影响，并不同程度地导致了全球经济萧条。

根据世界经合组织（OECD）的估计，国际市场原油价格每桶上涨 10 美元并持续一年，就会使全球通货膨胀率上涨 0.5 个百分点，经济增长率下降 0.25 个百分点。原世界银行行长沃尔芬森曾指出，在上述油价上涨情况下，世界经济增长率会减少 0.5 个百分点，其中发展中国家减少 0.75 个百分点。

随着中国加入 WTO 以及中国进口石油数量的持续增加，世界石油价格的上涨对中国经济的影响越来越大。石油价格上涨对中国国民经济的直接影响，表现为降低国内生产总值增长率和物价的上涨。众所周知，国内投资、消费和出口是构成国内生产总值增长的三要素，油价上涨将导致外汇支出增加、净出口减少，进而降低 GDP 增长率。石油占一次能源的比例越大，对外依赖程度越高，油价上涨的影响就越大。据有关部门测算，国际油价每桶变动 1 美元，将影响进口用汇 46 亿元人民币，直接影响中国 GDP 增长率 0.043 个百分点。2000 年国际油价上涨 64%，影响中国 GDP 的增长率 0.7 个百分点，相当于损失 600 亿元人民币。油价上涨会加大以石油为燃料或原料企业的成本，推动物价走高，抑制消费增长。2003年初因原油价格拉动航空燃料油价格上涨，导致民航机票价格上调。2004年由于国际原油价格上涨，中国进口用汇多花了200多亿美元。

9.2.2.2　国际石油价格波动对中国经济的间接影响

石油价格上涨对中国国民经济的间接影响，主要表现为出口面临着下降的危险。一是以石油为主要燃料、原料的产品，因为生产成本上升导致产品竞争力下降，从而使出口面临下降的潜在危险；二是出口对象国因油价上涨使国际收支出现困难，进而降低进口能力。据海关统计，2003年1月中国原油进口836万吨，比2002年同期增长77.75%，平均进口价格上升了51%，结果外汇支出净增长11.1亿美元。加上汽车等其他商品进口猛增，中国当月出现逆差12.5亿美元。

2004年初以来，国际原油价格一路攀升，从30美元/桶涨至40多美元/桶，纽约石油期货价格已超过50美元/桶，平均价格也在35美元/桶左右，远超过世界经济能承受的临界价格25美元/桶，给处于复苏阶段的世界经济带来明显不利影响，抑制了世界经济的恢复和发展。在油价一路飙升的情形下，中国原油进口仍保持增长，不仅增加了国家外汇支出，而且增加了炼油加工及运输成本，严重影响和波及工业、农业、交通动力以及人民生活等各个方面，国民经济整体运行成本的增加，严重影响中国经济的持续稳定健康发展，危及国家经济安全。

9.2.3　中国石油安全面临的挑战

据有关机构预测，中国的原油进口量到2020年将达到2.5亿~3亿吨，对海外石油依存度将超过58%。中国将继美国之后成为世界上第二大石油消费国和继美国和日本之后的世界第三大石油进口国。发达国家石油消费的经验显示，国民经济在以第二产业为主的经济结构条件下，石油消费量以较低的增长率增长；在第三产业成长为国民经济主导产业以前的工业化过程中，石油消费量快速增长，石油消费量的总量水平迅速扩大；在完成工业化以后，石油消费在较高的总量水平上将以较低的增长率增长。从现在起到2020年之前，正是中国经济完成工业化过程的关键时期，中国石油消费将处于迅速增长阶段。可以预见，21世纪中国石油供求将是一个长期的"瓶颈"，积极研究中国中长期石油安全与战略问题具有非常重要的意义。

石油不安全主要表现为一个国家对石油的依赖所引起的石油供应的暂时突然中断或短缺、油价暴涨对其经济的损害。中国石油安全主要包括三大因素：中国石油资源状况以及国内产量和进口需求；世界石油供需状况以及价格变动是否能够满足中国国内的需求；建立在国内、国外供需基础上的石油安全对策。

具体来说中国石油安全面临的挑战主要包括以下几个方面：①国内石油资源不足，原油产量不能满足需求，供需矛盾突出，进口石油依存度不断增大；②国际石油价格波动对中国经济的影响越来越大，抵御风险的能力差；③世界石油资源争夺日益激烈，境外资源空间逐步缩小，中国跨国公司对外直接投资时会受到西方跨国公司的挤压和地方势力的排挤；④中国对海上石油运输通道控制力薄弱，过分依赖中东和非洲地区的石油和单一的海上运输路线，将使中国石油进口的脆弱性凸现；⑤缺乏健全完善的能源安全预警应急体系，没有国际公认的石油战略储备及商业储备；⑥地缘政治形势复杂，美国、日本等国在中国周边的军事渗透构成威胁。

石油安全问题关系国家根本利益和国民经济安全。中国石油安全问题的根源是国内日益尖锐的资源与需求之间的矛盾，同时也受到国际石油价格的冲击。然而，中国对外石油资源不断增长的需求会对全球石油安全的地缘政治产生不可忽视的影响。因此，提高中国石油安全程度应该着眼全球，从战略的高度，借鉴国外发达国家与发展中国家的经验，提出一套提高国家石油安全的措施和相应的对策。

9.3　中国石油可持续发展的意义

石油对中国经济发展起着重要作用。随着中国现代化建设的不断推进和发展，国民经济增长对石油的需求不断增长，1993 年中国成为成品油的净进口国，1996 年又变成原油的净进口国。从中国石油消费情况来看，81％的石油应用于石油加工业、化学纤维制造业、化学原材料及制成品行业上，进一步反映出原油及其制成品在中国化工等基础工业中的重要作用。也就是说，没有这些油料的充分保证，这些行业将不可能有高速发展，中国经济高速发展也将受到重大影响。在中国能源消费结构中，2000 年石油的消费比重为 25％，虽然没有达到发达国家的 40％左右，但石油对经济贡献率的递增速度也远远大于煤炭对经济贡献率的递增速度。随着对原油及其制品这些重要工业原料消费需求的增加，中国经济的发展对石油的依赖程度越来越高。由于中国缺乏必要的石油战略储备能力，对原油突发性供应中断和油价大幅度波动的应变能力较差，因此，未来随着进口原油数量的增加和国际市场油价的波动，进口石油资源的安全性亟待解决。由此可见，从某种程度上讲，能否保证石油供应的安全及其是否具有合理的价格，是中国经济能否保持持续快速健康发展的关键。

9.4　未来中国石油能源可持续发展的战略构想

9.4.1　保证石油安全是中国石油可持续发展战略的核心

应对石油安全挑战是中国石油可持续发展战略的核心，中国应采取降低对石油进口依赖，积极参与国际石油市场的竞争，加强国际石油领域的合作，确保国家石油安全的一整套措施和相应的对策。这一整套措施和相应的对策可以概括为"降低依赖，参与竞争，加强合作，确保安全"的中国石油可持续发展战略。

9.4.1.1　降低石油进口依赖

一个国家能源对外依赖程度的高低与一个国家的经济安全成正比，即对外能源的依赖程度越高，该国受到能源安全的威胁也就越大，反之亦然。因此，确保中国石油安全最主要的是要降低对石油进口的依赖。

降低对石油进口的依赖，一是要转变能源发展战略。从以油、气为主的能源发展战略转向以煤炭为主体，电力为中心，油、气和新能源全面发展的能源发展战略。这一能源发展战略的转变不是对过去以煤炭为主的能源发展战略的简单重复，它是当前中国能源发展的重中之重，其核心内容是调整和优化能源结构，实现能源供给和消费的多元化。

二是要提高石油利用效率。解读中国能源发展战略，提高能源的开发和利用效率应摆在首位。中国石油利用效率比发达国家要低得多，按每 1000 美元 GDP 消费的石油当量（石油消费强度）来看，西欧、北美和亚洲发达国家一般为 0.05～0.1。其中日本从 1990 年开始一直为 0.05，美国 2000 年达到 0.1，美国 30 年来石油消费强度下降了 50％。中国 2000 年为 0.18，相当于美国 1980 年的水平。因此，中国在提高石油资源利用效率方面大有潜力可挖，应该将提高石油资源利用效率作为中国石油可持续发展的重要措施加以实施。

三是要加强石油资源的勘探开发。尽管中国主力油田已经进入中后期，但还有大量探明程度较低的地区，具有继续保持石油产量稳定增长的资源潜力。尤其是西部和海上，资源潜力较大，将成为国内石油产量增长的主要地区。黄海和中国东海大陆架的石油资源达 77 亿吨，很可能成为继里海之后的全球第三大石油产区。目前中国油田平均采收率约为 34%，采用三次采油技术强化开采，可提高到 50% 以上，从而大大增加开采储量。

四是要加强石油替代资源的开发利用。石油的潜在替代能源是天然气，目前世界范围内对天然气的需求增长速度已经在许多方面超过了石油，这一趋势还将持续发展。作为一种更加清洁的能源，天然气被认为是全球经济从矿物能源过渡到非矿物能源的一种"桥梁能源"。在中国能源消费结构中，天然气所占比重仅为 2.8%，因此，必须加强对天然气、煤层气等清洁能源的开发利用，加强天然气大型骨干输送管线等基础设施的建设，鼓励天然气消费，促进天然气工业发展。大力促进洁净煤的开发利用，减少煤炭的终端消费，发展洁净煤技术，加大煤直接或间接气化或液化，提高煤炭利用效率。针对我国石油资源短缺的现状，通过煤液化合成油是实现我国油品基本自给的现实途径之一，走煤炭液化合成油的道路是解决能源危机最有效可行的途径。此外，要重视油砂、油页岩等非常规油气资源的勘探开发，加强天然气水合物的基础应用研究，做好未来开发利用的技术储备。加快生物燃油的开发利用，加强生物原料型产品的研究和推广应用。

9.4.1.2　积极参与国际石油市场的竞争

中国介入世界石油体系，参与国际石油市场竞争是一个必然。但是，作为一个石油消费大国，既要积极地参与全球石油资源竞争，也要向世界展示中国对世界政治经济稳定的意义。

积极参与国际石油市场的竞争，一是要积极实施"走出去"的战略。利用世界石油资源主要有两种途径：其一，通过石油贸易，从国外直接购买石油及石油产品，即"贸易油"；其二，参与国外石油资源开发，建立海外长期的石油生产基地，稳定地获取"份额油"。尽管贸易油是主渠道，份额油只能是利用国外石油资源的辅渠道，但是海外份额油掌握得越多，利用国外石油资源的主动权就越大。中国应积极向外投资，控制石油战略储备。采取的主要投资方式有：直接参与产油国勘探开发项目的国际招标；用入股方式参与西方发达国家正在进行的石油项目开发；收购跨国公司已开发油田项目的股份；通过与国际石油垄断资本建立战略联盟、收购和投资海外资源产地以及其他投机运作方式获得差价并获得风险收益；通过融资租赁完成服务国的石油勘探开发项目，获取外汇或石油份额；通过国际补偿贸易和加工配套贸易，获取石油设备在国际市场的份额及加工配套贸易收益，提高设备输出时的技术服务和劳务收入，以换取石油或美元；还可以通过发行股票、债券、基金等金融衍生品去进行国际直接投资。国家应采取一系列措施鼓励国内企业"走出去"，如确立海外石油投资的总体战略；对企业在海外的油气投资活动予以税收政策优惠；国家的外交政策和外交活动要为企业"走出去"营造更好的双边国际环境；国家针对中国企业海外石油直接投资项目设立投资基金，并设置政策性保险政策；进一步改变海外投资管理体制和外汇管理体制；尽快开展包括《石油法》在内的有关石油天然气资源海外投资开发的各种立法和修订工作。

二是要争取国际石油定价权。中国参与国际石油市场竞争的根本意义，一方面要打破西方大国对资源控制权的垄断，另一方面要把国际市场上的价格风险尽可能多地释放在国际市场中，并能在国际石油市场的采购价格和采购规模上取得较大的主动权和发言权。中国已经超过日本成为仅次于美国的第二大石油消费国，但是在国际油价体系中没有发言权，在影响国际石油价格的比重上还达不到 0.1%。这是中国国内油价经常波动的最主要原因。目前，中国每年的石油交易量巨大，这是争取定价权的重要基础。我们要抓紧建立和完善中国的期货市场，以远期合同交易方式降低近期价格风险；建立国际采购的协调机制，通过国内企业联手采购，争取合理的价格；打破国内市场垄断行为，加速形成统一、开放、通畅、有序的能源、原材料市场。开放石油期货市场，中国可以借此取得市场交易、交割规则的制定权，变国际价格的被动承受者为积极影响者。

9.4.1.3　加强与国际石油领域的合作

中国参与国际石油市场的竞争，必须选择正确的战略。其中一个非常重要的方面，就是加强中国与国际石油领域的合作。

加强与国际石油领域的合作，一是要积极参与地区和国际合作体系。为了提高石油安全，中国必须积极而有步骤地参加国际性和地区性的经济和能源合作体系。要重视发展与石油资源富集国家和地区的双边和多边合作；积极开展与石油消费国的战略合作关系；积极开展与国际能源机构（IEA）的战略合作。中国作为亚洲太平洋经济合作组织（APEC）的成员，应更积极主动地发挥作用，包括积极参与 APEC 能源部长级会议和能源论坛；参与能源领域的协调行动。东北亚的油气资源市场与中国的国家利益密切相关，应积极参与，主动协调好与俄罗斯的关系，从能源合作上具体落实两国之间所建立的"战略协作伙伴关系"。中国能源政策中最当务之急是有效地施行来源多元化策略，更好地推动东北亚能源合作，实行多边谈判，共享如俄罗斯、哈萨克斯坦、中东等国的石油资源，建立起一个双边、多边、地区性或国际性石油能源合作体制，并建立相互保障、相互制约和完善的仲裁机制，达到石油开发、输送等方面合作的稳定和安全。

二是要积极开展石油外交。当今国际，石油外交在国际石油资源角逐中具有不可替代的作用。中国与国际油气资源将有相当大的利益关系，而这些利益又具有不同的和不断变化的地缘政治特点，这就决定了中国油气资源的地缘战略在很大程度上需要依靠具有明显经济倾向的外交去贯彻。今后，中国要用"双赢"的手段，以市场换资源，通过在中东、北非、中亚、东北亚和东南亚等地区的外交活动强化油气资源，以有力的石油外交来提高获取国际油气资源的安全系数。

9.4.1.4　确保国家石油安全

确保中国石油安全除了采取降低石油进口依赖，积极参与国际石油市场的竞争，加强国际石油领域的合作外，还必须采取以下综合对策。

一是要建立和完善战略石油储备和预警体系。战略石油储备是石油消费国应付石油危机的最重要手段，所以西方国家都把建立战略石油储备作为保障石油供应安全的首要战略。显然，战略石油储备已超出一般商业周转库存的意义。它不仅具有保障供应、减少风险、稳定价格的作用，更着眼于石油的政治后果，力图使本国在国际政治的风云变幻和激烈竞争中站稳脚跟，取得主动，避免受制于人。中国应建立形式多样、配置合理的战略石油储备制度，以适应不同层次的安全需要，争取在 2015 年完成相当于 90 天需求的储备量，并建立油田储备和产能储备制度。建立安全预警应对机制，按照石油短缺达到进口量的程度建立相应的预警应对方案。

二是要构建"石油金融"体系。石油金融是指用外汇储备在国际石油期货市场上建立石油仓单，利用国际期货市场到期交割的交易制度，将外汇储备转化为原油资产。通过把石油安全与金融安全联系起来考虑，把单纯的货币储备及外汇储备与更灵活的石油等资源的实物储备、期货储备密切结合起来，把石油期货仓单视为一种新的国际货币，参与外汇组合，建立"石油金融"体系不失为一种较好的战略。

三是要成立"石油基金"。石油基金即石油投资基金，是一种由政府或法人组建成立的用于石油专业投资的新型基金，其运作与共同基金相类似。它可以组成性质不同、完成的功能不同、发挥的作用不同的两种基金：其一是石油产业投资基金，主要目的是为建立石油战略储备库、风险勘探、重大项目评估等提供专项基金，为国家石油安全提供重大项目的启动资金；其二是石油投资基金，由专业投资机构利用各种手段在国际石油期货市场、石油期货期权市场、国际货币市场以及与石油相关的证券市场上进行石油实物、期货、债券、汇率、利率和股票等的投机操作，赚取价格波动差价，为"石油金融"操作起到保驾护航的作用。

四是要兴建"石油银行"。"石油银行"像商业货币银行一样为用油企业提供原油、成品油等委托保管服务。通过兴建"石油银行"，使中国石油的战略储备得到多元化、多层面的安全保障，以期缓冲未来石油价格的进一步上涨或波动，减少对进口石油时间上的过度依赖。建立"石油银行"充当储备供应与独立的石油缓冲组织的职能，遏制大石油公司对供应的垄断具有非常重要的意义，这对于民营企业来说，又是一个极佳的投资领域和潜在的巨大市场。同时，建立"石油银行"进行能源合作可为中国加强与亚洲国家经济合作提供良机。亚洲各国在各自加强石油储备的基础上，建立能够相互调剂余缺的亚洲储备机制，有利于亚洲国家的经济融合，为推动亚洲经济一体化起到非常重要的作用。

五是要实现石油贸易的多元化。按照多元化原则开展石油贸易，是分散风险、确保安全的有效措施。从石油安全角度来看，今后中国油气资源外部供应路线必须是多元的，而决不是单一的和绝对的，中国的石油贸易应采取进口来源的多元化、进口方式的多样化、进口品种的多样化和供应渠道的多元化。同时，采取来料加工和合资、合作等方式获得石油资源也可以作为中国获得稳定石油供应的重要途径。

六是要加强国防现代化建设。中国进口原油的 4/5 是通过马六甲海峡海上运输的，但是诸如阿拉伯世界之间的纠纷、世界恐怖主义的猖獗和呈上升趋势的海盗骚扰事件等，都对中国进口原油的海上运输安全构成威胁。过分依赖马六甲海峡，对中国的石油安全不利。因此，要从新的战略全局高度，制定新的石油能源发展战略，采取积极措施确保国家能源安全。其中重要的一点就是需要进一步加强国防现代化建设，适度发展海空军力，尽快提升中国海空军的中、远程作战能力，确保国家海上石油运输通道的安全，维护国家利益。

9.4.2　建立现代石油市场机制是中国石油可持续发展的体制保证

实现中国石油可持续发展，不仅需要保证中国石油安全，而且必须建立现代石油市场机制，为中国石油的可持续发展提供体制保证。一个行业的健康发展需要竞争作为动力，而打破垄断，建立现代市场机制，是形成竞争机制的关键。中国石油行业市场化改革任务是艰巨和复杂的。

深化中国石油市场化改革，尽快推进中国石油市场化进程，建立现代石油市场机制，必须在逐步放开市场的同时，抓紧建立和完善市场规则，使放开市场与建立和完善市场规则相辅相成、协调发展。

改革现有石油工业管理体制和市场准入机制，就是要在中国加入 WTO 后的过渡期内率先实现对内开放，放松进出口管制，打破垄断，鼓励民营企业投资石油行业，积极培育市场主体，促进有效竞争，在战略石油储备建设和管理中引入民间投资，并逐步放开原油、成品油市场价格。

与此同时，要积极进行石油市场体系建设，逐步形成规范、有序、公正、透明的市场规则，力争以完整的市场规则来规范放开后的石油市场，并在相互磨合中使其尽快成长和完善起来。石油价格放开，没有期货市场不行。开放国内石油期货市场和国际石油期货市场是国内众多企业参与国际竞争的一个重要途径。现阶段，可考虑从石油中远期合同交易市场建设入手，逐步形成具有现货、中远期合同以及期货和期权等多种交易方式的现代石油交易市场体系，最终完成中国石油市场化改革进程。通过石油股指期货、期权交易，优化投资组合，提高收益和安全性，降低整个石油行业及石油制品的交易风险，增加企业赢利机会，从而为中国石油的可持续发展提供有力的体制保证。

第 10 章　中国煤炭能源与可持续发展

我国正处于工业化、城市化和现代化加速发展时期，能否实现煤炭能源的可持续发展，保障国民经济持续稳健快速发展的能源需求，直接决定着全面建设小康社会战略目标的顺利实现，以及社会主义现代化建设的顺利进行。本章着重从对策研究的角度，就如何实现我国煤炭能源可持续发展这一主题进行探讨。

10.1　煤炭业可持续发展遇到的问题

我国煤炭资源分布广，总体格局是北富南贫、西多东少。在全国 2300 多个县（市）中，有 1200 多个境内有煤炭资源。煤田总体构造条件较差，在世界上属于中等偏下。煤矿特厚煤层少、埋藏深，决定了我国露天煤矿数量少，与以露天煤矿为主的美国、澳大利亚相比，我国煤矿的安全生产难度较大，大部分煤矿存在着地质构造复杂、倾角大、煤层薄、煤层不稳定、灾害严重等问题。

改革开放以来，我国煤炭工业得到了巨大的发展，但未来进一步的发展遇到了许多方面的制约。从煤炭工业的外部环境来看，资源和环境制约因素突出，市场竞争更加激烈，运输条件约束严重。从煤炭工业的内部情况来看，煤炭行业尚未摆脱困境，企业经营机制未实现根本性转变，安全生产形势仍然相当严峻。这些问题的存在，严重阻碍了煤炭工业的可持续发展。

10.1.1　资源和环境制约因素突出

虽然我国煤炭资源储备丰富，但由于煤炭资源是不可再生、不可回收的耗竭性资源，从而决定了它最终的稀缺状况不可逆转。目前，实现我国煤炭能源的可持续发展，同样也面临着资源和环境对煤炭工业的制约问题，这种制约已经影响到煤炭工业的可持续发展能力，主要表现为如下几个方面。

① 煤炭资源人均占有量低，地区分布不均。目前我国人均占有煤炭储量仅是世界人均占有储量平均水平的一半左右，其中焦煤等稀缺煤种储量更少，而且分布地点与全国经济发展和消费结构极不匹配。另外，由于油、气资源的严重短缺，在能源消费结构上对煤炭资源的需求巨大，更加重了这种人均占有低、区域分布不均的矛盾。

② 资源勘探程度低，难以满足新井建设的要求。我国煤炭资源储备虽然丰富，但勘探储量少。在已发现的煤炭资源中，勘探程度低，精查储量不足，优质环保型资源少，有效供给能力不足。在已探明资源量的 1 万多亿吨中，生产和在建矿已利用 3469 亿吨。目前可供建井的精查储量不能满足 2020 年前新增产能 10 亿吨的生产建设需求。

③ 开采条件差，生产成本大。在我国尚未利用的精查储量中，有近 90% 分布在自然条件恶劣、生态环境非常脆弱的区域，我国煤炭资源的综合开采条件在主要产煤国家中属中等偏下，煤田地质条件比较复杂，开采难度大，适合露天开采的资源很少。在煤炭资源富集的晋、陕、蒙、新四省区，煤炭资源占到全国的 71%，但水资源仅为全国的 1.6%，气候干旱少雨，土地沙化，植被覆盖率低，生态环境十分脆弱。水资源短缺严重制约着煤炭能源的可持续发展。

④ 资源政策不合理，无序开发严重。现行矿业权市场化的有关规定，与国家对煤炭资源勘查开发实行的"统一规划、合理布局、综合勘查、合理开采和综合利用"的方针脱节。

⑤ 资源回收率低，资源破坏和浪费严重。我国人均煤炭资源量低，但开发强度很高，已经是世界平均的 2.8 倍。全国煤炭资源综合回收率平均在 30% 左右，仅为世界先进采煤国家的 60%，而小煤矿资源综合回收率平均仅有 10%～15%。

⑥ 生态环境破坏严重。由于煤炭开发消耗快速增长，煤矿开采后造成的地表塌陷、废水、废气和废渣以及肺尘埃沉着病等，给矿区居民健康带来严重影响。据有关资料显示，每挖出 1t 煤炭，就要破坏 1.6t 的地下水资源。煤炭消耗产生的相应环境污染问题十分严重。每吨煤炭会产生 4.12t 二氧化碳气体，比石油和天然气每吨多 30% 和 70%。目前全球 22% 温室气体的排放是因为煤炭燃烧所造成的，我国"二氧化硫和酸雨控制区"的环保指标均有不同程度的恶化。

10.1.2　适应市场环境的生存能力低下

我国煤炭工业多年来所积累的一些深层次矛盾还没有从根本上解决，影响煤炭工业可持续健康发展的体制性、机制性、结构性障碍依然存在。

① 企业小而散，产业集中度低，煤炭安全供应保障程度差。2002 年，全国 500 万吨以上煤炭企业，市场占有率仅为 44%；前 4 家最大的煤炭企业，市场占有率不到 14%。小煤矿滥采乱挖、事故频发，产量规模受经济环境影响大。小煤矿仍然是制约煤矿安全生产的主要矛盾。

② 产业与产品结构不合理。长期以来，煤炭行业重开采轻加工、重生产轻利用，2002 年煤炭入选比例仅为 35%，资源综合利用率为 42%，非煤生产总值仅为全行业的 27.28%，不少企业仍是单一产业、单一产品模式。

③ 技术装备总体水平低。全国采煤机械化程度仅在 40% 左右，小煤矿基本沿用原始落后的采煤方法。

④ 区域发展不平衡。受资源分布、区域经济发展不均衡和运输"瓶颈"的影响，东北和西南地区煤炭企业经济效益低，一些资源枯竭或萎缩的煤矿经营困难，城市转型和煤矿转产难度大。

10.1.3　铁路运输问题制约可持续发展

由于我国煤炭资源赋存与经济布局呈逆向分布，产煤地区的煤炭主要依靠铁路外运到东部沿海地区，铁路运煤量占煤炭运量的 80% 以上，占煤炭产量的 45% 左右，煤炭运输一直是制约我国煤炭供应的主要因素。

10.1.4　煤炭行业尚未摆脱困境

虽然近年来煤炭全行业经济形势逐步好转，但扭亏并未脱困，主要原因如下。

① 煤炭企业社会负担过重，政企职能没有完全分开。

② 由于多年经济困难，煤炭在企业生产、安全和职工生活等方面的历史欠账多。

③ 企业经营机制未实现根本转变。部分国有企业未进行公司制改造，已经改制的也大多是国有独资公司；上市公司产权结构不尽合理；企业未形成规范的法人治理结构和现代企业运行机制；三项制度改革进展不大，企业管理比较粗放，内部约束机制不健全，损失浪费比较严重。

④ 职工队伍素质低，人才短缺。煤矿职工队伍结构性矛盾突出，从业人员整体素质下降。企业高级管理人才、专业技术人员和有经验的技术工人严重短缺。技术人员匮乏和层次低使技术措施不到位，制约煤矿安全技术和安全管理水平的提高。

10.1.5　煤炭行业安全生产形势严峻

目前，我国煤炭行业安全生产形势仍然十分严峻，全国煤矿事故死亡人数居高不下，煤炭开采伤亡代价巨大，百万吨死亡率大大高于世界主要产煤国家平均水平。

我国煤炭行业安全生产形势严峻，就客观原因而言，包括开采技术差、安全设备差以及矿山内部条件差等。但按照我国目前综合国力和总体发展水平，投入更多的资金改善这些客观条件并非难事，问题在于大小煤矿经营者及其负责官员对安全生产是否真正高度重视。安全意识薄弱、责任制不落实、安全管理和监察工作不到位，是造成各地矿难不断的直接原因。

此外，中国煤矿职业卫生形势严峻，肺尘埃沉着病危害严重。2004 年全国煤矿统计的肺尘埃沉着病患者为 60 万人，据估计全国煤矿每年新增肺尘埃沉着病患者超过 7 万人。

10.2　我国煤炭资源在可持续能源发展中的战略地位

我国未来能源状况及其供需结构是新能源战略制定中的首要问题。煤炭作为我国主要的一次能源，是我国能源可持续发展的基石，是国民经济持续发展需要长期依赖的可靠的战略能源资源，直接决定着我国经济未来发展的速度与安全。

我国煤炭储量十分丰富，具备承载我国能源可持续发展的主体的责任。据第三次全国煤炭资源勘测预测，目前我国已标明的煤炭保有储量超过 1 万亿吨，可采储量在 1100 亿吨以上。煤炭资源储量约占全国矿产资源储备的 90%，化石能源的 95%，具有巨大的资源潜力。

新中国成立以来煤炭工业经过 60 多年的开发建设，特别是改革开放以来的高速发展，解决了我国煤炭供应短缺的问题，成为世界产煤大国。2003 年全国煤炭产量 16.7 亿吨，国内煤炭消费量 15.9 亿吨，占国内一次能源消费量 16.78 亿吨标煤的 67.2%。2004 年全国煤炭产量超过 19.5 亿吨。

煤炭资源在我国能源可持续发展中的主体地位，是由我国能源结构的具体情况决定的。根据已经探明的储量比较，我国煤炭探明储量居世界第二位，而石油资源仅居世界第十一位，天然气资源仅居世界第十四位。目前我国已经成为世界能源生产和消费大国，一次能源消费量占世界第 2 位，生产量占世界第 3 位。而煤炭消费在全部一次能源消费中的比例一直在 60% 以上。但长期以来，对煤炭资源的战略地位认识不足，能源发展重点一直在水电、核电、煤电、石油和天然气之间徘徊不定。随着石油、天然气消费的增长，城市耗能对油、气的依赖性日强，石油、天然气储量不足的压力越来越大，石油、天然气能源消费受到严重制约。我国数家大型油井逐渐枯竭，导致近年来油、气进口数量急速增大，国家经济战略安全受到严重影响。在能源供给结构上，相对蕴藏丰富的煤炭资源越来越成为我国能源可持续发展的主体，因此，煤炭能源在能源发展中的主体地位越来越突出。"立足煤炭"成为我国未来长期能源战略的基础。目前国家正在制定我国能源发展中长期的总体规划，第一次明确煤炭为主体的地位，把石油、电力、煤炭、核能、水电等同时纳入国家战略规划和统一考虑。

随着经济的快速发展，我国能源需求总量将持续增长，而煤炭在未来几十年内仍将是我国主要的可利用能源。虽然有关部门对我国 2020 年能源需求的预测结果差别较大，变化区间为 20 亿～30 亿吨标煤，但在能源结构预测方面比较一致，即我国以煤为主的能源生产和消费结构不会改变。有关部门预测，2020 年我国煤炭需求总量为 26 亿吨左右。国际能源总署《2002 年世界能源展望》预测，2020 年中国煤炭需求总量为 21.2 亿吨，我国煤炭专家的预测为 22 亿吨。总之，根据我国能源资源的禀赋条件和经济增长结构，即我国富煤贫油少气的能源资源特点和经济发展阶段，以及煤炭资源储备的可靠性、价格的低廉性和燃烧的可洁净性，决定了我国煤炭资源在一次能源生产和消费中的主体地位在短期内不会改变，因而决定了其在未来国家能源可持续发展战略中的主体地位不可替代，这是实现我国煤炭资源可持续利用战略的首要认识前提。

10.3　煤炭能源发展战略

煤炭作为我国长期依赖的第一能源，在整个国家能源发展战略中处于极其重要的地位。实现煤炭能源的可持续发展，是保证我国能源可持续发展的首要任务，对国民经济持续快速稳健发展具有决定性的战略意义。为此，我们要坚持以煤炭为主体，电力为中心，油气和新能源全面发展的战略，大力调整和优化能源结构，努力实现能源可持续发展。

鉴于我国煤炭资源在国民经济和能源发展战略中所处的极其重要的战略地位，根据我国煤炭工业存在的主要问题，实现煤炭工业的可持续发展，必须从战略规划、生产规模、交通运输、科技创新以及世界市场等方面进行全方位谋划，坚持以煤为主的能源发展战略，使煤炭能源的可持续发展走上一条集约化的道路。

10.3.1　推进大基地建设：保障煤炭供给安全

煤炭行业是资源依赖型行业，只有拥有了丰富的煤炭资源特别是优质煤炭资源储备，才能从根本上实现可持续发展。国家应根据我国煤炭实际储备状况，加快大型煤炭基地建设，建立一批煤电路综合开发的大型煤炭基地，这是增强煤炭行业发展后劲、实现我国煤炭能源长期安全稳定供应的重大举措，也是促进煤炭产业全面升级的重要机遇。

另外，尽管我国煤炭资源丰富，但优质资源少，后备工业储量严重不足。目前，全国1/3左右的国有煤矿存在能力接续问题，远远不能满足国民经济发展对煤炭的迫切需求，保障煤炭稳定供应面临严峻挑战。在此背景下，建立国家煤炭资源战略储备已是必然之举。而建立国家大型煤炭基地，可以实现国家煤炭资源战略储备的目的，加强应对突发性能源供应中断的能力。可见，这些大型煤炭基地的建设，不是传统的单一煤炭基地，而是煤炭生产和调出基地、电力供应基地、煤化工基地和煤炭综合利用基地，在整个区域内综合开发利用煤炭资源，实现上下游联营和集聚。

10.3.2　实行大集团战略：提高煤炭生产效率

长期以来，我国煤炭企业小而散，整体资源回收率不到40%，造成了极大的资源浪费。从国际上主要产煤大国企业组织形式来看，煤炭生产所需要的基建投资巨大，机械化程度较高，安全要求严格，由资本、技术和管理等方面都强大的大企业集团进行投资生产最有效率。因此，根据新的投资体制改革要求，发展大型煤炭产业投资基金，吸收社会投资入股，加快建立我国煤炭大集团，既能满足公众投资煤炭盈利的需求，又能提高煤炭生产能力并确保安全生产，是改善煤炭行业集中度差、资源回收率低下的重大举措。国家应鼓励大型煤炭企业兼并改造中小企业，走集约化生产的道路，建立一些年产上亿吨、上千万吨的煤炭大企业，成为我国的商品煤供应基地、出口煤基地、煤炭深加工基地和市场投资主体，增加煤炭企业的市场定价能力和抗风险能力，这应该成为我国煤炭工业结构调整和可持续发展的切入点。

实行大集团战略，要鼓励发展跨行业企业集团，延伸煤炭产业链。根据市场竞争、自愿结合的原则，应该打破行业分割体制，综合地域和产业关联优势，实施煤电、煤电铝、煤化工、煤建材、煤焦化、煤气化、煤液化、煤钢等产业链，以获得煤炭就地转化而产生的高附加值。要加强交通运输部门与煤炭企业的运输建设合作，培育和发展煤、电、路、港、化为一体的跨行业企业集团，促进煤炭生产、运输和使用的上下游一体化。

10.3.3　坚持科技创新道路：加速煤炭能源洁净化

无论是煤炭能源开发还是煤炭能源节约，都必须重视科技创新，广泛采用先进技术，淘汰落后设备、技术和工艺，强化科学管理。因此，要建立依靠科技支持的煤炭能源可持续发展战略，确立国家煤炭能源技术发展支持体系，集中力量对影响未来能源发展方向的重大技术进行研究开发。

切实加强煤炭能源的生产消费环境保护，充分考虑资源约束和环境的承载力，努力减轻能源生产和消费对环境的影响。不但要重视终端用能的清洁化，也要重视解决能源生产、转换过程中的环境保护和其他社会问题。

10.3.4　实施全球化战略：开拓世界原煤市场

全球化战略是经济全球化的必然要求。实现我国煤炭能源的可持续发展，同样需要中国的煤炭企业，尤其是国有大型煤炭集团，充分利用国内外两种资源、两个市场，立足于国内煤炭能源的勘探、开发与建设，同时积极参与世界煤炭能源资源的合作与开发。

根据世界煤炭能源资源的可获性和经济性，进行全球范围的煤炭能源战略规划和发展布局，建立全球化的煤炭能源资源战略，到海外开发煤炭资源。积极鼓励国内有实力的煤炭企业集团参与国际竞争，有条件的企业可以到国外投资办矿，进一步提高中国煤炭工业的国际竞争力和对外开放水平。

实现煤炭能源进口的多元化、多样化和经济化，建立长期可靠的进口基地。参与和改善国际能源安全保障机制，使我国的能源安全有恰当的国际区域和全球保障。充分利用国际煤炭市场功能，完善我国煤炭能源市场和煤炭价格形成机制，减少煤炭能源价格波动对国民经济的影响。

10.4　增强政府在煤炭发展中的公共责任

煤炭作为我国可持续能源发展战略的首要资源，对国民经济发展有着极大的影响。但煤炭行业本身却是一个高风险、低收益、不可再生的产业。煤炭资源的不可再生性、煤炭工业的重要性和煤炭生产劳动的极度危险性，都要求政府在煤炭可持续发展中发挥重要作用，承担起义不容辞的公共责任，为可持续发展创造良好的外部环境。

10.4.1　搞好煤炭资源的科学勘查与合理规划

煤炭是地球给予人类的宝贵的不可再生的资源，一直使用下去终有用完的一天。所谓政府承担煤炭能源发展的公共责任，首先要代表全体国民的长远利益，做好煤炭资源的科学勘查和合理规划，最大限度地避免和制止人为的、短视的、掠夺性的资源开采，这是一个负责任的政府必须承担的历史责任。也就是说，实现我国煤炭能源的可持续发展，事关整个中华民族的长远发展，事关全体人民的根本利益。因此，科学勘查和合理规划是一项十分重要而艰巨的工作任务。

要依靠科学和技术创新，实施煤炭资源的高精度勘查，从根本上杜绝由于勘查不明、精查不细而导致煤炭能源的可持续发展风险，为煤炭资源的长远开发、利用开辟足够的空间。

要根据既有的资源状况，合理安排生产开采格局，不断提高煤炭资源的保护水平，发展循环经济，提高资源节约和综合利用效率。采用先进的技术准备和生产工艺，严格煤炭矿井开采顺序，坚决制止"采肥丢瘦"、掠夺性开采。大力研究开发共伴生资源的开采、加工、使用技术，提高煤炭资源的综合开发利用水平。

10.4.2　严格以人为本的安全监管责任

煤炭是我国的基础能源，是整个国民经济的基础产业，但与其他行业不同，煤炭行业是一个公认的作业风险非常高的行业，从业者的安全保障是一个特别突出的问题。一个特殊的行业指标——百万吨死亡率，意味着生产、效率、利润、财富、消费背后实际付出的人的生命的代价。因此，如何降低其作业的风险程度，始终是一个重大的公共安全问题。

国民经济可持续发展离不开煤炭能源的支持，但这种支持不能建立在牺牲煤炭职工生命代价的基础上。尤其是在普遍追求 GDP 增长的过程中，煤炭安全生产应该是我国能源可持续发展战略的首要问题。在煤炭能源可持续发展的一切政府公共责任中，降低煤炭生产的生命代价，是一个首要的责任目标，也是检验各级政府是否真正坚持以人为本的重要标志。

①　要真正把人、人的生命放在第一位，提高安全生产管理意识，建立严格的安全生产责任追究制度。

②　要提高煤炭安全生产的成本价格，加大责任追究、惩罚力度，如国家要强行规定伤亡职工的工伤、死亡经济补偿标准。

③　要严格煤炭企业的工作时间标准，避免超负荷生产。

④　要严格对安全生产责任人的追究处罚力度。提高责任追究制度的可操作性，加大司法监督、人大监督的力度。

⑤　要加大安全生产投入，改变落后的管理手段和方法。

10.4.3　制定最低工资收入及社会保障标准

煤炭行业是我国公认的工作环境最艰苦、生命安全最危险、平均劳动报酬低、国家税赋重的行业。要降低煤炭行业的高度危险性，政府除了采取包括严格以人为本的安全监管责任、加大对安全生产事故的责任追究力度在内的法律法规、行政手段之外，还必须采取严格的经济手段来配套进行。这其中包括制定和实施必需的最低工资收入及社会保障标准制度这一经济手段。

国家在煤炭行业实施相配套的最低工资收入及社会保障标准制度，直接体现着政府根据经济社会发展所奉行的文明生产标准，以及对从事艰苦而危险行业职工的生命权的尊重，同时，由政府代表国家强行实施，事实上还直接提高了行业安全生产的经济门槛，用市场经济的办法来迫使个别为追求利益最大化而不顾职工生命财产安全的不法矿主承担更高的代价，这不仅仅是个弥补行业环境的问题。

另外，煤炭行业还是一个资源依赖性非常高的行业，如何在其建立之初就考虑建立有关的产业转移政策，保证枯竭煤矿转产的顺利进行，是一个重要的公共安全问题。

这些行业特殊问题的大量存在充分说明，煤炭行业的政府保障责任非常重大，必须采取多种有效的办法加以保护。其中一个重要的市场经济的办法，就是国家通过制定行业收入标准相对较高的最低工资收入制度和医疗、养老等社会保障制度，来弥补煤炭这个高风险行业的作业安全损害，降低煤炭资源枯竭后职工转移的巨额成本。同时，根据《中华人民共和国煤炭法》的有关规定，建立煤炭企业衰老转产专项基金，解决煤炭老工业基地的产业转型、人员转业以及其他社会保障问题。

10.4.4　转换政府的煤炭经营与管理职能

根据完善社会主义市场经济体制的要求，加速转换政府在煤炭能源经营管理中的职能，从习惯于直接干预生产经营活动、煤炭价格控制以及国有煤炭企业的干部任命，逐步转向通过市场的方法，经营国有煤炭资源的战略管理、安全管理。

加速国有煤炭企业的股份制改革步伐，建立煤炭安全投资基金、伤亡保险基金、产业转换基金，把政府的煤炭管理公共责任，真正转移到科学勘测、合理规划、安全生产、环境保护以及人身劳动保障方面，推动我国煤炭能源的可持续发展。

最后，要加强煤炭行业管理机构建设，改变近年来中央和地方政府弱化煤炭管理的局面。从国外主要产煤国家的情况看，对于作为资源性能源产业的煤炭工业，政府监管和调控的手段都比较强。

10.5　煤炭可持续发展实施举措

10.5.1　煤炭行业的经济可持续发展战略措施

（1）优化产业、产品结构，实现煤与非煤协调发展　优化矿区产业产品结构，由单一的煤炭生产向煤炭深加工、资源综合开发利用和发展多种经营方向转变。依靠煤炭资源优势，通过吸收外资、多元持股和下游产业的企业联营等多种方式，大力发展煤-电、煤-化工、煤-焦、煤-建材等高能耗、高附加值产业，实行多元化经营，并逐步延伸产业链。这是实行渐进替代型多元化发展模式，变资源优势为经济优势，保持矿区经济持续、稳定、健康发展的根本战略，也是矿区经济由产业经营走上资产经营轨道，从煤炭行业向非煤炭行业渗透发展的有效途径。

（2）完善现代营销网络体系，提高营销管理水平　煤炭企业应当以自己的优势或可能拥有的优势去打开相应的最有利于优势的发展、最能实现企业盈利目标的那部分市场。为此，要建立灵活、高效的企业营销组织，造就一支懂专业技术、懂经营核算、懂法律法规、懂营销技巧的队伍，选择安全、畅通、快捷的营销渠道和制定灵活有效的营销政策。要加强对市场和营销信息的收集、反馈、分析和处理，及时掌握准确的市场动态，减少决策风险，增强企业的市场竞争力。

（3）推进建立国际矿业合作新机制　我国政府主张有关各方应坚持对话协商，加强政策协调，推动建立国际矿业合作新机制。中国愿同各方平等合作、优势互补，推动世界矿业形成更加合理的矿产勘查开发结构，更加稳定的矿产品贸易结构，更加科学的资源配置结构。

为进一步加强合作，中国国土资源部制定了《支持地质和矿产资源领域对外开放的若干意见》，加大了鼓励外商来华投资和国内企事业单位到境外勘查开发矿产资源的政策支持力度。全球矿业合作正站在一个新的历史起点上，面临新的发展机遇，各方合作的空间和前景十分广阔。

10.5.2　煤炭行业的社会可持续发展战略措施

（1）控制人口增长，提高人口素质，优化人口结构　根据人口现状和经济发展水平，把控制人口出生率、提高人口素质和解决人口老龄化问题结合起来，制订一个合理增长、提高质量、优化结构的综合人口方案，并认真贯彻实施。

① 实现人口的合理增长，继续把计划生育工作作为基本国策来贯彻实施。

② 要提高人口素质，继续抓好优生优育工作。

③ 要优化人口结构，重点解决好人口年龄结构和区域人口密度与经济发展不相适应的问题。建立和完善老年社会保障制度，建立完善的老年社区服务网络，解决好人口老龄化问题。加强对迁移人口的政策引导。

（2）以科技创新推动煤炭行业可持续发展　根据"十二五"发展规划的总体部署，我国将以精细开发、安全开发、节能减排、综合调配技术装备为重点，开发和攻克一批关键技术和装备，科学配置科技资源，建立若干国际先进水平的技术研发平台、工程转化平台、工程示范和产业化基地，培养一批高水平的科技人才和创新团队，进一步加强国际合作，通过自主创新为矿业可持续发展作出新的贡献。

10.5.3　煤炭行业的资源可持续发展战略措施

（1）改进综合采煤工艺，提高煤炭采出率　煤炭的开采目前存在的主要的问题之一是采出率低，这是由煤矿开采的特征所决定的。1995 年全国通配煤矿平均采出率为 81.1%，采区采出率国家规定为 75%，实际全国平均为 71.7%。提高煤采出率的技术途径可从以下方面加以考虑：①合理优化采矿的几何尺寸，减少初采、端头损失率。②解决端头支架、排头支架的放煤问题，减少煤炭损失。③改进装备条件和工艺方式，减少工艺损失。

（2）废弃物资源化　矿区工业生产过程中产生的"三废"中，相当一部分可作为资源经过加工处理变成有用产品。如矿区开采过程中遗弃的废物主要有矸石、废气和废水，力求将其作为一种资源进行加工生产为有用产品，矸石以及粉煤灰的加工利用技术有制造砖瓦、水泥等建筑材料，部分具有较好化学成分的可以提取其中的稀有元素和制造高质量的建筑材料，大部分可以用作铺路、充填塌陷区还田。

10.5.4　煤炭行业的环境可持续发展战略措施

（1）依靠科技进步，大力推广应用清洁开采和洁净煤技术　通过制定一系列强有力的政策法规，加大资金投入，加快清洁开采和洁净煤技术的研究开发和推广应用。推广清洁生产，对矿产采、选、运、加工、回收等环节层层控制，实行封闭式管理方式，建立清洁型闭合生产与消费体系。洁净煤技术及其产业化是我国今后煤炭加工利用的重中之重，也是从根本上解决我国煤炭污染的重要途径，为此，国家将洁净煤技术作为可持续发展和实现两个根本转变的重要战略措施之一，给予了高度重视。

（2）扩宽环保筹资渠道，加强环境保护与治理的经济实力　建立各种形式的环境保护与生态整治专项基金，如土地复垦基金、塌陷土地综合治理基金等。争取国家对环保产业、废弃物资源化及生态文明方面的优惠政策，大力加强废弃物资源化及生态整治工程，形成以业养业、自我积累、滚动发展的良性运行机制，从根本上解决环保工程资金问题。并可通过股份制、股份合作制等形式，与地方政府、其他经济组织和个人合作，共同开发复垦塌陷土地，建设废弃物资源化项目，有计划地引导公众参与环保投资活动。

中国煤炭行业实施可持续发展战略，走可持续发展之路，是中国从现在起直至未来发展的自身需要和必然选择。根据我国的基本国情和要实现的发展战略目标，决定了中国今后煤炭能源不能再走只注重数量增长、不考虑资源持续利用的发展模式和生活方式，而必须以可持续发展的思想为指导，从经济、社会、资源、环境协调发展的高度制定国家发展战略和相应的对策，保持经济持续、快速、健康发展。

第11章 中国电力能源与可持续发展

电力是国民经济发展的重要能源,在我国能源发展战略中处于中心地位。实现我国电力工业的可持续发展,要充分认识电力在国民经济中的重要作用,正确处理电力的体制改革,发挥市场自由价格在电力资源配置中的基础性作用,同时重视电力可持续发展的新举措,从而使我国电力能源实现可持续发展,保障国民经济和社会发展的电力需要。

在推进我国电力体制改革过程中,必须充分考虑到电力作为一种特殊商品,其生产、输送与消费所具有的独特的自然、市场与社会属性,从电力行业特殊的物理、市场和社会特性出发,处理好电力发展的竞争性、安全性、经济性和公共性之间的相互关系。尤其应努力解决好供需结构平衡、投资多元化、价格市场化以及政府公共责任等问题,在科学预测、投资多元、市场机制、公共安全等方面做出切实努力。

11.1 中国电力能源分布分析

电力是国民经济的晴雨表。进入21世纪以来,全球经济由疲软开始复苏,对电力的需求也逐步恢复。2003年世界电力生产较多的国家是美国、中国和日本,分别占世界总量的24.2%、11.55%和6.5%。与发达国家相反,在以中国为首的部分发展中国家,由于国民经济持续增长,电力工业一直稳定增长。世界各主要国家的年发电量见表11-1。

表 11-1 2000~2005 年各国家年发电量   单位:×10⁹ kW·h

年份 国家	2000 年	2001 年	2002 年	2003 年	2004 年	2005 年	
						生产量	%
美国	3990	3924	4050	4076	4168	4239	23.3
加拿大	605	582	581	568	576	594	3.3
中国	1368	1435	1654	1905	2204	2457	13.6
日本	1058	1040	1058	1083	1108	1134	6.2
印度	555	571	593	612	655	679	3.7
德国	564	586	587	608	616	619	3.4
法国	541	550	559	567	574	575	3.2
英国	377	386	387	398	396	399	2.2

由于化石燃料对环境的污染,世界各国都日益重视水电、核电和其他可再生能源发电。世界各主要国家的发电量构成见表11-2,OECD国家的发电量见表11-3。从表中可以看出,发达国家对非化石燃料发电非常重视,其开发程度远高于中国和其他发展中国家。

表 11-2 世界各主要国家发电能源构成(1999 年)   单位:×10⁹ kW·h

国家	核电	水电	地热	太阳能/风能①	化石燃料②	可再生能源和 垃圾能源③	合计
美国	777.89	318.62	17.38	5.41	2757.51	142.36	4019.17
中国	14.95	203.81	—	—	1018.58	1.96	1239.30
日本	316.62	95.58	3.45	0.04	634.20	16.25	1066.14
俄罗斯	121.88	161.37	0.03	—	560.88	2.08	846.24

续表

国家	核电	水电	地热	太阳能/风能①	化石燃料②	可再生能源和垃圾能源③	合计
加拿大	73.49	345.59	—	0.24	150.66	7.10	577.08
德国	170.00	23.40	—	5.56	346.88	9.44	555.28
法国	394.24	77.08	—	0.62	49.68	2.87	524.49
英国	96.28	8.25	—	0.90	253.64	7.73	366.80
意大利	—	51.78	4.40	1.07	206.59	1.82	265.66

① 包括潮汐能、海流能、海浪能和其他（如燃料电池）。
② 包括烟煤、褐煤、泥煤、煤气、油和天然气。
③ 包括固态生物、工业城市垃圾及沼气。

表 11-3　OECD 国家发电量构成　　　　单位：$\times 10^9$ kW·h

年份	1974 年	1990 年	2001 年	2003 年	年平均增长速度	
					1974～1990 年	1990～2003 年
发电量	4503.31	7579.56	9495.36	9821.61	3.3	2.0
煤	1638.76	3063.85	3628.91	3840.03	4.0	1.8
油	1066.58	699.97	561.24	549.16	−2.6	−1.8
天然气	531.03	764.74	1594.29	1723.8	2.3	6.5
可再生/垃圾	7.92	122.53	151.81	168.33	18.7	2.5
核能	242.08	1724.83	2273.97	2230.5	13.1	2.0
地热能	6.97	28.7	32.24	32.0	9.3	0.8
水能	1009.37	1169.69	1214.77	1217.39	0.9	0.3
太阳能、风能、潮汐能	0.61	5.24	38.14	60.4	14.4	20.7
抽水储能	10.79	43.28	68.78	68.98	9.1	3.7

资料来源：IEA/OECD 能源平衡和 IEA/OECD 国家的能源统计。

电力消费最多的国家也是美国、中国和日本，其次是俄罗斯、德国和加拿大。表 11-4 为世界主要国家的电力消耗量。

表 11-4　世界主要国家电力消耗量　　　　单位：$\times 10^6$ kW·h

国家	1990 年	1995 年	1999 年	2001 年
美国	2922569	3370975	3702170	3686966
中国	603413	957744	1179132	1397263
日本	824075	952686	1030757	1005864
俄罗斯	—	756947	735901	769933
德国	527415	516892	531870	560422
加拿大	447595	484303	506925	520497
法国	348151	393963	431010	450827
印度	238238	344723	395279	421357
英国	306623	322280	352534	364013

注：资料来源：国际能源机构《2002 年能源统计》、《2002 年气象信息》。

在电力装机容量、电力生产和消费量上中国排在世界的前位，但人均电力指标和技术经济指标却较为落后。世界主要国家人均电力指标见表 11-5。

表 11-5　世界主要国家人均电力指标（2001 年）

国家	人均装机容量/(kW/人)	人均发电量/(kW·h/人)	人均用电量/(kW·h/人)
美国	3.20	13214	13080
俄罗斯	1.49	6171	5332
日本	2.06	8463	6614
中国	0.27	1163	1150
法国	1.96	8832	7073
加拿大	3.58	18152	16105
德国	1.47	6328	6095
英国	1.33	6456	5747
意大利	1.31	4814	4927
西班牙	1.44	5892	4835
澳大利亚	—	10706	8880
瑞典	3.83	18303	15690
韩国	1.13	6152	5960

注：资料来源：国际能源机构《2002 年能源统计》、《2002 年气象信息》。

我国电力工业已有百余年历史，最早于 1879 年在上海建成发电厂，但旧中国电力工业发展缓慢，到 1949 年，装机容量为 1.8GW，年发电量仅为 43 亿千瓦时，且发电设备都依赖于进口，发电量的 55% 为外国资本所有。从 1949～2000 年，我国电力总体上一直以高于国民经济增长的速度在发展，基本上保证了经济发展和人民生活水平提高的需要。到 2003 年全国电力装机容量达 3.91 亿千瓦，位居世界第二。但我国电力缺口仍然比较大，人均用电水平 2008 年只有 1463kW·h，仅为 2000 年世界平均水平 2548kW·h 的 57%。

由于电力不能大量储存，所以我国电力生产和消费较多的地区基本一致。按行业划分，电力主要用在工业和居民的生活用电。我国分行业电力消费情况见表 11-6。

表 11-6　我国分行业电力消费量　　　　单位：$\times 10^8$ kW·h

行　　业	1995 年	1999 年	2000 年	2001 年	2002 年
农、林、牧、渔业	582.42	660.35	672.96	762.39	776.23
工业	7659.81	8832.74	9653.62	10444.66	11793.16
建筑业	159.62	142.34	154.77	144.91	164.14
交通运输、仓储及邮电通信业	182.30	254.78	281.20	309.32	338.00
批发和零售贸易餐饮业	199.47	342.82	393.68	444.89	500.00
其他行业	234.20	591.42	643.20	688.06	758.50
生活消费	1005.58	1480.78	1671.95	1839.23	2001.42
消费总量	10023.40	12305.23	13471.38	14633.46	16331.45

有研究报告预算，我国从能源开发到运输、储存以及终端利用，能源总的利用效率只有 10.3%，主要原因如下。①与我国能源消费中煤炭比重过大有关；②与我国电气化水平低有关，我国电力消费在终端能源中的比重 2000 年为 1.9%，而发达国家为 20% 以上，我国用于发电的能源在一次能源消费中所占比重约为 40%，发达国家高达 80% 以上；③由于我国能源生产转换装置的效率较低，我国发电设备中机组容量小，老旧机组多，热电联产比重小，煤耗高，厂用电率高，线损大；④与用电设备装置的效率有关，如有统计表明电动机平均效率只有 87%，而发达国家一般能达 92%，其他如配电器、传动装置、流量调节设置等的效率都较低。我国人均电力指标和电力工业主要技术经济指标近些年增长迅速，但与发达国家相比还较落后。

11.2   我国实现电力可持续发展的重要性

电力工业是关系国民经济和人民生活的重要基础产业，实现电力工业的可持续发展，对保障国民经济与社会可持续发展具有极其重要的作用。

改革开放以来，我国电力工业的发展速度是世界罕见的。电力装机容量从 1 亿千瓦迈上 2 亿千瓦的台阶用了 7 年时间，而从 2 亿千瓦迈上 3 亿千瓦的台阶，只用了 5 年时间。2003 年全国总装机容量达到 38450 亿千瓦，成为继美国之后世界第二大电力大国。为保障未来国民经济与社会发展的顺利进行，到 2020 年实现国民生产总值翻两番的目标，我国电力能源必须保持可持续发展。预计到 2020 年总装机容量将超过 9 亿千瓦。国际能源署认为，中国如果想摆脱目前的电力紧缺局面，就必须加快新电站的建设速度，激活对电力行业的投资，为耗资达 20 亿美元的电力发展项目筹集资金，同时应提高能源的利用效率，特别是工业领域的能源利用效率，以控制电力需求的过快增长。

11.3   中国电力能源结构改革

电力能源结构直接决定着电力发展的可持续水平。优化电力能源结构，要根据中国具体的能源资源状况，以及电力技术、投资成本和环境保护、社会发展等多种因素，正确处理、协调水电、煤电、气电、油电、核电、风电等电力生产与消费的结构比例关系，从而使电力发展充分兼顾资源、环境和未来社会发展趋势。

11.3.1   充分认识优化电力结构的重要性

能源对经济发展起着重要的支撑作用。加快发展新能源发电，是我国电力工业可持续发展的重要战略选择。目前世界电力能源生产结构，主要包括水电、煤电、气电、油电、核电、风电等。

在我国电力可持续发展中，新能源发电面临的压力和困难非常艰巨。到 2020 年国民生产总值要翻两番，电力装机容量在现有基础上就还需增加一倍多，达到 9 亿千瓦左右。按我国现在的能耗水平推算，届时对煤炭的需求将达到 42 亿吨标准煤。目前我国由于受能源资源禀赋的影响，在电力能源结构中，全国 70％为火电，30％为水电，核电、风电等比例很小。与世界电力能源结构相比，这种结构带来的负面影响越来越大，造成了环境污染严重、运输压力大和能源利用效率低等多方面的问题。我国目前的温室气体排放量已经仅次于美国，列世界第二位。同时能源利用总效率仅为 32％，资源产出效率大大低于国际先进水平。因此，国家应该大力加强可再生能源发电建设，改变一次能源结构过分依赖煤炭的现状。

我国大力发展可再生能源发电问题，是未来电力可持续发展的战略需要，也是缓解电力与经济、资源与环境矛盾冲突的现实选择。据报道，三峡工程利用水能发电替代燃煤发电，每年可以使我国少排放二氧化碳约 1 亿吨、二氧化硫约 200 万吨、一氧化碳约 1 万吨、氮氧化物约 37 万吨。所以，要根据我国经济社会发展及可再生能源技术水平，大力发展煤电之外的水电、风电、核电以及太阳能发电、生物质发电。在宏观层面，国家要消除其顺利发展的各种市场障碍，加大政策支持力度，扩大开发应用规模，增强其市场竞争力。尤其是对风力发电、生物质发电和太阳能发电，政府要把扩大市场需求、加快产业化发展作为一项重要任务来抓，尽快建立具有国际竞争力的技术服务体系和现代产业体系，要因地制宜，解决偏远地区居民和特殊行业的用电问题。

国家要通过制定可再生能源开发利用法等措施，消除可再生能源开发利用市场障碍，营造可再生能源发展的市场空间。设立可再生能源发展的资金保障体系，建立促进可再生能源发展的社会环境，全力推进我国可再生能源的发展。具体到实际部门，要加强新能源发电规划工作，明确中长期发展目标，确立可再生能源电力在国家电力战略中的重要地位，制定有关可再生能源电力的并网技术标准，以及制定《可再生能源法》。同时要抓紧研究新能源发电的并网技术标准，并网接入系统的投资和建设，国家投资或者补贴建设的公共新能源独立电力系统的管理，可再生能源电力上网电价计算及电费的分摊和回收等问题。

要借鉴发达国家电力发展的经验，处理好集中型的大电力与分散型的小电力的发展模式。大容量、高参数机组发电，超高压、远距离、大电网集中供电，是过去一些工业化国家电力工业发展走过的路子。目前这种情况在国际上发生了变化，小型的分散发电模式也有了新的生命力。国际热电联产（ICA）的宗旨就是推动发展世界范围内的清洁、高效和分散的电力生产，并预言这是未来世界电力的发展方向。我国电力工业目前还需要在经济效益好的前提下，发展大电厂和大电网。但在制定发展战略和长远规划时，也应充分考虑小型分散发电的比较优势，特别是在新技术基础上高效率、低污染的多能源（天然气和可再生能源）的分散发电。在制定长远规划时，还必须考虑环境保护、市场竞争以及技术进步对电力工业发展的影响。

11.3.2　努力推进水电能源的可持续发展

水电是地球上最重要的可再生能源，为社会发展做出了巨大的贡献。2004 年《水电与可持续发展北京宣言》指出：水电是目前世界上开发技术最成熟的可再生能源。发展中国家以及经济转型的国家，需要对水电资源进行有效利用。目前水电提供了世界 19% 的用电量，并构成 95% 的可再生能源发电量。假如使用火力发出这么多的电能，就会给全球增加 21 亿吨二氧化碳，所释放出的温室气体多 40 倍。从世界范围来看，目前世界上只有 33% 的水电技术和经济得到了开发，大部分未开发的水电潜能主要集中在发展水平最低的国家。如欧洲已经开发了 75% 的水电潜能，北美开发了 69%，非洲、南美洲和亚洲分别是 7%、22%和 33%。

我国水能资源丰富，是世界上最大的可开发水能国。不论是水能资源蕴藏量，还是可能开发的水能资源，我国都居世界第一位。据有关资料介绍，我国河流水能资源蕴藏量 6.76亿千瓦，年发电量 59200 亿千瓦时；可能开发水能资源的装机容量 3.78 亿千瓦，年发电量19200 亿千瓦时。2003 年底，我国已建成水电发电装机容量 9000 万千瓦，其中小水电容量3000 万千瓦，在建水电装机容量 5000 万千瓦。我国水力资源开发利用率按经济可开发容量计算仅为 24%，水电装机容量也仅占全国总发电装机容量的 24.24%。2004 年 9 月 26 日，我国水电装机容量突破 1 亿千瓦大关。我国的水电建设从新中国成立之初的几十万千瓦到5000 万千瓦，大约用了 46 年，而从 5000 万千瓦达到 1 亿千瓦，仅用了 9 年。但与发达国家相比，我国水力资源开发利用程度并不高，目前水电仅占中国能源利用率的 5%。因此，要大力发展我国水电能源，增加电力能源的可持续发展水平。据有关部门预测，我国水电建设到 2020 年将达到 2.5 亿千瓦以上。

在水电可持续发展过程中，要重点开发调节性能好、水能指标优越的大型水电站和因地制宜开发中小型水电站。此外，在煤炭短缺、水能资源丰富的地区，选择一批小河流进行连续梯级开发和根据各个电网的调峰能力有选择地开发抽水蓄能发电。同时，在开发水电资源时，要充分注意处理好水电建设与环境保护的关系，坚持"开发中保护、保护中开发"的原则，促进人与自然的协调发展，绝不能以牺牲生态和环境为代价来盲目地发展水电，必须按照生态效益、社会效益、经济效益的先后次序进行科学规划，扬长避短，兴利除弊，顺应自然规律和经济规律，在人与自然的和谐相处中，通过水电的健康、快速发展，促进经济社会的更大进步。国际水电协会提出可持续性方针，认为政府在能源规划时，要把发展的可持续性三元素——经济、社会和环境统一考虑，使环境保护、社会责任和国民经济协调发展。世界大坝委员会指出大型水坝建设和管理，应高度重视包括一些社会性的担心在内的一系列问题，如水坝的安全性、地震风险、文化遗产、公共健康和人口迁移、泥沙淤积和侵蚀、水质、对生态系统和生物多样性的影响、鱼类的通道以及商业性渔业的前景等。

11.3.3 努力推进风电能源的可持续发展

风能是地球与生俱来的丰富资源，加快开发利用风能已成为全球能源界的共识。现在，风电是技术比较成熟、发展最快的可再生能源发电技术，发展前景良好。与传统能源相比，风力发电建设周期短，开工几个月就可以投入生产，而火电厂的建设周期一般需要几年时间。另外，风电环保效益显著，一台单机容量为 1000kW 的风机与同容量火电装机相比，每年可减排 2000t 二氧化碳、10t 二氧化硫、6t 二氧化氮。

我国要解决能源供应、二氧化碳排放等问题，实现电力能源的可持续发展，风电将是一个十分重要的方面。我国风力资源十分丰富，而且商业化、规模化的潜力很大。据有关部门分析，我国拥有 10 亿千瓦以上可开发风能资源总量，其中陆上 50m 高度可利用的风力资源为 5 亿多千瓦，海上风力资源也超过 5 亿千瓦。仅陆上 10m 高度可供利用的风能资源就为 2.53 亿千瓦，是世界第一。能够用来开发风电的地区不仅仅是新疆和内蒙古、甘肃、西藏、青海、辽宁，沿海地区的广东、海南、福建、江苏、浙江等地，风能储备也相当丰富。但 20 多年来，由于以往煤电和水电供应基本上不成问题，风力发电并没有引起人们的开发意识，我国风电发展十分缓慢。截至目前全国 40 多个风电场总装机容量仅为 56.7 万千瓦，占全国电力总装机容量的 0.14%。比起欧美国家，我国风能开发步伐已远远落后。随着我国国民经济的进一步发展，特别是能源短缺造成巨大的经济损失，越来越多的人意识到开发潜力巨大的风电已迫在眉睫。因此，应高度重视风电建设，大力提升风电在能源结构中的比重。

我国应借鉴国外有益的发展经验，建立全国统一管理的绿色电力市场，加快风电发展步伐，解决风电发展方面的政策和技术障碍。目前，我国对风电能源的技术研发投入太少，致使风电发展缓慢，产业化、商品化程度非常低，风电产生的电能在时序上与需求的匹配性较差，风电的供应成本还不具备与常规能源产品竞争的能力，风力资源没有得到大规模的开发利用。风力发电成为我国电力工业重点发展的方面。根据有关规划预计，我国风电装机容量到 2020 年将达 2000 万千瓦，年替代 1500 万吨标准煤，2030 年达到 5000 万千瓦，为此应成立专门的发展机构，抓紧制定合理的风电价格和税收政策，从根本上形成风电发展的良好环境。

11.3.4 努力推进核电能源的可持续发展

核电能源是我国电力能源可持续发展的一个重要方面。1982 年 12 月 30 日，中国政府向世界宣布建设秦山核电站，揭开了我国核电建设的序幕，20 多年先后建设了浙江秦山、广东大亚湾和江苏田湾三大核电基地，具备了自主研发、自主设计、自主建设和自主运行管理核电站的能力。目前中国共有 8 座核电站、19 台核电机组，其中 9 台已投入商业运行（总装机容量 701 万千瓦），2 台在建，4 台自主设计的和 4 台国际招标建设的都即将开工。据有关部门预测到 2020 年中国电力总装机容量将达 9 亿～10 亿千瓦，其中核电装机容量要占 4%，比现在增加 3 倍以上。

目前我国核电发展水平还处于初级阶段。如以装机容量计算，中国核电装机容量仅占总电力装机容量的 1.8%，尚不足世界核电平均装机容量的 10%。按照规划，我国核电装机容量在 2020 年将达到 3600 万千瓦以上，约占总装机容量的 4%。

当然，核电发展要求的条件比较高。核电站建设周期长（一般为 5～7 年），且投资巨大（一般每千瓦投资约 1500 美元），在我国这个煤炭、水力资源丰富的国家，核电的发展规模受到很大的比较利益限制。因此，核电进入大规模发展阶段后，需要更多的人员和巨额的资金支持，需要先进的市场化运作理念与成熟的技术支持体系。我国应借鉴世界核电发展的经验，充分利用电力企业的雄厚实力，使其成为核电大规模发展的动力与决定性力量。

11.3.5　努力推进太阳能与生物质能电力的可持续发展

太阳能是资源潜力最大的可再生能源。我国太阳能资源非常丰富，2003 年底，全国已安装光伏电池约 5 万千瓦，太阳能热水器使用量为 5200 万平方米，约占全球使用量的 40%。据测算，使用 $1m^2$ 的太阳能热水器，每年可节约 120 千克标准煤。目前得到广泛利用的是太阳能热水器和光伏发电。预计到 2020 年，使太阳能热水器总集热面积达到 2.7 亿平方米，年替代 3500 万吨标准煤，光伏发电总容量将达到 100 万千瓦。

另外，我国是一个农业大国，生物质能材料来源广泛，生物质能资源量大，分布广，可储存使用，并可转化为多种能源产品。全国农村每年消耗的非商品生物质能约折合 2.8 亿吨标准煤，生物质发电装机容量已达到相当规模。预计到 2020 年，生物质发电装机容量达到 2000 万千瓦，年替代 2800 万吨标准煤。

11.4　中国电力能源可持续发展策略

电力能源的可持续发展可从以下六个方面加以概括。

（1）电力市场化改革是促进电力发展的根本动力　改革开放以来，电力改革不断深化，1985 年出台的集资办电政策，1997 年政企分开改革，2002 年实施的电力体制改革，都极大地促进了电力的发展。党的十六大提出了全面建设小康社会的宏伟目标，需要强有力的电力支撑，需要安全可靠的电力供应，需要优质高效的电力服务。当前，厂网分开基本完成，垂直一体化垄断经营的体制被打破，竞争带来的市场活力逐渐显现。但是到目前为止，中国电力市场化改革还有很长的路要走，煤电联动、竞价上网都处在初级阶段，只有继续不断推动改革，逐步建立和不断完善有利于电力发展的体制和运行机制，才能促进电力工业的可持续发展。

（2）进行行业内的结构优化　努力提高清洁能源比重，积极利用可再生能源发电，发展绿色电力。另外，电力产业应当加大关停小机组的力度。小火电的关停可以使火电在我国电源结构中的比例降低到 80% 以下，不仅可以逐步扭转火电比重不断上升的趋势，而且对提高水电和其他清洁能源的市场份额也会起到明显的促进作用。

（3）加快电网建设　与发电设施相比，我国电网的建设却没有取得太大的进展，脆弱的输电网对中国经济来说有可能成为致命障碍。影响电网建设的因素很多，主要是因为输电区域太大，输电困难。但除了客观地理因素以外，在电网建设各环节的管理不力也不容忽视。应在电网规划和建设、电力生产与经营等方面从上到下做到统筹兼顾，尽量减少中间环节，根据各地的实际情况，真正解决电力建设资金缺乏、地方影响较大、执法能力不强等方面的问题。

（4）努力创新电力节能技术　促进行业清洁生产和循环经济建设，降低行业能耗和污染，从而最终提高整个电力行业与环境的协同度。现在有许多电力行业中的新技术需要我们去攻关，为整个电力行业的可持续发展提供技术支持，如超临界火力发电用高温高压材料技术、燃气轮机核心部件设计、制造技术、特高压输电关键设备的研究和制造技术、可再生能源发电关键设备设计技术、绿色煤电技术等。

（5）加强电力需求管理　我国自 20 世纪 60 年代开始进行需求侧管理的研究与应用。电力需求侧管理是采取有效的激励措施，引导电力用户改变用电方式，提高终端用电效率，优化资源配置，改善和保护环境，实现最小成本电力服务所进行的用电管理活动，是促进电力工业与国民经济、社会协调发展的一项系统工程。在当今经济危机的环境下，面对能源供应持续紧张的局面，电力行业在经济和技术层面加强需求管理，充分利用价格杠杆合理引导电力消费，研究电力与其他能源交替错峰的可行性，这是解决电力供需矛盾的有效措施。

（6）积极探索循环经济发展新模式　循环经济是对 200 多年来传统发展模式的变革，循环经济倡导的是将传统的单向的线性经济"资源-产品-废弃物排放"，转变为闭环流动型经济"资源-产品-再生资源"。循环经济特有的运行规则是减量化、再利用、资源化原则，循环经济的目标就是构筑资源节约型、环境友好型社会，是人类社会在约束条件下选择的先进的生产模式。在电力行业积极发展循环经济对电力工业的可持续发展有着重大的现实意义。

电力工业的可持续发展是一项任重道远的系统工程，其中涉及运行机制、技术、经济环境等方方面面，需要电力工作者和全社会持续不断地探索努力。

第 12 章　中国新型能源与可持续发展

12.1　新型能源简介

常规能源是指技术上比较成熟且已被大规模利用的能源，而新能源通常是指尚未大规模利用、正在积极研究开发的能源。因此，煤、石油、天然气以及大中型水电都被看作常规能源，而把太阳能、风能、现代生物质能、地热能、海洋能以及核能、氢能等作为新能源。随着技术的进步和可持续发展观念的树立，过去一直被视为垃圾的工业与生活有机废弃物被重新认识，作为一种能源资源化利用的物质而受到深入的研究和开发利用，因此，废弃物的资源化利用也可看作是新能源技术的一种形式。

新近才被人类开发利用、有待于进一步研究发展的能量资源称为新能源，但对于常规能源而言，在不同的历史时期和科技水平情况下，新能源有不同的内容。当今社会，新能源通常指核能、太阳能、风能、地热能、氢能等。

新能源的各种形式都是直接或间接地来自于太阳或地球内部深处所产生的热能，包括太阳能、风能、生物质能、地热能、核聚变能、水能和海洋能以及由可再生能源衍生出的生物燃料和氢所产生的能量。也就是说，新能源包括各种可再生能源和核能。

联合国开发计划署（UNDP）把新能源分为以下三大类：大中型水电；新可再生能源，包括小水电、太阳能、风能、现代生物质能、地热能、海洋能（潮汐能）；传统生物质能。

相对常规能源而言的，新能源一般具有以下特征：尚未大规模作为能源开发利用，有的甚至还处于初期研发阶段；资源赋存条件和物化特征与常规能源有明显区别；开发利用技术复杂，成本较高；清洁环保，可实现二氧化碳等污染物零排放或低排放，对于解决当今世界严重的环境污染问题和资源（特别是化石能源）枯竭问题具有重要的意义；资源量大、分布广泛，这对于解决由能源引发的战争也有重要的意义，但大多具有能量密度低的缺点。根据技术发展水平和开发利用程度，不同历史时期以及不同国家和地区对新能源的界定也会有所区别。

12.2　太阳能利用与可持续发展

自然生态系统维持正常运转所需要的能量，全部来自太阳。人类生活所需要的能量比任何生物都多，但是到目前为止，即便是工业最发达的美国，所消耗的能源中有 90％是化石能源。这些能源是几百万年前地球上的动植物被埋在地下，经过高温高压作用转换而来的。就是说，化石能源也是一种过去储存下来的太阳能。据资料报道，3 日内投射到地球的太阳能量等于全世界煤、石油和天然气的确证储量，或相当于全世界每日能耗的 9000 倍。同时，太阳能是洁净的、用之不尽的可再生能源，因此它不失为人类社会极其重要的能源之一。据美国能源部和环境质量委员会估计，2000 年美国直接或间接利用的太阳能可满足该年能源需求量的 20％～25％。又如生态农场可以不依赖化石能源，而通过植物的光合作用和农业废物的沼气化过程，从太阳能中获得可供农村或小城镇的能量消耗。如果与水电和风能、地

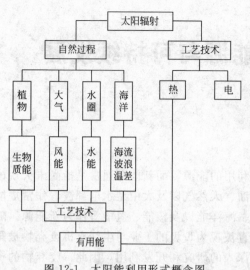

图 12-1   太阳能利用形式概念图

热能等配合使用，或补充以少量化石燃料，情况将会更好，这样就能解决地区广大的农村能源的需求问题。但是太阳能也有一些缺点。首先，它的能量密度平均仅约 $1kW/m^2$，而且其数值还因地而异，变化幅度很大。最有利于收集和开发太阳能的地方限于南、北纬 35°之间，这些地区太阳能的入射量是 $(1.25 \sim 2.5) \times 10^4 kJ/(m^2 \cdot d)$，每年接受日照的时间是 2000～2500h。此外，太阳能投射到地表的过程中，还常受到不可预测的因素的干扰，具有不连续和不稳定的性质。

即便如此，人们还是研究了许多直接和间接地利用太阳能的方法，图 12-1 就是太阳能利用形式的概念图。

如图 12-1 所示，通过一定的工艺技术过程，太阳辐射可以直接转变为热和电，供建筑物采暖、空调、饮食、食品冷藏、材料的高温处理、太阳能干燥、抽水、照明以及一些联合的用途。

12.2.1   太阳能的利用方式

太阳能的转换和利用方式目前有光-热转换、光-电转换、光-化学转换三种。

（1）光-热转换   是太阳能热利用的基本方式。它是利用太阳能将水加热储于水箱中以便利用的方式。这种热能可以广泛应用于采暖、制冷、干燥、温室、烹饪以及工农业生产等各个领域，光热产品则是直接把太阳能转化为热能，如太阳能热水器等。

（2）光-电转换   即利用光生伏打效应原理制成太阳能电池，可将太阳的光能直接转换成为电能加以利用。光电产品可以直接把太阳能转化为电能储存起来，成为随时可用的电源。但因其价格昂贵，目前我国光电产品还处于小范围应用阶段。据悉，2020 年后我国工业化光伏发电可能实现大规模和商业化生产。

（3）光-化学转换   尚处于研究开发阶段，这种转换技术包括半导体电极产生电而电解水产生氢，利用氢氧化钙或金属氢化物热分解储能等形式。太阳能制氢问题解决了，才有真正意义上的氢能利用（包括燃料电池），这将引起时代的变革，从目前发展阶段看，要到 2050 年以后。

12.2.2   太阳能的利用

直接利用太阳能的主要设备有太阳能集热器、蓄热水箱、太阳灶、太阳能热电转换系统和光电转换系统等。

太阳能集热器一般是由涂上黑色的金属板和金属管，加上玻璃盖，底层有绝热保温材料而组成的。集热器可分为固定式和活动式两种。固定式集热器能收集到的热能最高可达 150℃，若再采用选择性表面涂层或用聚光装置可以获得更高的温度。线性聚焦集热器经聚焦后可达 300℃，而点聚焦的集热器温度更高，能达 600℃以上，后者可制成太阳灶或太阳炉等高温太阳热能装置，更可组成太阳能热电系统。一座典型的 10 万千瓦的太阳能发电系统大约由 12500 个定日镜组成，每个反射镜的面积为 $40m^2$，中心接收器塔高 250m，每天可运行 6～8h，有蓄热装置，供夜间和阴雨天发电使用，总效率可望达 15%～20%，这类系统正在美国、法国等国家开展研究。

集热器与蓄热水箱一起组成太阳能热水器，这就是低温太阳能装置，此外还可与其他的蓄热系统组合使用。如瑞士 1982 年建成一座大型土壤太阳能储存库，容积为 $3500m^3$，加热蛇形管总长 8400m，经夏天蓄热可使土壤温度达 45～50℃，到冬天时取出供暖。

太阳能光电系统的核心部件是光电池。光电池主要由两层材料组成，一层是硅、锗和硫化镉等半导体材料，另一层是铝或银等金属。当电池受到光的照射时，就会有电子在两层材料间流动而产生电能。制造太阳能电池成本高，而且受到砷、硒、镓、锗和镉等材料供应的限制，因此发展不快。目前太阳能电池仍局限在 1kW 之内，但由于它没有运动部件，使用寿命可超过百年之久，优点突出，所以还是非常吸引人的，特别是在边远和高山地区，可为航标灯、电视机等供电。

目前太阳能直接发电的最新设想，是在离地球约 500km 的高空同步轨道上建造大型太阳能电站，用微波将电力送回地球。一座 500 万千瓦的空间太阳能电站，其连接支撑结构为 13.1km×4.93km，天线直径 210m，高 5.92km。此种电站将成为取之不竭的巨大能源，但实现时间尚属遥远。

另外，太阳能还可以与建筑结合起来利用。在国家发展和改革委员会新近发布的《节能中长期专项规划》中再次提出，在"十一五"期间，新建建筑严格实施节能 50％ 的设计标准，其中北京、天津等少数城市率先实施节能 65％ 的标准，太阳能利用与建筑节能的技术结合将减少公用能源系统的能源供应。

12.2.3　太阳能系统对环境的影响

① 无有毒气体排出，亦无可能影响环境的气体（如温室气体或破坏臭氧层的气体等）排出。

② 占地面积与化石燃料电站或核能电站相当。例如 1000kW 太阳能电站约需占地 $2000m^2$，而同样容量的燃煤电站约需 $3000m^2$。而且太阳能电站还可建在沙漠地区，不过给某些沙漠地带可能带来生态平衡的问题。

③ 余热的排出低于其他热电站。例如一个 1000kW 太阳能电站只排出余热约250kW/a，而同样容量的化石燃料电站排出余热 1700kW/a，轻水堆电站排出 2100kW/a。但太阳能的定日镜场会影响反射率、能量平衡、湿度平衡、低空空气的流动方式等，进而影响小气候。

④ 太阳能集热系统吸收太阳能后，减少了地面、建筑物等反射回空间的能量，结果影响了大气中的温度梯度、大气组成、云层、风等。而且还有反馈效应，如云量增加会影响集热器的效率等。

⑤ 巨大的集热系统、聚光装置，严重影响景观，以致改变建筑风格和建筑设计规范。建筑物的定向和布点，不再首先考虑地下水道、水管、电缆、地形、交通干线等因素，而是首先考虑利用太阳能以决定房屋的朝向，这势必又会增加造价。同时又与大城市发展屋顶花园、调节城区气候、维护生态平衡发生矛盾。

我国大部分地区位于北纬 45° 以南，具有丰富的太阳能资源，据估算，我国年太阳辐射能量为 3340～8400MJ/m^2，全国陆地表面积接受的太阳辐射总能量相当于 17000 亿吨标准煤，故开发太阳能利用是实现中国可持续发展战略的有效措施之一。据有关部门对 2050 年各种一次能源在世界能源构成中所占比例的预测结果显示，石油 0、天然气 13％、煤 20％、核能 10％、水电 5％、太阳能（含风能、生物质能）50％、其他 2％，以太阳能为代表的新能源与可再生能源将在可持续发展中发挥重要作用。

12.3　风能与可持续发展

　　风能已成为世界上发展速度最快的新型能源。国际上风能开发利用的主要方式是风力发电。随着技术的成熟和向大规模、大型化、产业化方向的发展，其成本不断降低，越来越受到人们的重视。与天然气、石油相比，风能不受价格的影响，也不存在枯竭的威胁；与煤相比，风能没有污染，是清洁能源；最重要的是风能发电可以减少二氧化碳等有害排放物。

　　我国是季风盛行的国家，风能资源丰富，风能理论可开发总量（10m 高度）为 32 亿千瓦，实际可开发量估计为 2.5 亿千瓦，仅次于美国和俄罗斯，居世界第 3 位，这一数字为我国目前发电总量的 1.3 倍，发展潜力非常巨大。特别是东南沿海及附近岛屿、内蒙古和甘肃走廊、东北、西北、华北和青藏高原等部分地区，每年风速在 3m/s 以上的时间接近 4000h，一些地区年平均风速可达 6~7m/s 以上，具有很大的开发利用价值。

12.3.1　风能的利用

　　风能目前主要用于以下几个方面：风力提水，风力发电，风帆助航和风力制热等。

　　（1）风力提水　我国适合风力提水的区域辽阔，提水设备的制造和应用技术也非常成熟。我国东南沿海、内蒙古、青海、甘肃和新疆北部等地区，风能资源丰富，地表水源也丰富，是可发展风力提水的较好区域。风力提水可用于农田灌溉、海水制盐、水产养殖、滩涂改造、人畜饮水及草场改良等，是弥补当前农村、牧区能源不足的有效途径之一，具有较好的经济、生态与社会效益，发展潜力巨大。

　　（2）风力发电　风力发电是目前使用最多的形式，其发展趋势：一是功率由小变大，陆上使用的单机最大发电量已达到 2MW；二是由一户一台扩大到联网供电；三是由单一风电发展到多能互补，即"风力-光伏"互补和"风力机-柴油机"互补等。

　　（3）风帆助航　风帆助航是风能利用的最早形式，现在除了仍在使用传统的风帆船外，还发展了主要用于海上运输的现代大型风帆助航船。据介绍，风帆作为船舶的辅助动力，可以减少燃料消耗 10%~15%。

　　（4）风力制热　风力制热与风力发电、风力提水相比，具有能量转换效率高等特点。因为由机械能转变为电能时不可避免地要产生损失，而由机械能转变为热能时，理论上可以达到 100% 的效率。农村、边远地区能源的最终使用方式主要是热能，如采暖、加热、保温、烘干、水产养殖、家禽饲养及蔬菜大棚等，因此使用风力制热最有利、最便捷。目前，国际上风力制热技术仍处于示范试验阶段，而在我国还基本上是一个空白。

12.3.2　利用风能的优势和不足

　　风能具有广泛的用途和无限的应用前景，特别是风力发电具有诸多的优越性，在近年得到了长足的发展，其优势可以归纳如下。

　　① 分布非常广泛。风能可利用地区几乎占了中国版图的 1/2，而且是取之不尽、用之不竭的。

　　② 利用风能不会产生任何影响人体健康的有害物质，是可再生的洁净能源，开发利用不会破坏环境，不会产生大气污染。

　　③ 不需要燃料及运输费用，除正常维护外，没有其他消耗。在风力资源丰富的地区，可就地建立风力发电站，就地用电，以节省大量的输电设备和其他能源。

　　④ 随着单机容量的增大和技术水平的提高，成本逐年下降，已经形成可与常规能源竞

争的趋势。目前，国际上水电投资为 1000 美元/kW，上网电价 5～6 美分/（kW·h），而美国风电投资已为 1000 美元/kW，上网电价接近 5 美分/（kW·h）。同时随着技术的进步，成本继续降低，风电价格将会进一步下降。在不久的将来，风能将会成为最廉价的能源。

其他几种风能利用形式也具有许多优点，如风力提水、风力制热、风帆助航等具有设备制造简单、技术要求低、投资少、风能转化效率高、使用维修简便等优点，都具有极大的发展前景。

但是，大规模开发风能仍需要注意环境问题。风机在建造和运行中会产生一些污染问题，还有间接的排放问题；在电站建造期间，要计算二氧化碳的排放量；风力发电还将产生机械噪声和空气动力学噪声；风机的运转还会对鸟类造成伤害；风机会成为一种妨碍电磁波传播的障碍物；风机对视觉景观也会有一定的影响等。

风能清洁无污染、取之不尽、用之不竭、不破坏环境，开发利用它是减少温室效应和有害气体排放、保护生态环境、改善能源结构的重要措施，而且在预防突发事件、军事等多方面具有不可替代的作用。因此，许多国家都将眼光投向了这种人类最早利用的能源形式。我国风能资源丰富的地区缺少煤炭及其他常规能源，冬春季节风速高、雨水少，夏季风速小、降雨多，风能和水能具有非常好的季节补偿作用。这项技术的深入研究及其实用化技术的开发，将使我国对无公害能源的利用上一个新台阶，符合国家的能源政策。特别对改善边远地区人民的生活有很大作用，对大中城市治理大气污染也有积极作用，与国家的环保目标相适应。因此，大规模、合理开发风力能源是实现我国可持续发展的必由之路。

12.4　生物质能与可持续发展

12.4.1　资源状况

生物质是指通过光合作用而形成的各种有机体，包括所有的动植物和微生物。而所谓生物质能（biomass energy），就是太阳能以化学能形式贮存在生物质中的能量形式，即以生物质为载体的能量。它直接或间接地来源于绿色植物的光合作用，可转化为常规的固态、液态和气态燃料，是一种可再生能源。

作为能源利用的生物质能主要有农作物、油料作物、林木、木材生产的废弃物、木材加工的残余物、动物粪便、农副产品加工的废渣、城市生活污水中的部分生物废弃物。生物质能主要分为以下几种。城市垃圾：包括工业、生活和商业垃圾，全球每年排放约 100 亿吨。有机废水：包括工业废水和生活污水，全球每年排放约 4500 亿吨。粪便类：包括牧畜、家禽、人的粪便等，全球每年排放数百亿吨。林业生物质：包括薪柴、枝丫、树皮、树根、落叶、木屑、刨花等。农业废弃物：包括秸秆、果壳、果核、玉米芯、甜菜渣、蔗渣等。水生植物：包括藻类、海草、浮萍、水葫芦、芦苇、水风信子等。能源植物：生产迅速、轮伐期短的乔木、灌木和草本植物，如棉籽、芝麻、花生、大豆等。

生物质能具有可再生性、低污染性、分布广泛性以及来源丰富性等特点。生物质由于通过植物的光合作用可以再生，与风能、太阳能等同属可再生能源，资源丰富，可保证能源的永续利用；生物质的硫含量、氮含量低，燃烧过程中生成的 SO_2、NO_x 较少；生物质作为燃料时，由于它在生长时需要的二氧化碳相当于其排放的二氧化碳的量，因而对大气的二氧化碳净排放量近似于零，可有效地减轻温室效应；生物质能是世界第四大能源，仅次于煤炭、石油和天然气，在缺乏煤炭的地域，可充分利用生物质能。

全球每年植物所固定的生物质能相当于 10.2 万亿吨标准煤，相当于全世界每年耗能

（87亿吨标准煤）的1172倍，薪柴、农林作物残渣、动物粪便和生活垃圾等都是生物能的好原料。我国是一个农业大国，拥有丰富的生物质资源，仅农作物秸秆每年就有6亿吨，其中一半可作为能源利用。据调查统计，全国生物质能的可再生能量按热当量计算为2.0亿吨标准煤，相当于农村耗能量的70%。历年垃圾堆存量也高达60亿吨，年产垃圾近1.4亿吨。我国现有668个城市，其中有2/3被垃圾所包围，城市垃圾造成的损失每年高达250亿～300亿元。若采取新技术来利用生物质能并提高它的利用率，不仅可以解决农民生活用能问题，还可用作各种动力和车辆的燃料。

12.4.2　生物质能的利用技术

目前，国内外已有的生物质能利用技术归纳起来有五种，即直接燃烧技术、热化学转换技术、生物转换技术、液化技术和有机垃圾处理技术。秸秆生物质能利用技术成熟、综合效益高的方式主要有沼气技术、气化技术、气化发电和秸秆成型等；木质生物质能利用技术，目前主要围绕气化、液化和炭化进行；对于人畜粪便、城镇废水、工业和生活有机垃圾则通过以厌氧发酵为核心技术的沼气工程来制备能源。中国生物质能利用技术发展方向，一是沼气利用技术，二是生物质热转化技术，发达国家生物质能利用技术主要定位于把生物质转化为电力或燃烧燃料。图12-2给出了生物质能转换技术及可能的产品。

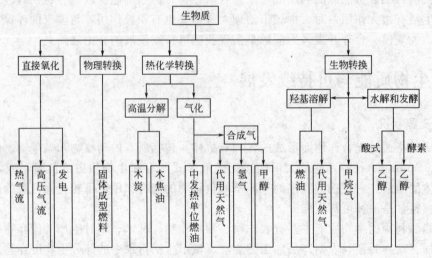

图12-2　生物质能转换技术及产品

12.4.2.1　生物质燃烧技术

生物质因具有低污染性特点，特别适合燃烧转化利用，是一种优质燃料。生物质燃烧所产生的能源可应用于炊事、室内取暖、工业过程、区域供热和发电及热电联产等领域。工业过程和区域供暖主要采用机械燃烧方式，适用于大规模生物质利用，效率较高，配以汽轮机、蒸汽机、燃气轮机或斯特林发动机等设备，可用于发电及热电联产。

在国外，以高效直燃发电为代表的生物质发电技术已经比较成熟。丹麦已建立了15家大型生物质直燃发电厂，年消耗农林废弃物约150万吨，提供丹麦全国5%的电力供应。目前，以生物质为燃料的小型热电联产（装机多为10～20MW）已成为瑞典和德国的重要发电与供热方式。芬兰从1970年就开始开发流化床锅炉技术，现在这项技术已经成熟，并成为生物质燃烧供热发电工艺的基本技术。美国的生物质直接燃烧发电占可再生能源发电量的70%。奥地利成功推行建立燃烧木质能源的区域供电计划，目前已有八九十个容量为1000～2000kW的区域供热站，年供热10×10^9MJ。瑞典和丹麦正在实行利用生物质进行热电联产的计划，使生物质能在提供高品位电能的同时满足供热的要求。

秸秆燃烧发电在中国已成为现实，中国首台秸秆混燃发电机组已于 2005 年底在华电国际枣庄市十里泉发电厂投运。该机组每年可燃用 10.5 万吨秸秆，相当于 7.56 万吨标准煤。另外，河南许昌、安徽合肥、吉林辽源、吉林德惠和北京延庆等地也在建设秸秆发电厂。由内蒙古普拉特交通能源有限公司投资 4.2 亿元建设的包头垃圾环保发电厂，占地 8.85hm²，按照日处理城市原始垃圾 1200～1500t 设计，建 3 条垃圾焚烧处理线（另有 1 条备用处理线），3 台 12MW 凝汽式汽轮发电机组，并预留供热能力，可实现年售电 2.1 亿千瓦时，在 2011 年 9 月投入使用。

生物质直接燃烧发电的技术问题主要是锅炉的设计制造、生物质原料的收集与运输和原料预处理设备研制。

12.4.2.2　生物质气化技术

（1）沼气　沼气是指有机物质（如作物秸秆、杂草、人畜粪便、垃圾、污泥及城市生活污水和工业有机废水等）在厌氧条件下，通过功能不同的各类微生物的分解代谢，最终产生以甲烷（CH_4）为主要成分的气体。此外，还有少量其他气体，如水蒸气、硫化氢、一氧化碳和氮气等。沼气发酵过程一般可分为 3 个阶段：水解液化阶段、酸化阶段和产甲烷阶段。沼气发酵包括小型户用沼气池技术和大中型厌氧消化技术。

瑞典在沼气开发与利用方面独具特色，利用动物加工副产品、动物粪便、食物废弃物生产沼气，还专门培育了用于生产沼气的麦类植物，沼气中含甲烷 64％以上。瑞典由麦类植物生产沼气，除沼气被用作运输燃料外，所产生的沼肥又被用于种植。瑞典 Lund 大学开发了"二步法"秸秆类生物质制沼气技术，并已进行中间试验，还开发了低温高产沼气技术，可在 10℃条件下产气。瑞典还用沼气替代天然气。美国纽约州康奈尔大学（Cornell University）的植物学科学家发明了一种分离沼气中有毒物质硫化氢的新方法，去除硫化氢后的沼气更加环保。

我国有"世界沼气之乡"的美称。2004～2009 年，中央已经投资了 190 亿元，建了 3050 万户小沼气和 39500 个沼气工程，生产沼气约 122 亿立方米/年，生产沼肥约 3.85 亿吨/年，形成了成熟的沼气技术和科学的建设模式。

填埋垃圾制取沼气也是处理城市生活垃圾、有效利用生物质能的主要方法。杭州天子岭垃圾填埋场是我国第一座大型按卫生填埋要求设计，并采用合理填埋规划和工艺的城市生活垃圾无害化处理工程，1991 年 6 月正式运行。山东省科学院能源研究所以秸秆在发酵过程中的物料特性和微生物菌群对秸秆的作用原理为研究出发点，开发了简单、快速、高效的秸秆预处理技术和专门适用于秸秆的高效厌氧发酵反应器，秸秆的消化率和产气率得到很大提高，克服了秸秆沼气发酵进出料难的技术难题，实现了进出料的机械化与自动化。

沼气可用于发电，目前成熟的国产沼气发电机组的功率主要集中在 24～600kW 这个区段。从沼气工程的产气量来看，有不少沼气工程适宜配建 500kW 以上的沼气发电机组。推进沼气综合利用，不仅要高质利用沼气，还要利用好沼渣沼液，形成综合性的技术开发，这将有助于种植业、加工业、养殖业、服务业和仓储业的发展。

（2）生物质气化发电　生物质气化发电技术是生物质通过热化学转化为气体燃料，将净化后的气体燃料直接送入锅炉、内燃发电机或燃气机的燃烧室中燃烧发电。

农林生物质发电产业主要集中在发达国家，印度、巴西和东南亚地区的发展中国家也积极研发或者引进技术建设相关发电项目。目前，欧洲和美国在生物质气化发电方面处于世界领先地位。美国建立的 Battelle 生物质气化发电示范工程代表了生物质能利用的世界先进水平，可生产中热值气体。美国纽约的斯塔藤垃圾处理站投资 2000 万美元，采用湿法处理垃圾，回收沼气用于发电，同时生产肥料。印度 Anna 大学新能源和可再生能源中心最近开发研究用流化床气化农林剩余物和稻壳、木屑、甘蔗渣等，建立了一个中试规模的流化床系统，气体用于柴油发电机发电。芬兰是世界上利用林业废料和造纸废弃物等生物质发电最成功的国家之一，其技术与设备为国际领先水平。芬兰最大的能源公司——福斯特威勒公司是具有世界先进水平的燃烧生物质循环流化床锅炉的制造公司，该公司生产的发电设备主要利用木材加工业、造纸业的废弃物为燃料，最大发电量为 30 万千瓦时，废弃物的最高含水量可达 60%，排烟温度为 140℃，热电效率达 88%。

我国生物质气化发电技术研究始于 20 世纪 60 年代，具有代表性的是壳式气化发电系统，其 160kW 和 200kW 生物质发电设备已得到小规模应用。生物质气化中对气化气体的净化、废水处理及产生大量焦油的合理处理都是急需解决的瓶颈问题，因此焦油裂解技术和工艺成为研究的重点。利用我国现有技术，研究开发经济上可行、效率较高的生物质气化发电技术将成为生物质高效利用的一个主要课题。

在我国农村都是以户为生产单位，虽然我国生物质资源丰富，但资源比较分散，在原料收集和转化过程中的投入较高，使原料总成本居高不下，这给气化技术的规模化应用造成了障碍。为了就地取材，节约成本，还应积极发展农村户用小型气化设备的研制。

12.4.3　生物质液化技术

生物质能是唯一能转化为液体燃料的可再生能源。生物质液化技术是把固体状态的生物质经过一系列化学加工过程，使其转化成液体燃料（主要是指汽油、柴油、液化石油气等液体烃类产品，有时也包括甲醇和乙醇等醇类燃料）的清洁利用技术。根据化学加工过程技术路线的不同，液化可分为直接液化和间接液化。目前，生物质液体燃料主要包括燃料乙醇、生物柴油和二甲醚等。

（1）燃料乙醇　燃料乙醇是目前世界上生产规模最大的生物能源。燃料乙醇技术是利用酵母等乙醇发酵微生物，在无氧的环境下通过特定酶系分解代谢可发酵糖生成乙醇。乙醇以一定的比例掺入汽油可作为汽车燃料，替代部分汽油，使排放的尾气更清洁。原料可分为糖质原料、淀粉原料和纤维素原料。

将糖或淀粉发酵生产燃料乙醇是传统的成熟工艺，利用纤维素原料生产乙醇是现代发酵法生产乙醇的重点发展方向之一。目前，美国国家可再生能源实验室（NREL）进行同时糖化和共发酵工艺（SSCF）的研究，把葡萄糖和木糖的发酵液放在一起用于发酵的微生物，与单纯用葡萄糖发酵菌和单纯利用五碳糖发酵菌相比，乙醇的产量分别提高 30%～38% 和 10%～30%。NREL 还建立了一套日处理生物质 1t 规模的中试装置，积极开发基于木质纤维素类原料的燃料乙醇生产技术，并进行综合技术分析。美国马斯科马（Mascoma）公司开发的统合生物处理技术是利用纤维类生物质为原料低成本生产生物燃料的加工工艺。

据有关部门统计，在 2004～2006 年两年内，国内以生物燃料乙醇或非粮生物液体燃料等名目提出的意向建设生产能力已超过千万吨。中国成为继巴西、美国之后的全球第三大生物燃料乙醇生产国和消费国。我国现在已经开始在交通燃料中使用燃料乙醇。以非粮原料生产燃料乙醇的技术已初步具备商业化发展条件。我国发展燃料乙醇应坚持"非粮"原则，纤维素生产乙醇在技术上已有相应进步，是未来生物质能源技术与产业化利用的发展方向。

（2）生物柴油　生物柴油是以各种油脂（包括植物油、动物油脂和废餐饮油等）为原料，经过转酯化加工处理后生产出的一种液体燃料，生物柴油可作为柴油的替代品。目前，工业上生产生物柴油的方法主要是酯交换法，包括酸或碱催化法、生物酶催化法、工程微藻法和超临界法等。

　　近几年来，国内外较多研究采用脂肪酶催化酯交换反应生产生物柴油，即用动植物油和低碳醇通过脂肪酶进行转酯化反应，制备相应的脂肪酸酯。

　　积极发展燃料乙醇和生物柴油一直是我国石油替代能源战略中的重要内容之一。我国系统的生物柴油研究始于中国科学院"八五"重点科研项目"燃料油植物的研究与应用技术"，完成了对金沙江流域燃料油植物资源的调查及栽培技术研究，建立了 $30hm^2$ 小桐子栽培示范片。

　　生物柴油作为一种优质的液体燃料，是我国生物质能产业的一个发展方向，但中国的生物柴油产业在初期没有打好基础，形成"南方麻风树、北方黄连木"的局面，在未来数年内，微藻有望代替麻风树和黄连木成为生物柴油的主要原料。解决原料来源及其相配套的技术问题是生物柴油产业发展的关键。

　　（3）二甲醚　二甲醚（DME）是一种最简单的脂肪醚，又称木醚、甲醚，是一种理想的清洁燃料。未来 DME 应用的最大潜在市场是作为柴油代用燃料，也可以替代液化石油气。二甲醚的工业生产技术主要有甲醇脱水工艺和合成气直接合成工艺。目前，工业上主要是用甲醇脱水技术生产二甲醚。合成气一步合成二甲醚的工业化仍在开发之中。

　　（4）燃料甲醇　国外从 20 世纪 80 年代开始研究生物质气化合成甲醇燃料。20 世纪 90年代，生物质气化合成甲醇系统的研究得到了广泛的发展，如美国的 Hynol Process 项目、NREL 的生物质甲醇项目、瑞典的 BAL-Fuels Project 和 Bio-Meet-Project 以及日本 MHI 的生物质气化合成甲醇系统等。我国朱灵峰等对玉米秸秆燃气进行合成气优化实验，在 5MPa压力下，采用等温积分反应器和国产 C301 生铜基催化剂对合成气进行催化合成甲醇。目前，人们对生物质间接液化制备发动机燃料试验及工艺的研究还不多，但由于其清洁环保的特点，已经引起人们的重视。

12.4.4　生物质固化技术

　　生物质固化技术是将生物质中的木质素在加热条件下软化或液化使其具有相当的黏着强度，然后通过机械的方式给生物质施加适当的压力，将分散的生物质转化为具有一定形状和密度的燃料。制成的商品性燃料体积小、能量密度相对高，便于运输、销售及燃用。生物质直接燃烧和固化成型技术的研究开发，主要着重于专用燃烧设备的设计和成型物的应用。

　　国外生物质压缩成型燃料的开发工作始于 20 世纪 40 年代。1948 年，日本申报了利用木屑为原料生产棒状成型燃料的第 1 个专利。我国从 20 世纪 80 年代起开始致力于生物质致密成型技术的研究，中国林业科学研究院林产化学工业研究所在"七五"期间承担了生物质致密成型机及生物质成型理论的研究课题。

　　生物质型煤具有优良的燃烧性能和环保节能效应，但在中国尚处于实验室研究和工业试生产阶段，尚未形成规模产业，技术经济因素阻碍了工业化发展应用。

　　目前，固化技术仍存在的主要问题：一是对设备的要求较高，成型燃料的密度是决定成型炭质量的重要指标，它与成型机的性能特别是螺杆的性能有极大关系；二是成型炭燃烧过程中产生大量的可燃性气体，其中含有很大一部分焦油，对人体和环境会造成污染；三是得率较低。这些都是该领域研究工作者亟待解决的问题。

12.5　氢能与可持续发展

　　氢能即氢气所具有的能量。氢是宇宙中分布最广泛的物质，它构成了宇宙质量的 75%，被称为人类的终极能源。水就是氢的"大仓库"，如把海水中的氢全部提取出来，将是地球上所有化石燃料热量的 9000 倍。氢的燃烧效率非常高，只要在汽油中加入 4% 的氢气，就可使内燃机节油 40%。目前，氢能技术在美国、日本、欧洲等国家和地区已进入系统实施阶段。

氢能的特点主要有：密度小，热值高（是汽油的两倍），易燃，燃烧速度快，便于储存和输送，转移形式多，来源广泛，使用过程无污染、无毒害作用，是一种清洁的二次能源。

氢的制取方法很多，主要有：①从化石燃料中还原制氢，如煤气中的氢；②电解水制氢；③热化学分解水制氢；④核能制氢，包括热化学法和电解法；⑤太阳能热解水制氢。

氢能的利用方式主要有三种：①直接燃烧；②通过燃料电池转化为电能；③核聚变。其中最安全高效的使用方式是通过燃料电池将氢能转化为电能。所谓燃料电池，是一种将物质的化学能直接转化为电能的装置，通常由燃料极、空气极和电解质组成。只要连续不断地给燃料极和空气极送入氢和空气，就可以在外电路获得稳定的电流。目前氢燃料电池转换效率高，因此发展很快。此外，氢还可以在燃氢汽车、航空运输、化工原料以及燃气-蒸汽联合循环发电等方面大展身手，只是由于目前制氢的成本较高，还没有被广泛应用。

美国、欧洲、日本等发达国家和地区都从可持续发展和安全战略的高度，制定了长期的氢能源发展战略。美国的氢能发展路线图从时间上分为 4 个阶段：①技术、政策和市场开发阶段；②向市场过渡阶段；③市场和基础设施扩张阶段；④走进氢经济时代。从 2000～2040 年，每 10 年实现一个阶段。而欧盟划分为三个阶段，即短期，从 2000～2010 年；中期，从 2010～2020 年；中远期，从 2020～2050 年。第一阶段将开发小于 500kW 的固定式高温燃料电池系统（MCFCPSOFC），开发小于 300kW 的固定式低温燃料电池系统（PEM）；第二阶段新的氢燃料家用车比例要达到 5%，其他氢燃料交通工具比例达到 2%，所有车的平均二氧化碳排放量减少 2.8g/km，二氧化碳年排放量减少 1500 万吨；第三阶段新的氢燃料家用车比例要达到 35%，其他氢燃料交通工具比例达到 32%，所有车的平均二氧化碳排放量减少 44.8g/km，二氧化碳年排放量减少 2.4 亿吨。

储氢技术有多种，常见的有高压气态储氢、低温液态储氢、金属氢化物储氢、物理吸附储氢和配位氢化物储氢等。

目前全世界每年约生产 $5×10^{12}$ m^3 氢气，主要用于化学工业，尤以合成氨和石油加工工业的用量最大。90% 以上的氢气是以石油、天然气和煤为原料制取的，北美 95% 的氢气产量来自天然气重整。氢气作为能源有两个问题需要解决：一是如何大量获得廉价的氢；二是因其易燃易爆，需要安全、高效的氢气储存与输送技术。

氢能是未来最有希望的清洁能源之一。氢能的发展和利用不失为我国缓解能源压力的一种好的方式，随着科学技术的发展和进步，氢能必将得到更加广泛的研究和开发应用。

12.6　核能与可持续发展

核能的利用，是人类利用能源历史的第五个阶段。据专家分析，核能是今后能源发展的重要方向。原因首先是世界上有丰富的核燃料资源，如世界上铀的储量为 417 亿吨，氘、氚由于取自海水，是可再生的核燃料，据初步估计核燃料资源至少相当于全部化石燃料的 10 倍；其次是核裂变能的利用技术已臻成熟，核聚变能的利用也已提出了相应的方法，所以核能将是解决今后能源问题的主要途径。

核能是从爱因斯坦发现相对论之后，人类才开始认识的。根据相对论原理，物质的质量和能量可以互相转化，即 $E=mc^2$。因光速 $c\approx3\times10^8\text{m/s}$，所以物质质量转换成的能量是非常惊人的。如 1kg U^{235} 完全裂变可释放出热量 678 亿千焦，相当于 2400t 标准煤；1kg 氘氚混合物聚变时可释放热量 3390 亿千焦，相当于 12000t 标准煤。

12.6.1　核能的产生方式

核能的产生有两种方式，即核裂变和核聚变。核裂变能是指较大的原子核在中子激发下分裂成较小原子核时所释放出的能量；核聚变能是氘氚等较小原子核在高温高压条件下合成氦等较大原子核时所释放出的能量。目前聚变能还没有有效的控制方法，只有核裂变能得到了普遍利用。

（1）核裂变　核燃料一般指裂变核燃料，目前主要有 U^{235}、U^{238}、Pu^{239}、U^{233}。其中 U^{235} 很容易裂变，是优质核燃料，但 U^{235} 在天然铀矿中的含量仅为 7%；U^{238} 几乎不裂变；Pu^{239} 和 U^{233} 也是优质核燃料，但自然界中几乎不存在，需要以 U^{238} 和 Th^{232} 为原料用人工方法制备。

（2）核聚变　科学家们经过多年的努力，发现最容易实现核聚变反应的是原子核中最轻的核，如氢、氘、氚、锂等。其中最容易实现的热核反应是氘和氚聚合成氦的反应。据计算，1g 重氢（氘）和超重氢（氚）燃料在聚变中所产生的能量相当于 8t 石油，比 1g U^{235} 裂变时产生的能量要大 5 倍。因此氘和氚是核聚变最重要的核燃料。

作为核燃料之一的氘，地球上的储量特别丰富，每升海水中即含氘 0.034g（虽然每 6000 个氢原子里只有一个氘原子，但一个水分子里有 2 个氢原子），地球上有 15×10^{14}t 海水，故海水中的氘含量即达 450×10^8t，因此几乎是取之不竭的。

作为另一种核燃料，氚就是另外一种情况。海水里的氚含量极少，因此不能像氘一样从海水里分离出来，而只能从地球上藏量很丰富的锂矿里分离出来。此外还有另一种获得氚的方法，即把含氘、锂、硼或氦原子的物质放到具有强大中子流的原子核反应堆中，或者用快速的氘原子核去轰击含有大量氘的化合物（如重水），也可以得到氚。值得注意的是，海水中也含有丰富的锂，每立方米海水中锂的含量多达 0.17g。

正由于核聚变的核燃料丰富，释放的能量大，聚变中的氢及聚变反应生成的氦都对环境无害，因此尽快实现可控的核聚变反应是 21 世纪人类面临的共同任务。

12.6.2　核能的优越性

12.6.2.1　核裂变能的优点

核裂变能是一种经济、清洁和安全的能源，目前的民用领域主要用于核能发电。同火力发电相比，核裂变能发电有如下优点。

（1）核电比火电安全　随着核能技术的不断进步，从原始的石墨水冷反应堆，发展到以普通水、重水、沸水为慢化剂的轻水堆、重水堆、沸水堆等，其安全性大大提高。核电能的事故率远远低于火电。

（2）核电比火电经济　U^{235} 分裂时产生的热量是同等质量煤的 260 万倍，是石油的 160 万倍。一座 100 万千瓦的核电站，每年补充 30t 核材料，但同功率的火电站，每年需消耗 300 万吨煤或 200 万吨石油。核电虽然一次性投资大，建设周期长，但从长远看经济上还是合算的。随着科学技术的发展，建设成本和运行成本会逐渐下降，核能的利用将会显现出更大的经济优势。

（3）核电比火电清洁，对环境污染小　气象学家的计算表明，全球以煤为主要能源释放出大量的二氧化碳，是产生温室效应引起全球气候变暖的主要原因，温室效应给全球生态环境带来一系列灾难性后果。核电对环境的污染远比煤电小。据测算，全世界的核电站同燃煤电厂相比，每年可为地球大气层减少 1.5 亿吨 CO_2、190 万吨 NO_x 和 300 万吨 SO_x。核电站不排放任何有害气体和其他金属废料，放射性物质对周围居民的影响也比煤电（尘烟中含有钍、镭）少，而且，核电站的建设只要合理规划布局，采取多层有效的防护就能减轻污染。

12.6.2.2 核聚变能的优点

应用核聚变能的优越性主要有以下几点。

（1）资源丰富　热核能源的主要原材料锂和重水取自海水，在地球上储量巨大，本身可以再生，海水中的锂可采年限为 1600 万年，而利用 D-D 反应的重水的可采年限为 60 亿年，这相对于地球生命年限来说，将成为人类取之不尽、用之不竭的新能源，可以一劳永逸地解决世界能源问题。海水中的重氢资源足以供人类使用 10 亿年以上。此外，燃料成本也比核裂变能低，如 1kg 氘的价格仅为 1kg 浓缩铀的 1/40。核聚变原料所释放出的能量比同质量的核裂变原料所释放的能量要大得多，如 1kg 氘和氚混合进行核聚变反应可释放相当于 9000t 汽油燃烧时的能量，是同质量铀裂变反应时释放能量的 5 倍。可以预见，一旦核聚变能得到广泛的工业应用，将会从根本上解决能源紧张的问题。

（2）安全　使用过程特别安全，也没有环境污染问题。聚变反应产物是氦，不产生放射性废物；聚变堆中只有少量核燃料，例如初期的聚变堆中使用氚，氚是放射性的，但毒性小；聚变反应是靠高温维持的，一旦系统失灵，高温不能维持，聚变反应就自动停止。这些因素使聚变装置具有固有的安全性，也比裂变堆干净得多，即使产生的中子会使物质活化产生放射性物质，放射性水平也比裂变堆低得多。

（3）效率高　有可能实现能量的直接转换，热效率将可达到 90% 以上。目前主要是缺乏必要的控制手段，才未能被应用于工业实际。

正是由于核能所具有的众多优点，使其在可替代能源中占据了很重要的地位，已经成为不可缺少的替代能源。

12.6.3 核能的应用

核能用于军事上，可作为核武器，并用作航空母舰、核潜艇、原子发动机等的动力源；在经济领域，它的最重要、最广泛的用途就是替代化石燃料用于发电；此外，可作为放射源用于工业、农业、科研、医疗等领域。

12.6.3.1 核能的军事应用

自人类发现核能以来，它的首次应用是在军事方面。第二次世界大战期间，德国、美国、日本都在积极开展核武器的秘密研究。1940 年德国即开始实施核计划，并于 1943 年建立了三座核装置。1943 年前后，日本也以"二号研究"为代号开展了秘密核计划研究。第二次世界大战后期，为了抢在德国之前制造出原子弹，美国总统罗斯福批准了研制原子弹的计划——"曼哈顿计划"。经过一大批物理学家的研究设计，1945 年 7 月 6 日，在美国新墨西哥州阿拉默多尔军事基地，第一颗原子弹的实验取得了成功。这颗原子弹具有两万吨 TNT 炸药的爆炸力。1945 年 8 月 6 日和 9 日，美国把一颗命名为"小男孩"的铀弹和一颗命名为"胖子"的钚弹分别投掷在日本的广岛和长崎，使两个城市 49 万人丧生。从此原子弹的阴影一直笼罩着世界，而且这个阴影越来越大。继 1949 年 9 月 22 日，前苏联成功地引爆了原子弹之后，英国、法国也相继有了自己的核武器。后来，美国、前苏联、中国又分别爆炸了氢弹。目前宣布拥有或实际拥有核武器的国家有美国、俄罗斯、中国、英国、法国以及印度、巴基斯坦等国。为防止核武器扩散造成的潜在危险性，联合国做出了许多努力，从

1969 年的《核不扩散条约》，到最近的《全面禁止核试验条约》，终于取得了令原子能科学家们感到欣慰的结果。

12.6.3.2　核能供热

核能供热是 20 世纪 80 年代才发展起来的一项新技术，这是一种经济、安全、清洁的热源，因而在世界上受到广泛的关注。在能源结构上，用于低温（如供暖等）的热源占总热耗量的一半左右，这部分热能多由直接燃煤取得，因而给环境造成严重污染。所以发展核反应堆低温供热，对缓解供应和运输紧张、净化环境、减少污染等方面都有十分重要的意义。核供热不仅可用于居民冬季采暖，也可用于工业供热，特别是高温气冷堆可以提供高温热源，能用于煤的气化、炼铁等耗热行业。核能还可用来制冷，清华大学在 5MW 的低温供热堆上已经进行过成功的试验。核供热的另一个潜在的大用途是海水淡化，在各种海水淡化方案中，采用核供热是经济性最好的一种。在中东、北非地区，由于缺乏淡水，海水淡化的需求很大。

12.6.3.3　核动力

核又是一种具有独特优越性的动力。因为它不需要空气助燃，可作为地下、水中和太空缺乏空气环境下的特殊动力；又由于它燃料消耗少、能量密度大，因而是一种一次装料后可以长时间供能的特殊动力，例如，它可作为火箭、宇宙飞船、人造卫星、潜艇、航空母舰等的特殊动力，将来核动力可能会用于星际航行。

核动力推进目前主要用于核潜艇、核航空母舰和核破冰船。由于核能的能量密度大，只需要少量核燃料就能运行很长时间，所以在军事上有很大的优越性。尤其是核裂变能的产生不需要氧气，故核潜艇可在水下长时间航行。正因为核动力推进有如此大的优越性，故几十年来全世界已制造的用于舰船推进的核反应堆数目已达数百座，超过了核电站中的反应堆数目。现在核航空母舰、核驱逐舰、核巡洋舰与核潜艇一起，形成了一支强大的海上核力量。

12.6.3.4　核电

世界核电的发展大致经历了三个阶段：1954～1960 年为试验性阶段，只有前苏联、美国、英国和法国建成了 10 座试验性核电站，机组容量 3～210MW，总容量 859MW；1961～1968 年为实用阶段，除前苏联、美国、英国、法国四国外，德国、日本、加拿大、意大利、比利时、瑞士和瑞典等国也建成了核电站，总容量达到 12236MW，最大机组容量 608MW；1969 年以后为迅速发展阶段，全世界已有 30 多个国家和地区共建成投产了 500 多座核电站，总容量已超过 4.2 亿千瓦，规模最大的为 4697MW。在多数国家，核电站的经济性与火电相当，一些国家的核电成本已经低于火电，从而使发展核电更具吸引力。

截至 2008 年年底，全球 30 个国家共运行 438 台核电机组，总装机容量 372.5GW；在建核电机组 45 台，总装机容量 39.95GW；计划建设的核电机组 131 台，总装机容量 142.855GW；拟建核电机组 282 台，总装机容量 316.205GW。

美国拥有的核电机组最多（104 台），总装机容量 101.119GW，占全球总核电装机容量的 27.1%，2008 年的核发电量为 809.0TW·h，占全球总核发电量的 31.1%。以占全球 27.1% 的净核电装机容量生产了占全球 31.1% 的核发电量，表明美国核电厂的运行绩效远高于世界平均水平。

我国成了世界核电发展的排头兵。2008 年全世界新开工项目 11 台，共 10.89GW，其中我国有 6 台，共 6GW，占全世界新开工核电项目的 55%；全世界在建核电机组共 45 台，39.95GW，我国有 12 台，10.1GW，占 25%。

国家核电自主化工作领导小组提出我国核电发展的最新目标是：到 2020 年，在运行核电

表 12-1　核电发展规划的可能目标

年	核电装机容量/GW	电力总装机容量比/%
2020	70～90	≥5
2030	120～200	≥8
2050	350～450	≥15

装机容量 86GW；在建核电装机容量 32GW。表 12-1 为我国核电发展的可能目标。

目前核能发展的终极目标是聚变堆，核能长远发展的可持续性，要解决"铀资源的充分利用"和"核废物最小化"两大挑战，长远战略安排应考虑"热堆－快堆－聚变堆"三部曲。

聚变堆的商业应用更长远，并将最终解决核能的永久利用（聚变用核燃料可取自海洋，被誉为蓝色的太阳），且无须处置核废物。中国参加的多国合作建设的 ITER（International Thermonuclear Experimental Reactor，国际热核试验堆，见图 12-3），表明人类掌握聚变能技术的历史将翻开新的一页。

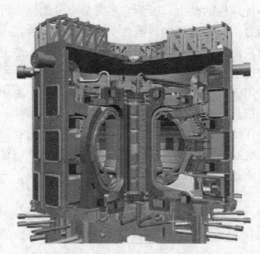

图 12-3　聚变堆示意图

要使核电持续健康发展，必须关注：安全性与社会发展相适应；经济性具有能源领域的竞争力；环境相容性（放射性废物量最小化）及燃料循环效率与燃料管理（燃料是战略资源，必须给予足够关注）

12.6.3.5　其他应用

核能技术在农业上的应用已形成了一门边缘学科，即核农学。常用的技术有核辐射育种，即采用核辐射诱发植物突变以改变植物的遗传特性，从而产生出优劣兼有的新品种，从中选择，可以获得粮、棉、油的优良品种。

在医学研究、临床诊断和治疗上，放射性核元素及射线的应用已十分广泛，形成了现代医学的一个分支——核医学。常见的核医学诊断方法有体内脏器显像，以适当的同位素标记某些试剂，给病人口服或注射后，这些试剂就有选择性地聚集到人体的组织或器官，用适当的探测器就可从体外了解组织器官的形态和功能，这些仪器有 XCT、γ 照相机等。还有脏器功能测定，如甲状腺功能的测定、骨密度测定等，精确度可达 $10^{-9} \sim 10^{-15}$ g。核技术在治疗方面主要是用于治疗肿瘤，其方法是利用 γ 射线杀死癌细胞，据统计，世界上 70% 的肿瘤患者接受放射性治疗。另外在放射性治疗中，快中子治癌也取得了较好疗效。

12.7　垃圾利用与可持续发展

可持续发展是各国在发展问题上提出的重大战略选择，这种发展模式是在不削弱子孙后代满足其需要能力的基础上满足了当前发展的需要，这种发展模式意味着维护和合理的使用，意味着对环境的关注与考虑。在城市发展规划中灌输可持续思维，要求人们对城市范围中人与自然环境、人工环境、社会环境之间的关系进行重新审视和及时调整，就必须考虑城市垃圾的处理问题。城市垃圾影响着城市文化氛围和城市形象，更是"放错了位置的资源"，在自然资源相对稀缺的今天，城市垃圾"变废为宝"是综合利用资源、保护环境的重要手段。在实际生活中应树立绿色消费观念，强化循环利用意识，尽可能地对资源和制成品进行反复使用或者循环使用，恰当管理城市垃圾，实现城市的可持续发展。

12.7.1　垃圾资源化利用的潜力

近年来，我国垃圾产量增加的同时，其构成也发生显著变化。其中，无机煤渣含量持续下降，易腐垃圾增多，包装废物增多（许多是环境不降解的塑料包装废弃物），废品含量增长（包括大件垃圾、重金属、纸类、织物等），可资源化利用基础良好（表 12-2 为我国主要城市的垃圾成分）。

表 12-2　我国主要城市的垃圾成分　　　　　　　单位：%

城市	食品果皮	纸类	塑料	织物	草本	渣石	玻璃	金属	其他	热值/(kJ/kg)
北京	56.01	11.76	12.6	2.75	8.56	2.79	3.84	1.69	0	6413
上海	58.55	6.68	11.84	2.26	13.71	2.23	4.05	0.68	0	4389
大连	73.39	3.37	5.66	1.63	11.81	0.19	2.56	0.51	0.88	6420
杭州	55.28	1.8	5.02	1.5	0.39	33.17	1.42	1.12	0.3	3849
深圳	57	4.65	14.03	6.55	11.07	3.5	1.25	0.35	1.6	5066
广州	56.63	3.65	13.05	4.55	1.2	5.12	3.25	0.55	12	4418
鞍山	47	6.46	2.12	1.33	8.81	31.13	2.18	0.97		4400
成都	28.2	4.88	7.6		9.95	44.1	1.65	1.07	2.55	4640

从表 12-2 中可见，我国城市垃圾的特点为：我国大城市垃圾热能也逐步提高；非燃煤地区垃圾中有机物成分较高，可堆肥性强，垃圾填埋产气量可期值较大。

12.7.2　垃圾资源化利用技术

（1）土地填埋　采用卫生填埋的垃圾，其资源化的主要途径是收集填埋气并进行发电。垃圾填埋场中随着垃圾填埋量的不断增加，同时随着垃圾腐烂、分解和发酵过程的进行，产生填埋气。由于填埋气含有大量甲烷，通过填埋气发电技术，可以将过去放空的垃圾填埋气进行收集净化，然后发电。图 12-4 是典型的垃圾填埋气收集系统示意图。

（2）焚烧发电技术　垃圾焚烧处理已有 100 多年历史，但出现有控制的焚烧（烟气处理、余热利用等）只是近几十年的事。焚烧法是现代化垃圾处理方法中的重要方法之一，当垃圾低位热值大于 3300kJ/kg，可进行焚烧处理。目前，全世界年生活垃圾焚烧量为 1.1 亿吨，其中日本年焚烧处理量近 4000 万吨，美国生活垃圾年焚烧量为 3300 万～3500 万吨，德国年焚烧处理量 1350 万吨，焚烧处理比例约为 35%。主要的焚烧技术有机械炉排炉技术、流化床技术、旋转窑技术、热能气化技术、热能气化熔融技术等。国内垃圾焚烧技术主要分为机械炉排炉技术和循环流化床技术。

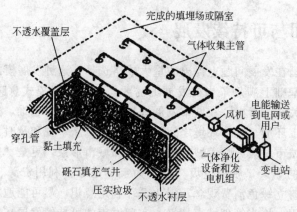

图 12-4　填埋气收集系统

（3）堆肥技术　堆肥是实现城市垃圾资源化、减量化的一条重要途径。堆肥处理是利用微生物分解垃圾有机成分的生物化学过程，主要针对垃圾中有机成分有效，具有良好的减量化和资源化效果。堆肥法按照原理的不同，可分为好氧法和厌氧法两种。针对特殊类型有机垃圾的生物处理技术逐渐升温，如餐厨垃圾、生活污水、处理厂污泥、园林及秸秆等植物性垃圾的微生物处理技术和厌氧发酵技术等；采用机械化动态发酵工艺和利用有效菌种快速分解的新型堆肥技术。

（4）材料资源化技术　我国一些城市已开发出其他垃圾资源化技术，如无机垃圾烧结制砖，将垃圾高温高压作为填充料压缩成复合板材，将废塑料加工成塑料原料和塑料制品，用废塑料裂解生产汽油和柴油，用废弃纸塑、纸铝塑包装物生产彩乐板，废橡胶通过脱硫制造再生胶和橡胶粉，废玻璃制成马赛克等。

（5）垃圾资源化综合处理　生活垃圾资源化处理就是通过物理、化学、生物等方法从垃圾中或其他处理过程中回收有用的物质和能源，以加速物质循环、创造经济价值为主要目的的处理过程，是将废物变无用为有用，变有害为有利，变一用为多用，如热解、气化、油化、RDF 等。垃圾资源化不管是在保护资源、节约能源方面，还是在防止污染、保护环境方面都有重要意义。

合理利用垃圾，从循环经济、可再生资源利用角度来看，垃圾是减缓资源短缺、减缓环境污染、扩大就业和增加收入的手段。把垃圾变为资源，既可保护生态环境，又可减少人类对自然资源的索取，是实现可持续发展的重要途径之一。

第5篇　中国经济与可持续发展

第13章　农业与可持续发展

13.1　农业可持续发展的定义与重要性

13.1.1　农业可持续发展的定义

　　发展是人类社会不断进步的永恒主题。在人类为科学技术和经济发展的累累硕果津津乐道之时，传统发展模式面临严峻的挑战，从"寂静的春天"、"增长的极限"到"联合国人类环境会议"和"我们共同的未来"，都从不同的侧面论述了人类面临的一系列重大经济、社会和环境问题，而可持续发展思想在环境与发展理念的不断更新之中逐步形成。特别是现代化农业面临着发展的种种问题，引发了人们对常规发展思路及常规现代化农业模式的反思，推动了农业可持续发展理念的诞生。20世纪80年代期间，人类逐步意识到国家、国际乃至整个地球上的任一农业政策及计划已经不仅仅包括传统的农业生产率、生产和粮食安全领域，还应该包括经济、环境及社会文化的方方面面的更大、更广的范围。在1992年的里约地球首脑会议（联合国环发会议）确定了可持续农业和乡村发展概念的重要性，《21世纪议程》第十四章阐明了促进可持续农业和乡村发展所需的计划和具体行动，成员国承诺开展这些计划和行动。自里约会议以来，随着可持续农业和乡村发展外部环境的重大变化，可持续农业和乡村发展的概念本身也发生了变化，在各种国家和国际论坛制定和谈判与可持续农业和乡村发展有关的战略时需要考虑到这种变化。农业可持续发展是可持续发展概念延伸到农村及农村经济发展领域时形成的。在此之前，若干国家的一些有远见的学者早已开始了对常规农业现代化投入获得高产的反思，提出了侧重面有所不同的替代模式。人类出现之后，自然的协调功能慢慢萎缩，人类自身的生产和思维的发达，成了主宰自然的优势物种，对自然环境的伤害越来越严重。

　　农业可持续发展的定义也有着很多不同的观点。按照丹波宣言中的定义认为：农业可持续发展是指"采取某种使用和维护自然资源的基础的方式，以及实行技术变革和机制性改革，重点集中于解决重大的稀缺农业资源和重大自然资源课题，以确保当代人类及其后代对农产品的需求得到满足，这种可持续的发展（包括农业、林业和渔业）维护土地、水、动植物遗传资源，是一种环境不退化、技术上应用适当、经济上能生存下去以及社会能够接受"的农业体系。

　　对于农业可持续发展体系的形成大致可分为3种不同的观点。

　　① 农业可持续发展的内涵是：在合理利用和保护自然资源、维护生态环境的同时，实行农业技术的革新，以生产足够的食物与纤维来满足当代人类及其后代对农产品的需求，促进农业的全面发展，是既满足于当代人的需求，又不对后代人满足其自然需求的能力构成危

害的发展。以科技和知识化的活劳动投入为主，减少物质资源投入，提高资源利用率和产出率，为农业持续发展创造物质条件，通过合理的投入和系统功能的协调，保证农业发展的持续性和资源的永续利用，促进生态、经济、社会效益的协调发屁。

② 农业可持续发展是一种把产量、质量、效益与环境综合起来安排农业生产的农业模式，它用生态学、经济学、社会学等学科来评价农业系统是否持续、协调地发展。其内涵包括两个主要方面：一是在不损害后代利益的前提下，实现当代人对农产品供求平衡；二是保护资源的供需平衡和环境的良性循环。农业可持续发展体系，不只是一个农经和农艺方面的问题，而是涉及自然、经济及社会问题的复杂系统工程。因此除主要从经济角度分析研究外，还应从生态经济、资源经济、国土经济、人口经济等方面进行探讨。农业和农业可持续发展的实质是生产方式的变革，农业可持续发展涉及的面非常广泛，既有生产、技术、资源、环境、生态、人口、经济技术因素，还有市场、分配、消费、生活、社会以及与之相关政策、法律、法规、管理和人们思想观念等社会、思想因素，涉及的产业既有大农业内部的农林牧渔副业的发展和相互关系，还涉及农村一、二、三产业的发展相互关系，既有生产力方面的问题，又有生产关系、上层建筑方面的问题。

③ 农业可持续发展是针对常规农业技术而可提出的一个相对应的概念。所谓常规农业技术是在改造传统农业的过程中，即农业现代化过程中逐步形成并至今仍普遍实施的以系统的开放性、资源的高投入、生产的高效率为基本特征的农业发展模式。它属于现代农业技术的范畴，是传统农业向现代农业转化过程的初期至中期的一个发展阶段。常规农业作为人们一个时期的选择，反映了人们在农业发展上的一些认识倾向，人们一般只重视当前和近期需要，忽视人类长远需要。

13.1.2　农业可持续发展的重要性

农业可持续发展研究的目的是：通过对农业可持续发展历史的深刻反思和现状的系统把握，以及有针对性的国际比较，力求对问题作一较深层次的理论阐释，在此基础上，对中国农业可持续发展与支持问题进行理论探讨和政策分析，以期建立起适合中国国情的、操作性较强的农业可持续发展体系。农业在我国经济和社会发展中具有特殊的重要性，这种重要性不仅体现在"农业是人类社会衣食之源、生存之本"，"农业的发展是社会分工和国民经济其他部门成为独立的生产部门的前提和进一步发展的基础"，"农业是一切非生产部门存在和发展的基础"等事实的抽象描述上，而且还被经济学家依据大量实证分析所作的严密理论推理所证明，比较经典的概括就是，农业对国民经济的增长与发展主要有四方面的贡献——产品贡献、市场贡献、要素及外汇贡献（库避涅茨，1961）。在我国，特殊的国情赋予了农业特殊的重要性，这就是，由于全国 13 亿人口中有 9 亿多生活于农村，直接靠农业及其相关产业获取收入。工业原料中的 40%（其中轻工业原料的 70%，纺织工业原料的 90%）来自农业，全社会商品的 43.2%销往农村，使得农业成为决定经济发展、社会安定、民族自立的基础产业。因此，旨在探求保障农业持续稳定发展的农业体系研究不论是在理论上还是实践上都具有重要的意义。

农业的可持续发展在中国有着特殊的重要意义：一是有利于更好地解决农业发展与环境保护的双向协调，在发展经济的同时，注意资源、环境的保护，使资源和环境能永续地支撑农业发展，同时，通过农业的发展促进资源和环境有效保护，使资源与环境的开发、利用、保护有机结合，既避免农业发展以破坏资源与环境为代价，又避免单纯强调保护而阻碍了开发、利用；二是有利于重新认识农业的基础地位和作用，使农业的功能不断得到拓宽，促进农村全面、综合、协调地发展，增加农村就业，增加农民收入，缩小城乡差距；三是有利于从我国国情出发，调整农业发展战略和方向，合理开发利用环境，促使农业可持续发展，选择适合我国国情的现代化农业发展道路。

13.2　农业可持续发展现状

13.2.1　国外农业可持续发展研究

　　农业可持续发展是一门正在发展与完善的学科，是介于哲学、科学决策学、生态学、系统学、农作制度、生物工程、信息科学、农村能源工程与管理等学科范畴的学术思潮、社会思潮和历史思潮。世界农业已有 7000 年的历史，纵观世界农业发展的近代史，全世界农业迅速发展从 20 世纪初开始到现在已有 100 多年的历史，特别是在过去 50 年中，由于充分利用了科学技术，增加了投入，使人类在改造自然、增加食物和纤维产品的生产方面取得巨大成就。农业发达的美国在 20 世纪 20 年代研究低压管道输水技术，前苏联从 50 年代研究应用，到 80 年代管灌面积占总灌溉面积的 63%。美国在 1876～1930 年农业生产率基本是平缓发展，这个阶段为农业现代化打下了基础，集教学、科研、推广于一体的独特三位一体制，为日后大学涌现与农业有关的科研成果和推动农业的现代化起到了决定性的作用。

　　谷物的增产得益于农药的使用，美国的粮食产量由 1942 年的 454 万千克上升到 1963 年的 8500 万千克，由于农药的神效，使美国农作物单产在二战期间翻一番，但是 DDT 通过生物食物链的作用，在有机体以至人体内积累，成数十、上百倍浓缩，鸟类、鱼类因此致死。1972 年联合国召开人类环境会议，并通过《联合国人类环境会议宣言》，国际社会开始认识到，地球只有一个，环境污染已成为制约世界经济和社会发展的重大因素，必须采取共同行动，保护环境，拯救地球。同年，罗马俱乐部关于人类环境的研究报告《增长的极限》，系统论述了科学技术、生产技术、自然资源、生态环境之间的相互关系及对人类发展的影响，提出了增长是有限的论点。1974 年发表了第 2 个报告《人类处于转折点》。

　　20 世纪 80 年代初，美国等发达国家科学家集中讨论农业可持续发展的定义、范畴、研究的特点以及实施途径，发表了大批论文和专著。农业可持续作为一种的农业思潮在全球迅速传播，受到世界各国的关注并付诸实践。1980 年 3 月联合国向世界发出了"确保全球持续发展"的呼吁，1983 年成立了世界环境与发展委员会（WECD），1985 年，美国加利福尼亚议会通过的《可持续农业研究教育法》正式提出了农业可持续发展这个概念。1987 年美国农业部可持续农业研究与教育计划（SARE）正式提出了农业可持续发展的模式。1991 年4 月，联合国粮农组织（PAO）在荷兰召开国际农业与环境会议，形成了可持续农业和乡村发展（SABD）的丹波宣言，并提出了 SABD 的 3 大目标。提出了农业可持续发展是采取某种使用和维护自然资源的基础方式，以及实行技术变革和机制性变革，以确保当代人类及其后代对农产品的需求得到满足，这种可持续的发展（包括农业、林业和渔业）维护土地、水、动植物遗传资源，是一种环境不退化、技术上应用适当、经济上能生存下去以及社会能够接受的农业。同年还在联合国总部成立了世界可持续农业协会。1992 年在巴西召开的联合国环境与发展大会，提出了以人的全面发展为目标，经济、社会和资源、环境协调持续发展的新发展观。进一步指出可持续发展是指既满足当代人的需要，又不对后代人满足其需要构成威胁的发展。这一新的发展观点把农业可持续发展的研究推向了一个新的阶段。

13.2.2　国内农业可持续发展研究动态

　　中国农业可持续发展探讨已有 30 多年的历史，特别是 20 世纪 70 年代末到 80 年代初，在许涤新、叶谦吉的倡导下，召开了多次"生态农业"研讨会，一些农业科技人员开始以村为单位进行试点，探索和实践生态农业的理论。中国的生态农业除了更强调和突出生态学原理指导外，还很好地继承了中国自古以来就独有的正确处理人和自然关系的哲理观念，这是西方可持续发展学者十分崇尚和羡慕的。中国的生态农业同国际农业可持续发展是趋同的，中国的生态农业运动在中国推行 30 多年，已有较完整的纲领、试点网络、专家、专业技术人员和大批参与的农民队伍，完全可以在此基础上推进中国的农业可持续发展的研究，但是作为提出农业可持续发展战略的标志，是 1992 年由国家计委等部门联合参与编制的《中国 21 世纪人口环境与发展白皮书》，出于对世界未来发展走向的充分把握和对中国国情的深刻分析，在国内国际总体发展趋势的大背景下提出了可持续农业。1992 年 6 月中国政府在巴西里约热内卢世界首脑会议上庄严签署了环境与发展宣言。我国于 1994 年 3 月制定和通过《中国 21 世纪议程》，从我国具体国情和人口、环境与发展的总体联系出发，提出了人口、经济、社会、资源和环境相互协调、农业可持续发展的总体战略、对策和行动方案，并在"九五"计划和 2010 年发展纲要中作了具体的部署，表明我国发展战略思想的转变。《中国 21 世纪议程》的编制和推进，标志着中国农业可持续发展的研究和实践进入新的阶段。

　　许多自然科学家、社会科学家、政治家都在研究和关注农业可持续发展问题。农业可持续发展是"科学技术能力、政府调控行为、社会公众参与"三位一的复杂系统工程，人类自觉认识、自觉调整、自觉规范自己行为的智慧正是创立和发展农业可持续发展学的源泉。我国的理论界也针对中国的特点，不断地丰富完善可持续发展技术体系的内涵，逐渐形成了比较完整的、具有鲜明的中国特色的理论体系和实践方案，为农业可持续发展技术体系的实施奠定了科学的基础。涌现出了一大批农业可持续发展方面的专家，发表了大量有价值的论文，召开了一系列的学术讨论会。1999～2000 年中国科学院组织数十人采用国家发布的统计资料，经过 1.7 亿次的有效运算，以全国 30 个省、市、自治区总计 208 项要素、48 个指标群、16 年模型组、5 大系统作出了逐级递减的分类排序，在中国首次全面、定量地进行了区域可持续发展能力的总评估。

　　21 世纪中国农业要实现可持续发展，必须以动态综合平衡为纽带。鉴于发达国家的现代化农业和发展中国家的索取性农业（其中有些国家正从索取性农业向现代化农业过渡）普遍忽视这种动态综合平衡的协调论原理，不免受到自然的惩罚。人们在农业生产中反复实践，反复认识，不断总结，不断提炼，终于形成了农业可持续发展的概念。到了 20 世纪 80 年代中期，《我们共同的未来》一书，全面地阐述了这两大主线（人与自然平衡、人与人和谐）的内在统一，至此，标志着农业可持续发展的理论和实践进入到一个全新的历史时期。它向世人昭示：农业可持续发展必须是"发展度、协调度、持续度"的综合反映和内在统一，三者互为鼎足，缺一不可。它们在各自临界阈值约束下共同形成的"交集"，产生了在实际运行过程中的正确"投影"，并成为衡量和诊断国家可持续发展健康程度的标志。农业可持续发展的理论体系、实证体系和应用体系应当以自然科学与人文科学的交叉研究为方向，借助现代的知识结构与研究手段去面对中国人口、资源、环境、社会和农村经济的现实，在农业综合数据库的支持下，以计算机的模拟技术和虚拟现实技术对系统实施综合集成并预测未来中国农业的可持续发展能力。在时间序列分析的支持下，把农业综合发展、人口控制、资源消耗、生态环境质量动态变化、社会进步水平、政府管理能力、战略储备体系、科技创新能力等有机地结合起来，创立一类新的指标体系"农业可持续发展度"，每年周期性地将全国各省（市、自治区）进行统一排序，并与国际通用标准衔接，动态监测和预警中国农业可持续发展的国家总体水平以及各省市的区域发展水平，为中央有效地实施农业宏观监控提供定量的手段。

实施可持续发展战略，建立现代集约持续农业，不仅从宏观战略上指出了我国未来农业的发展方向，为农业和农村经济发展描绘了一幅蓝图，而且对广大农村科技工作者和广大农民的素质提出了新的更高的要求。我国目前农业面临着严峻的形势，只有大力实行农业可持续发展战略，正确选择农业可持续发展模式，才是中国农业实现现代化的唯一出路。在我国，农业环境大部分存在恶化现象，生产存在着一定的威胁，所以我们必须高度重视农业资源的科学利用，加强农业生态环境的保护，努力发展农业生产力，创造生态农业，发展农村经济建设，提高农产品的产量并加强生态环境建设，创建一个可持续发展的农业。

13.3　中国农业可持续发展的制约因素

在农业可持续发展逐步受到重视的过程中，也制定了一系列有意义的新方法和政策。许多农民和相关的研究人员在不断努力寻找适合当地可持续生产和环境保护挑战的办法，使森林、野生动物、水和土壤大大受益，农业的不利影响有限，而产量得到保持或增加。重视可持续性在土地资源规划、农业教育和病虫害综合防治等领域产生了环境和社会效益。人们日益认识到，没有单个办法可以实现可持续农业和乡村发展，非农场收入对提高农村生活质量作出了重大贡献。重视可持续性还对与生物安全和生物多样性有关的政府间机制的建立产生了重大影响，要想使得我国农业可持续发展，就要深入了解我国农业现状，分析制约我国农业可持续发展的因素。

①　农业高新技术供给不足，知识技术含量较低，农业科技创新体系与农业知识传播体系薄弱。农业发展的基本过程，是土地、劳动力、资本、知识四类要素投入、结合、产出的过程。我国农业生产知识的推广是推动农业增长方式变革的主导因素。目前在我国大多数农民对于农业科学知识掌握得较少。农业发展所需的知识包括技术知识和经营管理知识，其中技术知识主要产生于科研机构。构建全新的农业知识传播体系，促进科技成果转化和农业科技知识普及，已经成为我国建设现代农业和促进农村经济发展的紧迫任务和关键问题。

②　农业与农村管理缺乏科学支撑，不能推动农业和农村快速发展。我国农村经济社会的变化广泛而深刻，改革发展面临的形势错综复杂。面对新的课题和挑战，很多部门还没有很好地适应，对农村的社会管理和公共服务还没有完全与农村的发展要求相协调、与农村的生产力水平相适应、与农民的承受能力相符合，应用现代管理知识改进农业经济与农村社会管理，依靠现代科技知识推动农业和农村第二、第三产业快速发展的措施远不够得力。

③　农业污染现象日益严重。农业污染主要指过度施用化肥、农药，大量排放畜禽粪便，随意丢弃塑料农膜等对生态环境造成的污染。一是过量施用化肥所引发的生态难题。二是大量排放畜禽粪便造成新的污染源。三是农膜带来的"白色污染"。随着农村地膜种植技术的推广和应用，塑料棚膜、地膜作物在农村十分普遍。大量废弃的未回收农膜埋入土壤，破坏土壤结构，阻碍植物吸收水分及根系生长，影响农作物收成。农业污染还会影响农业的可持续发展，土壤性能的恶化降低土壤可持续生产力，农产品污染势必造成农产品消费市场的萎缩，农业生产对周围环境的污染使农业发展受到限制，农产品环境安全还会影响一国农业的国际地位和国际竞争力。

④　我国农业制度需要完善，致使农业资源流失。

⑤ 农民对土地的利用与养护不当导致土地生产能力下降。

目前，我国农业经营方式正处在由粗放型农业向可持续农业的转型时期，但这种转变过程极其缓慢，因此，剖析农业可持续发展的制约因素并积极探求破解对策显得十分迫切。

13.4　中国农业可持续发展对策

我国农业可持续发展，关键在于保护农业生态环境和自然资源，尽量减少农业对环境的污染和破坏，合理开发利用农业资源，保护环境，实现农民日益富裕和农业社会的全面进步，让资源环境同经济、社会相互协调，共同发展。气候变化背景下的农业可持续发展可采取以下几种对策。

① 加强各种农业适用数据库的研制和开发，建立并完善包括农业科技信息、农业自然资源信息、农业生产与管理信息、农产品市场信息、农业政策信息、农业外经贸信息等在内的各种类型的数据库，并及时更新其内容，是农业信息服务的一项基础工作。就当前来讲，不失时机地抓好农业知识信息资源的开发建设与服务，把有效的政策、科技、市场等信息通过各种途径传送到农业决策者、农业经营者和农户手中，能够有效改善我国的农业宏观管理，拓展农业产业化空间，提高农产品产量、质量和农产品流通效率，进而较好地解决"三农"问题。推行农业可持续发展技术，提升科技对农业的支撑能力，促进资源永续利用。针对我国基本国情必须处理好以下几个问题：转化农业发展对资源和能源的依赖，把农业经济增长方式转变到依靠科技进步和提高劳动者素质的内涵挖潜的集约化经营轨道上来；大力推动农业高新科技产业化，以较少的投入获得较大的产出；集中力量在生物技术、信息技术等高新技术领域，以及种子、园艺、经作、饲料、养殖、兽药疫苗、农药肥料、设施农业等高效领域加大研究开发的力度，并应用于农业实践；以节水灌溉技术为重点，大力发展节水旱作农业、生态农业，推进节水农业技术的革命，促进以水利为重点的农业基础设施建设；以天然林保护工程、植树种草、扩大植被技术为重点，加速农村生态环境建设；提高水资源、草山草坡、作物秸秆等农业资源的利用率；在水土流失、土地沙化防治、水污染综合治理等领域取得重大技术突破。确定好科技发展的目标方向及技术结构，鼓励和支持资源持续利用和产出高效益相结合的技术的研究、推广和应用。在技术推广中，充分发挥科技推广机构的中介作用，使科技与市场相衔接、科技与效益相结合。

② 建立规模化的农业经营模式。现行的农业经营体制是建立在农村土地家庭承包的经营基础之上的小规模经营方式，这种农业生产的小规模分户经营模式在改革初期确实起到了推动农村经济发展，提高农业生产效率，促进农民增收的积极作用。但随着农村改革的深入，这种小规模的农业经营体制与现代农业发展不相适应的矛盾越来越突出。建立适度规模的农业经营模式是未来农业发展的必由之路。适度规模的农业经营模式是以农户承包的土地作股份，在农户自愿的基础上实行土地等基本生产资料的规模化经营，即每个农户所投入股份的多少都是自愿的而非强制，且按每个农户所投的股份的多少来分配农业收入。这种规模经营不仅有利于农业产业链的有效连接，而且也有利于避免生产和投入的盲目性，最大限度地降低农业成本，提高农业生产效率。当然，适度规模化经营不是要动摇和改变现有农村家庭联产承包体制的基础，剥夺农民的农村土地承包权益，而是要通过这种适度的规模化经营，最大限度地解决好小规模、分散化家庭承包经营条件下的小生产与大市场间的矛盾，避免因农户分户经营所带来的生产上的盲目性和产品产业结构上的趋同性所造成的农民利益损失。

③ 提高农业专业化水平，使得从种（苗）培育，到具体生产环节管理，最后到收割，所有的生产环节不再是由一个家庭或者一个生产单位全部承担完成，而每一个家庭或者一个生产单位只是承担其中某一个生产环节，如形成专业的粮、棉、油种（苗）培育专业户。这样既减轻了农民的劳动强度，又转移了农村剩余劳动力，提高了农业劳动者的生产效率。更主要的是通过专业化的管理，降低了农业风险，减少了盲目的农业投入。

④ 建设农业发展循环模式。应针对当地的种植业、林业、畜牧业和自然资源，寻求一种适合当地环境的循环模式，比如小麦、玉米的粮食种植产业链模式，或是对种植业生产过程产生的废弃物进行深度综合开发，形成一种种植业废弃物再利用的模式，又如对畜牧业，可以进行粮食、饲料加工、畜禽养殖、粪便、沼气、农作物这样的生态循环，这样可以减少使用化肥农药，充分利用现有的资源。提高农业对气候变化的应变能力，提高农业的抗灾减灾水平。比如北方干旱地区要以改土治水为主，改善农业生态环境，建设成为高产稳产农田，不断提高农业生产发展的应变能力和抗灾减灾水平。

⑤ 保护农业耕地质量。耕地资源的地力调查、质量评价、分等定级、地力与施肥效益的长期监测、农田环境的监测和评价是目前急需解决的问题，均属农业公益服务，而且都需要财政的大力支持。因此，政府应提供专项资金，确保耕地生产能力稳步提高，遏止土壤肥力递减，再针对不同作物、不同区域在建立长期定位监测点的基础上采取措施来保证农业可持续发展。搞好农田地力调查和评价，加强基本农田保护，建立地力、肥效检测网点，指导农民科学施肥，减少肥料资源浪费，防止土壤退化，促进农业可持续发展。

⑥ 改革农业的投资体制，深化产权制度改革，完善农业政策法规体系，加强对农业资源的管理。鼓励社会各方对农业的投资，推行投资多元化。鼓励民间资金投向农业，利用入世机会设法吸引外资，开拓多边和双边的外资利用渠道，促建新的各方联合的融资平台。明确界定农民的土地财产权利，强化农村土地管理。完善农村土地制度立法，依法保障农民的土地权利。

第14章 工业化经济与可持续发展

14.1 工业化进程

14.1.1 国外工业化进程

工业化是指一个国家或地区社会经济活动由农业生产为主向工业生产为主的社会经济发展过程。工业化程度变化，也主要反映一个国家或地区的国民经济产业结构变化。库兹涅茨（1957）研究指出，工业化起始阶段，第一产业的比重较高，第二产业的比重较低。随着工业化的推进，第一产业的比重持续下降，第二产业的比重迅速上升，而第三产业的比重只是缓慢提高。工业化进入中期阶段之后，当第一产业的比重降低到10%左右、第二产业的比重上升到最高水平时，工业化就到了结束阶段。从世界工业化的历史看，主要工业化国家，大体经历了从蒸汽机时代到内燃机、电动机时代的过程，即从煤炭时代发展到石油时代。而如果从具有代表性的工业原材料看，主要工业化国家都经历了从前钢铁时代到钢铁时代再到后钢铁时代的发展过程。从区位特征看，世界工业国际转移的基本走势是：16~18世纪从西欧发端，18~19世纪向西欧移民地区北美洲、澳洲扩张，20世纪向东亚以至中国、南亚的印度转移，其中也发生了向南美洲和非洲的少数国家扩散。一般认为，经过了二三百年的世界工业化历程，到现在，在全世界200多个国家（地区）中，有60多个国家（地区）进入了工业社会，其中少数国家进入了后工业社会。而大多数发展中国家仍然处于向工业社会进化的过程中。

从18世纪以来，世界工业化经历了蒸汽机革命、电气革命和信息技术革命三个主要发展阶段。一是16世纪近代科学的诞生和随后的工业革命，引发了人类社会生产方式和生活方式的重大变革。英国是世界上最早实现工业化的国家，即从18世纪60年代到19世纪40年代，基本完成了第一次工业革命。二是19世纪后期到20世纪中叶，以电动机为代表的第二次工业革命使人类进入了电气时代。当时德国走在了第二次工业革命的前沿，实现了先进钢铁生产技术和生产体制的重大变革，促进了钢铁工业的发展；在有机化学研究方面实现了超越，并实现了产业化。19世纪70年代中期世界科学中心由英国转移到德国，经过20年的发展，德国经济总量超过英国。三是20世纪下半叶，以计算机、微电子和通信技术为主的信息技术革命席卷全球，掀起了第三次工业革命，使人类社会的生产方式从以工业化为主向信息化与工业化融合转变。当今世界工业化发达的国家有美国、日本、德国、英国、法国、意大利、加拿大等，20世纪50年代以来韩国、印度、巴西等国家工业化也取得积极进展。

14.1.2 我国工业化进程

我国现代工业化进程是新中国成立后才开始的。1949年，全国只有100多亿元的固定资产，生产技术落后，原始的采掘业和工场手工业占40%以上，工业基础十分脆弱。1949年之后，中国开始了新的现代工业化进程，历经多年建设，特别是30年的改革开放，我国工业取得了巨大成就，经济实力空前增强，工业结构发生深刻变化，工业化水平明显提高，实现了由工业化初期向工业化中期的历史性跨越，实现了由工业基础薄弱、技术落后、门类单一向工业基础显著加强、技术水平稳步提高、门类逐步齐全的重大转变。工业生产规模跃居世界前列，工业产品数量和种类基本满足社会需求；工业门类齐全，体系完整，区域分工逐渐明确清晰；工业技术和工艺水平持续提高，部分领域已达到国际先进水平；工业就业容量大，层次不断提高，并吸纳了众多农村富余劳动力；工业在国民经济中的地位不断增强，成为国民经济的主要贡献力量和拉动因素，为我国国民经济发展、国际地位的提升和人民生活质量的改善做出了重大贡献。

改革开放以来中国的工业化分为两个阶段，1978～1991 年经济改革初期的工业化，1992～2006 年经济改革后期的工业化。1978～1991 年，中国是由中央集权的计划经济体制开始向以经济自由化为趋向的市场经济体制转变的时期，这一时期经济体制改革的基本特征是：在保持原有计划经济体制的前提下，引入某些市场因素，试图完善原有的经济体制。这一时期由于经济体制的改革，市场因素的引入，改变了工业化发展的外部环境。同时通过对重工业优先发展战略的调整，使工业化的发展取得了积极的进展。1992～2006 年，中国经历了第二次改革，进入经济改革的后期，这一时期经济改革不同于初期的改革，不再是保持原有经济体制不变仅仅引入市场因素，而是开始了由计划经济体制向市场经济体制的全面转型。改革开放之前，中国的工业化发展是以计划经济体制为核心来推动的，工业化战略是典型的重工业优先发展战略，国内因素是推动工业化发展的主要力量。改革开放 30 多年以来，在市场化的推动下，工业化发展战略进行了全面调整，使工业化的发展出现了新的态势。

与发达国家的工业化道路以及中国传统的工业化道路相比较，新型工业化是中国工业化发展的新阶段。走新型工业化道路体现了中国 21 世纪经济发展战略的新选择。中国的新型工业化是以信息化带动的跨越式的工业化，它以充分就业为先导，以可持续发展为基础，把公有制经济与非公有制经济相结合，以政府为主导。与中国传统工业化相比较表现为：在实现机制上强调市场机制的作用，以政府职能得到切实转变为前提，以可持续发展为基础，以集约型经济增长方式为主要的经济增长方式，以完成工业化的任务和实现工业的现代化为双重目标，整个过程伴随着农业的工业化过程，以对外开放为典型特征。表 14-1 为传统工业化与有中国特色新型工业化的异同点。

表 14-1 传统工业化与有中国特色新型工业化的异同

传统工业化	中国特色新型工业化
经济结构由农业占统治地位向工业占统治地位转变的经济社会发展过程	在这个转变过程中叠加了信息化和发展现代科学技术
以牺牲资源和环境为代价，只注重经济的发展	强调要学习发达国家工业化进程的经验，重视将工业化规律与本国自然和制度条件有机结合
在工业化进程中强调工业数量的扩展，乱铺摊子，重复建设，盲目引进，重复投资	重视工业化过程中依靠现代科学技术和创新提升工业质量
重视物的增长	重视人的成长和物的增长

14.2 工业化道路中存在的问题

我国工业化道路中寻在的问题主要有以下几方面。

① 中国工业发展的资源约束。中国是世界人口最多的国家，无论是土地面积、土地资源、林业资源、水利资源还是矿产资源，中国的资源基础储量都比较丰富，但是如果按人均占有量来计算，中国大多数资源都低于世界平均水平，而如果从中国国土面积的资源禀赋量来看，中国各种资源丰度不等。中国人口约占世界总人口的 21%，国土面积占世界的

7.1%，耕地占世界的 7.1%，草地占世界的 9.3%，水资源占世界的 7%，森林面积占世界的 3.3%，石油占世界的 2.3%，天然气占世界的 1.2%，煤炭占世界的 11%。人口众多、人均资源相对不足是中国的基本国情。因此，主要依赖自然资源来推动工业的长期增长不是中国工业化的可行道路。

② 中国工业发展的环境代价。在工业化中期、重工业化阶段，环境污染和生态恶化是突出问题，因此能源开发利用是我国环境的第一污染源。能源消耗的不断增长，随之也带来了一系列环境问题。2005 年 1 月 27 日，在瑞士达沃斯正式发布了评估世界各国（地区）环境质量的环境可持续指数。这项环境指数由美国耶鲁大学和哥伦比亚大学环境专家合作完成，并与达沃斯世界经济论坛共同发布。评估结果显示，在全球 144 个国家和地区中，芬兰位居第一，位列第二到第五的国家分别是挪威、乌拉圭、瑞典和冰岛。中国大陆位居第 133 位，全球倒数第 14 位，这一评估结果表明，中国的环境质量相对恶化。严重的环境问题已经成为制约中国经济和社会健康发展的重要因素。环境污染和生态破坏造成了巨大经济损失，也危害群众健康和社会安定。显然，中国工业化过程的环境代价是相当昂贵的。工业特别是重工业的高速增长，必然对环境产生压力。目前，工业对环境的污染，特别是对水和大气环境的污染，是影响环境保护的最严重问题之一。从总量上看，目前中国二氧化碳排放量已位居世界第二位，甲烷、氧化亚氮等温室气体的排放量也居世界前列。预测表明，到 2025 年前后，中国的二氧化碳排放总量很可能超过美国，居世界第一位。环境也是一种资源，工业化不可能完全不影响环境，换句话说，工业发展必须投入环境资源。但是，环境资源的再生成本是很高的，而且有些环境破坏是无法恢复的，因此，环境资源具有相当程度的不可再生性。

③ 产业结构协调性较差，工业产业升级压力比较大。这一轮工业高速增长的结构性增长特征十分明显，新增利润主要分布在产业链上游或价值链中低层的能源、采掘、原材料和机械工业，且主要得益于初级产品价格上涨。中国的二元经济格局，既有现代化的产业结构，又有传统产业结构。我国的传统产业发展走的是以牺牲资源、破坏环境为代价的路，再加上技术设备不及时更新，其结果必然是工业结构不合理，产业集中度不高。因此，大力实施传统产业的升级改造，尽快提升其经济效益和国际竞争力，已成为当前我国新型工业化道路是否能够持续发展下去所面临的重大而紧迫的战略任务。

④ 工业化的技术来源过多依赖国外，产业技术的自主创新能力薄弱，大中型工业企业的自主技术创新能力亟待提升，资源环境约束与工业化加速推进的矛盾突出。中国工业对矿产资源需求的高速增长，导致全球性资源价格连年暴涨，以初加工为主的粗放型工业，导致生态环境恶化加剧，这都构成严重制约中国工业发展的瓶颈。大企业与小企业之间的分工与协作关系较弱，存在着低水平重复建设、总体产能过剩、单个企业规模小等问题，表明中国工业产业组织合理化程度低。

⑤ 区域经济发展不平衡，东西部地区间经济发展差距不断扩大。劳动就业形势严峻，不断增大的就业压力严重制约着中国的工业化进程。在扩大开放条件下提高国际产业分工地位面临巨大的外部压力，在国际分工体系中始终处在不利的低端地位，一定程度上削弱了中国产业成长与结构调整的自主性。中国工业化进程的高速度使工业经济的外向度提高过快，也就使中国经济潜在危机的风险不断加大。

14.3　工业化道路可持续发展的主要途径

传统的发展观基本上是一种"工业化实现观"，把工业增长作为衡量发展的唯一标志，把一个国家的工业化和由此产生的工业文明当作现代化实现的标志。在现实中,这一发展观表现为对 GDP、对高速增长目标的强烈追求,其后果必然是资源的严重短缺,环境急剧恶化,经济社会发展最终将难以可持续发展下去,这就违背了人与自然的和谐发展要求。我国可持续发展战略的核心思想是,健康的经济发展应建立在生态的持续能力、社会公正和人民积极参与自身发展决策的基础上。它所追求的目标是:既使人类的各种需求得到满足,又要保护生态环境,不对后代的生存和发展环境构成威胁。在新型工业化的演进过程中,必须把可持续发展放在首要位置,合理开发和利用自然资源,减少和治理工业发展过程中对环境造成的污染,实现经济发展与自然资源的协调统一。中国新型工业化道路首先是可持续发展战略要求下的工业化道路,只有这样一个战略指导下的工业化,才可能使我们真正解决发展目标的问题,也才可能真正享受到工业化所带来的现代文明成果。

在实现新型工业化的进程中,现代的高新技术将发挥主导作用,利用先进的技术来促进传统产业的结构优化。新型工业化作为我国实现工业可持续发展的道路选择,需要稳定的经济政策作为其制度保障。工业化道路可持续发展的重要途径如下。

① 以市场化促进工业化,优化工业化的制度环境。在工业化过程中,要进一步发挥市场机制的资源配置优势,要加快发育要素市场,鼓励民间资本投资,保护私人产权,培养内源性增长机制。其中的关键就是必须积极转变政府职能,进一步加大行政审批制度改革创新力度,解决政府管理职能上越位、缺位和错位的问题,把市场能够解决的问题交给市场去解决,强化市场在资源配置中的基础性作用。

② 以城市化促进工业化,理顺工业化和城市化的关系。各种要素不断向城市集中是工业化阶段的一个普遍规律,城市化发展不足已经成为中国工业化发展过程中的最大制约因素,必须要大力发展城市化,提高城市化水平,加快农村富余劳动力向非农产业和城市转移的速度。坚持工业化、城市化联动推进,以工业化推动城市化,以城市化促进工业化,促进各区域工业布局与城市布局大体一致,进一步发挥快速集聚产业和人口的作用,推进工业化进程。

③ 以信息化带动工业化,推进产业结构优化升级。依靠科技进步,调整产业结构。优化产业结构,适当控制"高投入、高能耗、高污染"的三高产业发展,向高附加值、低能耗、高技术产业转移。可运用高新技术改造传统产业,鼓励发展低能耗、低污染的先进产能,提高整体工业水平;推进企业联合重组,提高产品集中度和规模效益;清理和纠正各地在电价、税费等方面对高能耗、高污染行业的优惠政策;通过调整出口退税、加增出口关税、削减出口配额、将部分产品列入加工贸易禁止类目录等措施,控制高能耗、高污染产品出口。新型工业化要求以信息化带动工业化,充分利用现代信息传输技术和计算机网络服务所能提供的巨大空间,改造传统的产业组织和生产经营方式,加速产业升级步伐。一方面,用信息化改造传统产业,可以提高传统产业的国际竞争力,吸纳更多的劳动力;另一方面,传统产业的不断升级,也可以为信息产业的发展提供坚实的基础和广大的市场。要注意把中国具有比较优势的人力资源与先进的生产要素相结合,使比较优势转化为竞争优势,不断提升中国的产业竞争力。

④ 加快发展第三产业,提高国民收入水平。制约中国工业化水平的重要因素是人均 GDP 太低和非农产业就业比重太低。服务业是现代经济的重要特征,是连接生产和消费的桥梁,当前,我国经济发展正处于工业化中期阶段,也处于服务业加速发展的转折点,必须尽快扩大非农产业就业面,不断提高国民收入,大力发展第三产业正是一个突破口。服务业不但是工业化的主要需求来源,更是提高工业竞争力、实现新型工业化的重要动力来源。

⑤ 协调地区经济发展,全面建设小康社会。中国工业化的重要特点是地区发展不平衡,

统筹区域经济社会协调发展，必须继续坚持西部大开发战略，加快中西部地区的发展。中西部地区是东部地区重要的市场来源、要素来源和产品来源，东部地区的持续发展离不开中西部的支持。要进一步完善区域功能分工和区域发展协调机制，促进各区域按照比较优势健康发展。

⑥ 强力推进新型工业化。一是按照新型工业化产业政策，分别设立鼓励、限制和禁止三大类国家产业目录。二是按照新型工业化产业政策及设立的鼓励、限制和禁止三大类国家产业目录，建立健全与之相配套的法律法规体系。三是按照新型工业化产业政策所设立的鼓励、限制和禁止三大类国家产业目录，调整和创新与产业政策相配套的财政税费制度，调整收缴比率。

⑦ 发展循环经济，走新型工业化道路。新型工业化道路的内涵和基本要求是科技含量高、经济效益好、资源消耗低、环境污染少、人力资源优势得到充分发挥，这些要求正是循环经济的一般特点，是循环经济发展必然带来的一种效果。循环经济能够充分提高能源的利用效率，最大限度地减少废物排放，保护生态环境。有利于实现社会、经济和环境的共赢，是建设节约型社会的主题。

⑧ 增加国内能源供给。提高我国国内的能源供给能力，特别是石油、天然气的供给能力，加大石油、天然气资源的勘探与开发力度。总体来看，我国能源成矿地质条件有利，能源挖潜还具有较大空间。2011 年，我国石油勘查新增探明地质储量 13.70 亿吨，同比增长 20.6%，是新中国成立以来第 9 次超过 10 亿吨的年份。加强太阳能、风能、水能、生物质能、地热能和海洋能等可再生能源及页岩气、煤层气、可燃冰等新能源的利用程度。发展可再生能源和新能源，在增加能源供应和提高能源安全的同时，可有效抵消高碳能源的碳排放，有利于有效减缓我国温室气体排放总量的增长压力。

⑨ 加大环保企业建设。我国是一个有 13 亿人口的发展中国家，是个生态环境大国，生态产品和服务具有极大的潜在市场需求，由此决定了环保产业是当代中国最具有发展前途的产业，必将成为我国国民经济的新增长点。目前，发达国家为取得绿色技术和产品的制高点和占领世界绿色市场进行激烈的竞争，对我国环保产业构成了严峻的挑战。当前我国的环保产业同发达国家存在较大差距，在发展过程中存在许多问题，远不能适应我国国民经济、现代产业结构调整优化与升级和社会对环保产业发展的要求。因此，我国产业结构调整的一个根本性战略任务，就是必须使我国绿色市场和环保产业有一个大的飞跃，使环保产业成为我国的战略产业、名副其实的支柱产业和新的经济增长点。

首先，政府要重视环保产业的发展。因为，环保消费主要是一种公共消费行为，政府消费和政府预算投资对环保产业的发展至关重要，要逐步加大政府预算投资占全国环保投资总量的比例。其次，应用现代金融工具，建立全新的投融资机制。通过设立环保产业基金、利用资本市场融资、发行环保彩票、优惠贷款、引进外资、风险投资等多渠道筹集环保产业发展资金。第三，促进企业不断进行技术创新。运用财税、金融等手段加大对环保产业技术创新的支持力度，特别是支持研发具有自主知识产权的环保技术和产品，提高环保产品生产的现代化程度和产品的科技含量。最后，培育具有国际竞争力的环保企业。通过改组、兼并、重组、控股和参股、联合、上市等形式，培育扶持环保优势企业和骨干企业，组建大型环保企业集团，形成以若干少数大型环保企业或企业集团为主体和大量中小环保企业并存的市场格局，增强环保企业的竞争力。

第 15 章　循环经济与可持续发展

15.1　循环经济的起源

　　循环经济的思想萌芽可以追溯到环境保护兴起的 20 世纪 60 年代。当时，人类的活动对环境的破坏已达到了相当严重的程度，一批环保的先驱呼吁人们更多地关注环境问题。1962年美国生态学家卡尔逊发表了《寂静的春天》，指出生物界以及人类所面临的危险。"循环经济"一词，首先由美国经济学家鲍尔丁提出，受当时发射的宇宙飞船的启发来分析地球经济的发展。他认为，宇宙飞船是一个孤立无援、与世隔绝的独立系统，靠不断消耗自身资源存在，最终它将因资源耗尽而毁灭，唯一使之延长寿命的方法就是实现宇宙飞船内的资源循环，如分解呼出的二氧化碳为氧气，分解尚存营养成分的排泄物为营养物再利用，尽可能少地排出废物。当然，最终宇宙飞船仍会因资源耗尽而毁灭。同理，地球经济系统如同一艘宇宙飞船。尽管地球资源系统大得多，地球寿命也长得多，但是，也只有实现对资源循环利用的循环经济，地球才能得以长存。在他的理论中主要指在人、自然资源和科学技术的大系统内，在资源投入、企业生产、产品消费及其废弃的全过程中，把传统的依赖资源消耗的线性增长经济，转变为依靠生态型资源循环来发展的经济。其"宇宙飞船理论"可以作为循环经济的早期代表，大致内容是：地球就像在太空中飞行的宇宙飞船，要靠不断消耗自身有限的资源而生存，如果不合理开发资源、破坏环境，地球就会像宇宙飞船那样走向毁灭。因此，"宇宙飞船经济"要求一种新的发展观：第一，必须改变过去那种"增长型"经济为"储备型"经济；第二，要改变传统的"消耗型经济"，而代之以休养生息的经济；第三，实行福利量的经济，摒弃只注重生产量的经济；第四，建立既不会使资源枯竭，又不会造成环境污染和生态破坏、能循环使用各种物资的"循环式"经济，以代替过去的"单程式"经济。

　　20 世纪 90 年代之后，发展知识经济和循环经济成为国际社会的两大趋势。我国从 20世纪 90 年代起引入了关于循环经济的思想，此后对于循环经济的理论研究和实践不断深入。90 年代思想飞跃的重要前提是系统地认识到了与线性经济相伴随的末端治理的局限：①传统末端治理是问题发生后的被动做法，因此不可能从根本上避免污染发生。②末端治理随着污染物减少而成本越来越高，它相当程度上抵消了经济增长带来的收益。③由末端治理而形成的环保市场产生虚假的和恶性的经济效益。④末端治理趋向于加强而不是减弱已有的技术体系，从而牺牲了真正的技术革新。⑤末端治理使得企业满足于遵守环境法规而不是去投资开发污染少的生产方式。⑥末端治理没有提供全面的看法，而是造成环境与发展以及环境治理内部各领域间的隔阂。⑦末端治理阻碍发展中国家直接进入更为现代化的经济方式，加大了在环境治理方面对发达国家的依赖。

　　罗伯特·艾尔斯在分析传统线性经济，尤其是现代资本主义社会对增长上瘾的原因的基础上，指出了传统经济学中环境与自然资源在生产函数中被严重忽视的问题，由于劳动成本的下降，以及自然资源在开发、加工和消费过程中的外部性被忽视，使初级产品的价格呈下降趋势，由此发出的失真信号又鼓励了对自然资源的滥用，因而提出了生态重构思想。20世纪 90 年代我国为提高经济效益、避免环境污染而以生态理念为基础，重新规划产业发展，提出循环经济发展的思路；我国 1998 年引入德国循环经济概念，确立"3R"原理的中心地位；1999 年从可持续生产的角度对循环经济发展模式进行整合；2002 年从新兴工业化的角度认识循环经济的发展意义；2003 年将循环经济纳入科学发展观，确立物质减量化的发展战略；2004 年，提出从不同的空间规模——城市、区域、国家层面大力发展循环经济。

15.2 循环经济的概念与内涵

所谓循环经济，就是把上一生产过程产生的废料变为下一生产过程的原料（生产要素），使一系列相互联系的生产过程实现环状式的有机组合，变成几乎无废料的生产。这是一种能够最大限度地节约资源、最大限度地提升资源利用率的经济增长模式。换句话说，循环经济就是按照自然生态系统物质循环和能量转换的规律重构经济系统，通过资源的循环利用，使资源利用效率最大化和废弃物排放最小化，将经济系统和谐地纳入到自然生态系统的物质循环过程中，从而实现经济与环境协调发展的经济。它要求在经济流程中"把生产排泄物减少到最低限度和把一切进入生产中去的原料和辅助材料的直接利用提到最高限度"，以寻求经济循环圈和生态循环圈的协调发展。与传统经济相比，循环经济则是资源、产品、再生资源的闭环式（反馈式）经济流程，其特征是低开采、低投入、高利用、低排放。在这个不断进行的经济循环中，所有的物质和能量得到合理和持久的利用，使经济活动对生态环境的负面影响降低到尽可能小的程度，以实现经济的质量型增长，从而可从根本上消除长期以来经济与环境之间的尖锐冲突，推动传统经济向适应可持续发展要求的环保型经济转变。减量化、再利用、再循环是循环经济的三大原则（3R 原则）。减量化或称减物质化，属于输入端方法，旨在减少进入生产和消费过程的物质和能量流量，这是通过预防的源头方式而非末端治理的方式来避免污染。再利用或称反复利用，属于过程性方法，目的是延长产品和服务的时间强度，提高利用效率，即尽可能多次或多种方式地使用物品，避免物品过早地成为垃圾。再循环或称资源化，属于输出端方法，通过把废物再次变成资源用于生产新产品以减少最终处理量，从而使整个生产过程实现闭合，即我们通常所说的废物回收利用和资源综合利用。循环经济的根本目标是要求在经济过程中系统地避免或减少废物，实现低排放或零排放，这将使人类传统生产方式产生深刻的变革，孕育着新经济形态的诞生——循环经济的废物资源化，既包括再资源化又包括对自然环境无害化，即将生产和消费所排放的废物进行处理，使之变成可以继续利用的经济资源，或将其变成对环境无害的物质，目的是减轻经济活动对环境的影响。

循环经济就是模拟自然界的生态循环模式，产品的形成从原料开采到被消费，整个生命周期通过工业生态的循环实现最低的耗散代价。要开发循环经济的模式，上级产业代谢的产物或者说是副产品作为下一级的原料，追求能量利用和物质元素的转移，追求最低的耗散代价。基本要点是：以生态思维作经济活动全过程的总体设计，使经济活动像生态系统那样，自我调节控制能量流动和物质循环，做到综合、反复利用资源，变以往末端治理污染为源头消除或最大限度减少污染，保护自然环境，从而产生最大的社会效益。

15.3 循环经济的特征与准则

15.3.1 循环经济的特征

循环经济的实施将使资源和能源得到最合理和持久的利用，并使经济活动对环境的不良影响降低到尽可能小的程度。循环经济完全符合可持续发展战略的思想，对环境和资源的保护有益，对子孙后代有益。根据对各国循环经济的理论研究和实践经验的总结，可以看出，循环经济具有如下基本特征。

（1）循环经济本质上是一种生态经济　循环经济要求运用生态学规律而不是机械规律来指导人类社会的经济活动，要求把经济活动按照自然生态系统的运行规律和模式，组织成为一个"资源→产品→再生资源"的物质反复循环流动的过程。表现为自然资源的低投入、高利用和废弃物的低排放，从而根本上解决长期以来环境与发展之间的尖锐冲突。循环经济强调资源的持久性和集约化使用。生态经济与循环经济的主要区别在于：生态经济强调的核心是经济与生态的协调，注重经济系统与生态系统的有机结合，强调宏观经济发展模式的转变；循环经济侧重于整个社会物质循环应用，强调的是循环和生态效率，资源被多次重复利用，并注重生产、流通、消费全过程的资源节约。生态经济与循环经济本质上是相一致的，都是要使经济活动生态化，都是要坚持可持续发展。物质循环不仅是自然作用过程，而且是经济社会过程，其实质是人类通过社会生产与自然界进行物质交换，也就是自然过程和经济过程相互作用的生态经济发展过程。确切地说，生态经济原理体现着循环经济的要求，正是构建循环经济的理论基础。

（2）循环经济是综合效益协调性的经济发展模式　循环经济把经济发展建立在自然生态规律的基础上，可以实现资源的可持续利用，促进经济发展。同时，循环经济模式还可以拉长产业链，推动环保产业和其他新型产业的发展，增加就业机会，促进社会发展。循环经济使生态效益、经济效益、社会效益达到协调统一。

（3）循环经济是需要相应技术支撑的发展模式　循环经济的技术载体就是环境无害化技术或环境友好技术。依靠科技进步，积极采用无害或低害新工艺、新技术，大力降低原材料和能源的消耗，实现少投入、高产出、低污染，尽可能把对环境污染物的排放消除在生产过程之中。环境无害化技术主要包括预防污染的少废或无废的工艺技术和产品技术，同时也包括治理污染的末端控制技术。

（4）循环经济的基本途径和第一阶段是清洁生产　清洁生产是对生产过程和产品持续运用整体预防的环境保护战略。清洁生产特别是工业领域的清洁生产是发展循环经济的关键因素和必由之路。清洁生产是循环经济的微观基础，循环经济则是清洁生产的最终发展目标。清洁生产的核心就是从污染源产生开始，利用一切措施减少生产和服务过程中对环境可能造成的危害。从循环意义上发展经济，用清洁生产、环保要求从事生产。它的生产观念是要充分考虑自然生态系统的承载能力，尽可能地节约自然资源，不断提高自然资源的利用效率，并且是从生产的源头和全过程充分利用资源，使每个企业在生产过程中少投入、少排放、高利用，达到废物最小化、资源化、无害化。上游企业的废物成为下游企业的原料，实现区域或企业群的资源最有效利用，并且用生态链条把工业与农业、生产与消费、城区与郊区、行业与行业有机结合起来，实现可持续生产和消费，逐步建成循环型社会。

15.3.2　循环经济的基本原则

循环经济的基本原则，是循环经济运行过程中应当遵循的基本准则，它反映出循环经济的基本要求和运行方式。循环经济主要具有三大基本原则，即减量化（Reducing）原则、再利用（Reusing）原则和再循环（Recycling）原则，简称为"3R"原则。

（1）减量化原则　减量化原则，是指在生产经营和消费过程中，用较少的环境和资源投入达到预期的生产或消费目的，也称为减物质化原则。其具体要求在于：在生产源头的输入端就充分考虑节省资源，提高单位生产产品对资源的利用率，预防废物的产生；在生产过程中，通过技术改造，采用先进的生产工艺，实施清洁生产，减少单位产品生产的原料使用量和污染物的排放量；在消费过程中，鼓励消费者选择包装物较少的物品、耐用的可循环使用的物品，以减少废弃物的产生，由过度消费向适度消费和"绿色消费"转变。

（2）再利用原则 再利用原则，是指能够以初始的形式尽可能多次以及尽可能多种方式地使用产品及其包装。在再利用原则下，通过对物品多次或多种方式的使用，使其能够不断回到经济循环活动中，从而尽可能地延长产品和包装物的资源再利用时间，提高其资源利用率，避免过早地转化为废弃物，以降低资源消耗。再利用原则要求对同类产品及其零配件、包装物实行兼容性、配套化生产，以便于同类产品相互利用，延长使用期限。再利用原则还要求建立规范的废旧物品回收利用机制，由生产经营者主导回收利用，可以鼓励、引导消费者将自己不再需要的物品返回市场体系，再安全地参与到新的经济循环中。再利用原则要求抵制当今世界一次性用品的泛滥，还要求制造商应该尽量延长产品的使用期，而不是非常快地更新换代。

（3）再循环原则 再循环原则又称资源化原则，是指废弃物的资源化，使废弃物转化为再生原材料，重新生产出原产品或次级产品。如果不能被作为原材料重复利用，就应该对其进行回收。资源化有两种途径：一是原级资源化，即将消费者遗弃的废弃物资源化后形成与原来相同的新产品；二是次级资源化，即将废弃物转化为其他产品的原材料，再生产出不同类型的产品。循环经济的三大原则构成了循环经济的基本发展思想。减量化原则属于输入端方法，旨在减少进入生产和消费流程的物质量；再利用原则属于过程性方法，目的是延长产品和服务的时间强度；再循环原则是输出端方法，通过把废弃物再次变成资源而减少最终处理量。循环经济三原则的排列顺序，依次为减量化→再利用→再循环。

在循环经济的 3R 原则中减量化原则是基础和前提，它们是一个有机联系的整体。首先，要减少经济源头的污染产生量，在生产阶段尽量避免各种废物的排放；其次，对于源头不能削减的污染物进行回收利用，使其回到经济循环中去；最后，只有当避免产生和回收利用都无法实现时，才将最终废物进行环境无害化处置。通过原材料和能源消耗的减量化，可以使不可再生资源循环周期拉长，为自然资源的再生和寻找替代资源创造条件；放弃使用污染环境的原料和能源，尽可能使用再生材料，不仅能够减少污染排放，而且是废物资源化和再循环的基础和前提；生产者尽可能生产可直接再使用或回收再利用的产品、包装材料和容器，能够减少废物产生量，为再利用创造条件。反过来，再使用和再循环原则的实施，又能够促进减量化特别是废弃物产生的减量化。

15.4 循环经济模式可持续发展的意义

发展循环经济的目标与建设资源节约、环境友好型社会的目标是完全一致的。实现工业化仍然是我国现代化进程中艰巨的历史性任务，但我们必须走出一条科技含量高、经济效益好、资源消耗低、环境污染少、人力资源得到充分发挥的新型工业化道路。循环经济和清洁生产所追求的目标完全符合新型工业化道路的特征。发展循环经济可以在三个层次上进行，即在工业企业推行清洁生产，建设生态工业园区和生态农村，以及建设循环型社会。

第一层次，在工业企业推行清洁生产，达到节约资源、减少污染的目的。20 世纪 60 年代以来，为了减轻发展给环境所带来的压力，工业化国家通过各种方式和手段对生产过程末端的废物进行处理，这就是所谓的"末端治理"。这种方法可以减少工业废弃物向环境的排放量，但很少影响到核心工艺的变更。很多情况下，末端治理需要昂贵的建设投资和惊人的运行费用，末端处理过程本身要消耗资源、能源，并且也会产生二次污染，使污染在空间和时间上发生转移。因此，这种措施是不符合可持续发展战略的，不能从根本上解决环境污染问题。

对于"末端治理"的分析批判导致了解决环境污染问题新策略的诞生。20 世纪 70 年代，许多关于污染预防的概念，如"污染预防"、"废物最小化"、"减废技术"、"源削减"、"零排放技术"、"零废物生产"和"环境友好技术"等相继问世，都可以认为是清洁生产的前身。1989 年联合国环境规划署（UNEP）在总结工业污染防治概念和实践的基础上提出了清洁生产的名称，并正式推出了清洁生产的定义：清洁生产是指对工艺和产品不断运用综合性的预防战略，以减少其对人体和环境的风险。自此，在联合国的大力推动下，清洁生产逐渐为各国企业和政府所认可，清洁生产进入了一个快速发展时期，大量的清洁生产实践表明清洁生产可以达到环境效益和经济效益双赢的目标。

清洁生产着眼于污染预防，全面地考虑整个产品生命周期过程对环境的影响，最大限度地减少原料和能源的消耗，降低生产和服务的成本，提高资源和能源的利用效率，使其对环境的污染和危害降到最低。二十多年的理论研究和实践表明，清洁生产是资源可持续利用、减少工业污染、保护环境的根本措施。在企业管理和技术层次上，清洁生产不仅能够实现工业污染源达标排放和总量控制的目标，还可以促进企业整体素质的提高，增加企业的经济效益，提高企业的竞争能力，增加国际市场准入的可能性，减少贸易壁垒的影响。可以认为，清洁生产是可持续发展战略引导下的一场新的工业革命，是 21 世纪工业生产发展的主要方向，也是循环经济的主要组成部分之一。我国已经在 2002 年 6 月正式颁布了《清洁生产促进法》，可以预料，清洁生产的推行将会进入新阶段。在服务行业也应推行节约资源、保护环境的新模式，反对铺张浪费、肆意挥霍，与工业、农业一样，要重视源头控制。

第二层次，是建设生态工业园区和生态农村。生态工业园区谋求工业群落的优化配置，节约土地，互通物料，提高效率，最大限度地谋求经济、社会和环境三个效益的统一。生态工业园区的核心是工业企业，还包括农业部门、居民生活区、信息处理部门等，是一个自然、工业和社会的复合体。生态工业园区通过成员间的副产物和废物的交换、能量和水的逐级利用、基础设施和其他设施的共享来实现整体在经济和环境方面的良好表现。

生态农业的建设是循环经济在农村的具体体现。合理使用化肥和农药，必将大量减少资源的消耗和流入水体的氮、磷污染，对防止耕地质量的退化也大有好处；农村废弃物多为有机废弃物，任意堆放会造成难以控制的污染，收集并加以发酵处理，不仅可获得沼气，可以补充或代替能源，还可以获得优质的有机肥料，进一步减少化肥的使用量，生产绿色食物；农村中的多种经营既是生态农业的表现形式，又是实施循环经济的广阔天地，种植业、养殖业、畜牧业、农产品加工业以及新兴的旅游业、服务业等，完全可以利用生态良性循环的原理连成生态链或生态圈。

第三层次，是建设循环型社会。重视循环利用和回收利用废弃物，分类收集垃圾是一项必要的措施，实施分类收集垃圾则需要全民的自觉行动，需要经济有效的管理系统。也需要发展新技术，如电子废弃物的回收利用已经提到日程上来，其回收利用技术应加快开发。在循环型社会中，废弃物都可以变成原料加以利用，包括将工业废料或半成品用于农业，把净化后的城市废水用于农业灌溉，把农业养殖的动植物作为工业原料、消费产品等。

循环经济是一个涉及社会再生产各个环节的整体性经济运作方式，在生产环节表现为生态工业或清洁生产，在消费环节表现为生产者严格的产品责任和回收义务，在分配和交换环节表现为废弃物资源的回收利用。循环经济是一个国民经济宏观层面的概念，因此，不能仅仅从企业间的物质闭路循环角度理解循环经济，忽视循环经济需要在小循环、中循环、大循环三个层面展开；不能仅仅从生产环节的物质闭路循环角度理解循环经济，忽视消费过程以及物质流通的其他环节的不同表现形式；更不能仅仅将循环经济理解为资源化，忽视循环经济在物质消耗和污染排放上的源头预防和全过程控制意义。

（1）转变传统经济发展方式   我国传统经济是一种由"资源—产品—污染排放"所构成的物质单向流程的经济，这种经济发展方式以资源的高消耗、高污染、高排放为特征来带动经济高增长。目前我国既没有发达国家工业化时的廉价资源和环境容量，也经不起传统发展方式带来的资源过度消耗和环境污染。循环经济要求把经济活动组织成一个"资源—产品—再生资源"的反馈式流程，最大限度地利用资源，达到废物产量的最小化甚至零排放。因此，发展循环经济能够减少经济增长对资源稀缺的压力，实现经济发展方式的根本转变。

（2）加快新型工业化进程   我国要走科技含量高、经济效益好、资源消耗少、环境污染少、人力资源优势得到充分发挥的新型工业化道路。循环经济要求提高资源利用效率，减少生产过程的资源和能源消耗；延长和拓宽生产技术链，减少生产过程的污染排放；对生产和生活用过的废旧产品进行全面回收，可以重复利用的通过技术处理循环利用；对生产企业无法处理的废弃物集中回收和处理。循环经济的这些特征要求必将改变传统工业化模式，必将改变科学技术发展方向，带来新的技术革命、产业革命和制度创新，追求可持续发展的新模式。因此，循环经济为新型工业化开辟了新的道路，是中国新型工业化的实现形式。

（3）保障全面建设小康社会   全面建设小康社会，不仅要实现物质文明、政治文明和精神文明，同时要实现生态文明。全面建设小康社会，要使可持续发展能力不断增强，生态环境得到改善，资源利用效率显著提高，促进人与自然的和谐，推动整个社会走上生产发展、生活富裕、生态良好的文明发展道路。我国如果继续推行大量消耗、大量生产、大量消费、大量废弃的生产和消费方式，如果继续走高投入、高消耗、高污染、低效益的传统工业化道路，不仅全面建设小康社会的生态文明的目标无法实现，而且由于经济建设的资源环境基础的制约，物质文明的目标也难以实现。循环经济作为一种与环境和谐的经济发展模式，能够满足新型工业化道路和可持续发展的要求，实现经济发展、社会进步和环境保护的"共赢"，是全面建设小康社会的重要保障。

（4）适应经济和环境全球化要求   随着全球化的发展和贸易与环境的关系日益密切，环境因素已经成为影响发展中国家自由贸易的重要障碍。由于我国经济整体环保水平较低，在外贸领域将面临越来越大的环境压力，一些工业产品和农产品由于在生产、包装、使用等环节的环保要求偏低，容易受到发达国家绿色贸易壁垒的限制。随着贸易自由化的发展，污染产业、有害物质和外来物种入侵将对我国国家环境安全构成威胁。增强我国环境竞争力，实现我国贸易与环境的协调发展，要求发展循环经济。

15.5   推行循环经济的主要措施

循环经济是推进可持续发展战略和建设资源节约型与环境友好型社会的一种优选模式，它强调以循环生产模式替代传统的线性增长模式，实现"投入最小化、废物资源化、环境无害化"，最终达到以最小的发展成本获取最大的经济效益、社会效益和环境效益。循环经济的实施，只有在统一的社会规范和协调的法律体系下，才能建立起科学的、严谨的和可操作的制度，从而把资源节约、经济质量、环境建设、优化管理同国家发展、社会进步、文化建设完整地结合在一起，既保证资源和环境对经济发展的支持，又保证经济发展对促进资源节约和环境改善的支持，实现符合可持续发展要求的良性循环。推进我国循环经济发展的几点政策建议如下。

① 引导各部门各地区用符合市场经济规律的方式发展循环经济，积极探索循环经济发展的有效运作模式。循环经济实际上是经济学基本理论的体现和延伸，它与基本经济理论是一脉相承的。发展循环经济，也要符合客观经济规律，也要顺应基本的市场经济规则。如果出现了不经济的情况，政府部门应进行引导和协调，必要时应推出优惠政策或进行适当补贴。

尽管我国在推动资源节约、资源综合利用、推行清洁生产以及探索、总结循环经济发展模式方面取得了一定进展，但循环经济发展在全国还处于起步阶段。应及时总结循环经济试点项目的经验和问题，总结出重点行业、重点领域、产业园区和城市发展循环经济的有效模式，为加快发展循环经济提供示范和借鉴，争取尽快形成政府引导、市场主导、企业行动、公众驱动的循环经济有效运作模式。

② 完善促进循环经济发展的政策体系，理顺循环经济的运行机制。应充分发挥市场机制在推进循环经济发展中的主导作用，同时借助财政、税收等经济政策，优化循环经济各节点之间的连接，使循环经济中各个主体形成互补互动、共生共利的关系，降低循环经济的运行成本，理顺循环经济的运行机制，实现循环经济的动态稳定和长效发展。促进循环经济发展的政策应该充分细化，与财政金融政策相协调配套，防止政府不同部门按照部门利益和业绩需要"有选择"地加以执行。

首先，制定和完善具体的激励制度。拓宽循环经济的投融资渠道，政府可适当给予直接投资或资金补助、贷款贴息等支持，并发挥政府投资对社会投资的引导作用，建立完善循环经济多元化的投资机制；坚持鼓励与限制相结合，引导企业推进节约降耗，全面推行清洁生产；鼓励企业、公众尽可能使用再生物品，少用原生物料。同时，要培育和奖励循环经济型企业，将发展循环经济与企业降低生产成本、提高技术水平、完善内部管理有机结合起来，增强企业发展循环经济的积极性。

其次，完善并落实促进循环经济发展的财税政策。国家财政支出在向公共财政转变的过程中，应加大对环境保护和循环经济发展的支持力度。制定具体的财税政策鼓励发展废旧物资回收和再生利用的产业，建立生产者责任延伸制度、再生资源分类回收、不易回收的废旧物资回收处理费用机制；完善资源综合利用和废旧物资回收利用税收优惠政策，调动企业发展循环经济的积极性。

第三，健全资源性产品的价格形成机制。今后应加快资源价格机制的改革，进一步推动水、电、石油、天然气、煤炭、土地等资源价格的市场化改革，逐步形成能够反映资源稀缺程度、市场供求关系和污染治理成本的价格形成机制。

第四，建立和完善生态环境补偿机制。政府应提供有力的政策支持和稳定的资金渠道，建立和完善生态环境补偿机制，以此促进循环经济和环保产业的发展。建立生态环境补偿机制应当遵循以下原则：谁利用谁补偿，谁受益或者谁损害谁付费，将生态环境破坏所造成的外部成本内部化；有利于保护地区与受益地区共同发展的原则；满足需要与现实可行相结合的原则。生态环境补偿机制应是多层次的。

③ 深化对循环经济的认识，彻底转变片面追求 GDP 增长、忽视资源节约和环境保护的倾向。要提高各级领导干部对循环经济的认识和领导能力，将发展循环经济放在贯彻落实科学发展观的战略高度上去考虑，将加快循环经济发展作为一项重要工作来抓。一是引导各级领导干部正确认识加快发展循环经济在促进经济增长、促进产业结构优化升级、节约能源、

保护生态环境等方面的重要意义，采取有效的推进措施。二是深化领导干部、企业家和社会各界对循环经济的认识，彻底转变片面追求 GDP 增长、忽视资源节约和环境保护的倾向。三是树立和推广一批发展循环经济的正面典型，营造推动循环经济发展的有利的舆论环境。引导消费者转变消费观念，努力倡导节约型消费和"绿色消费"，树立有利于节约资源和保护环境的生活方式和消费方式。

④ 推行清洁生产方式和园区生态化改造，实现污染物减量化、资源化、无害化。第一，全面推行清洁生产。认真贯彻实施《清洁生产促进法》，积极推行 ISO14000 环境管理标准，制订重点行业清洁生产评价指标体系，对污染物严重超标企业和使用有毒有害原材料企业实施强制性清洁生产审核，逐步建立完善可行的清洁生产管理体制和实施机制。第二，按照循环经济的原则要求，推进工业园区的生态化改造。通过优化整合，促进污染项目集中布点、集中治理、达标排放，全面加强工业园区的生态环境建设。具备条件的工业园区，要按照产业链、供应链的有机联系，逐步实现上、中、下游物质与能量逐级传递，资源循环利用。

⑤ 健全促进循环经济发展的法律法规体系，加大执法和监督检查力度。结合我国国情，尽快制定循环经济法律，健全促进循环经济发展的法律法规体系。当前要抓紧制定与《清洁生产促进法》相衔接的《循环经济促进法》，规定循环经济的基本方针、指导思想、基本原则、具体的法律制度和责任。研究建立生产者责任延伸制度，明确生产商、销售商、回收和使用单位以及消费者对废物回收、处理和再利用的法律义务。修订《固体废物污染环境防治法》、《矿产资源法》等专门性的环境法律，对资源的节约、回收、再用、再生利用做出进一步的规定。为了促进循环经济的开展，有必要在法律的框架内由政府制定一些条例，并在条例的指导下，制定或完善有关的部门行政规章。

⑥ 构建良好的技术支撑和技术咨询服务体系，使技术进步在循环经济发展中发挥更大的作用。要实现循环经济所追求的经济和环境多项目标，必须依靠技术进步。而要突破传统发展模式，使技术进步在循环经济发展中发挥更大的作用，必须在政府支持和引导下加大对循环经济共性和关键技术的研究开发投入，构建良好的技术支撑和技术咨询服务体系，推广应用先进适用技术，及时向社会发布循环经济技术、管理和政策等方面的信息，开展信息咨询、技术推广、宣传培训等，为参与循环经济的企业特别是中小企业提供技术服务。应开展多渠道筹资，带动社会资金投入循环经济共性和关键技术的研究开发。此外，还应大力开展国际间的科技合作，积极引进和消化、吸收国外先进的循环经济技术和管理手段。加快先进适用技术的推广，不仅要搞好示范项目，还要做好推广技术的筛选、信息传播和技术服务工作，使示范的技术推广出去，在推动循环经济发展中真正发挥效益。

第6篇 中国科技教育与可持续发展

第16章 中国教育与可持续发展

16.1 教育与经济发展

16.1.1 教育是经济可持续发展的支撑因素

知识经济是可持续发展经济的支撑，教育是知识经济竞争的基点，是知识经济的基础，所以教育也就是经济可持续发展的支撑。知识经济，按经济合作组织《以知识为基础的经济》报告中的定义，是指建立在知识和信息生产、分配和使用之上的经济。换句话说，知识经济是指一种知识成为最重要的生产要素的经济。知识经济的本质是知识创新，知识创新包括观念创新、理论创新、制度创新、政策创新、组织创新、管理创新、技术创新、艺术创新等。因此，知识创新决定知识经济，没有知识创新，就没有知识经济，知识经济的发展依赖于知识创新；知识创新使得知识成为主要生产要素，知识经济才能成为有水之源。而在知识经济时代，知识劳动将是绝大多数人谋生的基本手段，知识成为人们最基本的消费品，知识的占有量将是富裕程度的基本标准。因而，学习将成为人们的第一需要，教育将成为社会生活的中心，教育是发展知识经济的基础。知识经济是可持续发展的经济，以知识为基础的经济发展战略与工业化的发展战略不同，它是以可持续发展为特点的。知识经济的到来，为人类社会实现可持续发展提供了可贵的机会和可能性。

教育之所以成为知识经济竞争的基点，首先，是由知识的两个十分重要的特性，即知识的耐用性和无限增殖性决定的。知识的耐用性，使它不同于物质这种消耗性资源，知识是非消耗性资源。因此，在知识面前，人与人之间、国家与国家之间是平等的，没有贫富贵贱之分。知识的无限增殖性，使知识在使用（或消费）过程中能够产生新知识。一般地讲使用得越多，产生的新知识也越多。正是由于知识的两个重要特性，使得在知识社会里没有贫穷的国家，只有无知的国家，对于任何一个个人、组织、企业和国家，获得和应用知识的能力是竞争成败的关键。因此，国家与国家、企业与企业、个人与个人之间的竞争转移到获取知识的能力、运用知识的能力和创新知识的能力竞争上。运用知识和创造知识的前提是获取知识，而教育是获取知识的重要途径。正因为如此，决定了教育是知识竞争的基点。

其次，教育是传播、发散、创造知识的重要基地。教育的重要职能之一是向受教育者传播一定的基础理论和基础知识，更重要的是培养学生的智能，包括培养学生的自学能力、研究能力、思维能力、创造能力、表达能力和组织管理能力，这样的职能教育培养了各种各样、各种层次的人才，正是这些人才从事知识创新。因此，没有人才就没有知识创新。没有教育作为基础的知识经济，只能是空中楼阁。

第三，教育不仅培养了大量的专门人才，还将培养适应知识经济需要的大量通才，不断更新知识就得终身接受教育。在知识经济中，知识型人才备受欢迎，"能说会做"的全才将起到越来越大的作用。知识经济需要在专的基础上具有综合能力的适才。因此，在专才教育的基础上，知识经济需要通才教育。在知识经济社会里，知识爆炸也说明了知识老化周期缩短、速度加快。因此，不论是国家、企业，还是个人，都必须不断学习，接受终身教育，活到老，学到老，才能跟上社会进步的步伐，才不至于在竞争中被淘汰。

综上所述，教育是知识经济竞争的基点，也是知识经济的基础，道理很简单。由于知识创新决定知识经济，从事知识创新的是人才，而人才是教育培养出来的，所以是教育支撑了知识经济。有了教育，就有了人才，也就有了知识创新、有了科技，就会形成教育、科技、经济的良性循环和经济的可持续发展。

教育因素在支撑经济实现可持续发展模式的转换过程中所具有的作用，概括地说，主要表现为以下几个方面：①教育能迅速提高人口素质；②教育的发展能从根本上改变人口的素质结构；③教育的发展及质量的提高，能从根本上改变人们的生活价值观，由此把文化的享受、文明的追求、优美的环境自觉地视为生活质量的重要内容，自觉地追求新的文明的生活方式等。根据经济社会可持续发展战略的本质内涵及20世纪人类社会发展的实践，我们看到，实现人口数量的减少及质量的提高，是实现经济可持续发展的必要前提，生产方式的根本转变和生活方式的深刻变革是实现可持续发展的两个支点。一个前提、两个支点缺一不可，而这一切都必须直接依赖于教育的发展及其功能的充分发挥，从这个意义上讲，可持续发展作为经济发展的新模式，也就称之为主要依靠教育支撑的经济发展模式。

加快教育的发展对我国实现21世纪经济的可持续发展显得更为紧迫，教育在中国21世纪经济的可持续发展中的作用显得更为突出。教育是中国21世纪经济可持续发展的关键性支撑因素。

16.1.2　教育对经济可持续发展有促进作用

（1）教育会生产人的劳动能力　教育会生产劳动能力，是说教育可以将一般简单的劳动力加工发展成专门的劳动力；是说可以将经验型、手艺型的劳动力转变成科学型、知识型的劳动力；是说可以将可能的劳动力培养成现实的劳动力；是说它是造就脑力劳动者和体脑结合的劳动者的唯一途径。教育特别是学校教育对受教育者实行全面的影响，授以全面的教育，从而使劳动力在体力和智力上都得到发展。教育对人的劳动能力的生产和发展，还具有较高的效率，教育可以把人类长期积累的科学知识和生产技术，经过有目的的选择、提炼、概括，教授给受教育者，使受教育者能够较快地加以掌握和运用。

（2）教育可以提高劳动力的质量和素质　劳动力的质量和素质，即指劳动力的科学文化水平和技能熟练程度。前者基本上取决于劳动力的教育水平，而后者除了跟劳动力的教育水平高低有关外，还受劳动者工龄长短的影响，这是因为劳动者对生产工具的操作、运用、保养和维修所达到的技能熟练程度也基本上受劳动力教育水平的影响，劳动力的教育水平越高，就越容易掌握新的劳动技能，熟悉的过程就越短，能够达到的技能熟练程度也就越高。这个过程以后，工龄的延长对劳动力技能熟练程度的提高影响不大，因此，可以说劳动力的质量高低主要取决于劳动力教育水平的高低。

（3）教育可以改变劳动力的形态　劳动力的形态主要是指劳动者所从事的劳动是以体力劳动为主还是以脑力劳动为主。教育可以把以体力劳动经验和劳动技能为特征的劳动力培养成以科学知识形态为特征的劳动力。教育可以增加物质生产过程中脑力劳动者的比重，使劳动者从只有简单劳动形态的能力发展改变为具有复杂劳动形态的能力。

16.1.3　经济是教育发展的关键因素

教育作为一种与社会经济相联系的活动，它主要是由社会发展水平决定的，一定的经济发展水平为教育发展提供一定的经济条件，也给教育提出了客观要求，从而促使教育不断发展，经济对教育的决定作用主要表现在以下几点。

（1）经济发展是教育发展的物质基础　一般而言，一个国家教育水平的发展速度取决于经济发展的状况。因为无论办哪种类型或级别的教育，总要有一定的经济条件，要有一定的人、财、物。不仅需要教育资金，还要有教育所需要的学龄组人口和其他人才资源，以及各种物质技术设备、物质资源。如果离开一个国家一定时期的经济发展水平和经济力量，随意和盲目地发展教育，就必然会违背经济与教育之间的客观规律；同时，经济发展水平和经济力量不仅为教育发展提供了物质技术前提和可能，而且也对教育发展提出了需求。这种需求既有社会方面的，也有个人方面的。社会要求教育能够伴随着经济的发展和增长而得到相应的发展和提高，以保证为社会经济提供足够数量的、合格的、结构合理的劳动力；而社会上每一个人在文化、科学、教育等方面的需要，也是伴随着社会经济的发展，伴随着人均收入的增加而不断提高和增长的。在生产力水平十分低下、经济不发达的条件下，教育水平是极为原始的。当社会生产力发展到一定水平，经济有所发展，社会上出现了剩余产品后，才出现了学校教育。学校教育物质条件好坏、教育制度完善的程度是与经济提供的物质条件直接相关联的。经济发展，物质基础雄厚，增加教育支出也就有可能。随着现代生产和经济的发展，人们对教育的要求就会越来越高，可能性也越有保证。

（2）经济决定着教育发展的规模和速度　经济发展水平对教育发展的规模和速度有着直接影响，起着直接的决定作用。教育部门培养多少劳动力、培养多少从事简单劳动的劳动力、多少从事复杂劳动的劳动力、多少脑力劳动者以及各种专门人才等，以什么样的比例和速度增长以及它们之间的合理结构，都不能凭人们的主观意志决定，而是要取决于社会经济和生产的发展需要。例如在大机器生产之前，学校教育不仅规模小，而且发展速度很缓慢，学校教育只被少数人所享受。大工业机器生产后，教育开始冲破家庭教育的范围，扩大了教育规模，加快了发展速度，许多国家开始实行全民的普及义务教育。不但如此，而且随着生产力和经济的增长，普及义务教育年限逐渐延长。

经济发展水平与教育专业设置的内容、规模、速度也有很大关系。在经济落后的古代社会，教育主要是传授直接生活经验和生产经验，学校开设的课程门类很少，自然科学内容更少。而到现代，经济结构、产业结构、劳动组织都发生了剧烈变动，从而使劳动者面临着更为频繁的职业流动和劳动内容的变更，这就要求劳动者不断更新自己的知识技能，教育专业的设置也要相应变动。比如在我国经济向社会主义市场经济迈进过程中，财会、市场、金融、外贸等专业已经受到人们重视，这些学科专业的规模及课程也就相应扩大和更新。

16.2　教育与生活水平

教育作为提高人民综合素质和民族振兴的基石，对社会的稳定和综合国力的增强有着重要的影响，越来越受到世界各国的重视。在全面建设小康社会的中国，研究教育水平和人民生活水平的关系就具有极为重要的现实意义。

（1）教育能够有效地控制人口数量　教育能使人们从根本上改变传统的人口观念。传统的人口观念把人口数量简单地等同于生产力，等同于财富增长，与此相适应的是多子多福、养儿防老、有子不会穷的观念。人们在这种人口观念的支配下，必然强调人口数量的增长。

尽管这种观念从根本上说是由传统的生产方式以及经济社会发展水平决定的，但也直接与人口生产者受教育程度低下相关。教育程度的低下，决定了人们对人口与经济、人口与社会、人口的数量与生活的质量等一系列基本问题缺乏科学的认识。只有随着接受教育程度的提高，人们才能从根本上认清人口与经济、数量与质量等一系列关系，才能把人口的增长与社会、经济的发展协调起来，从而具有自觉的行为及自我调节能力。因为只有教育程度的提高，才能激起对新生活追求的欲望，对生活质量提高的向往，才会使人们逐渐认识到随着经济社会的发展和生产方式的变革，财富的增加主要不是取决于人口的数量，而是取决于人口的质量，形成自觉的人口生产调节、约束能力，从而有效控制人口数量增长，为人口质量的提高奠定前提和基础。

（2）教育能够改变人们对于生活内容的认识　教育不仅能改变和提高整个人口的质量，而且能够根据经济社会的发展有目的地设计、塑造人口的素质，使之不断适应经济社会可持续发展的需要。人口素质是指在一定的社会生产力条件下、一定社会制度下人们的思想水准、科学文化水平、劳动技能以及人的身体素质。随着经济社会的发展，除了身体素质，劳动者的技术、文化等方面的作用越来越重要。教育的发展则是人口素质提高的关键。随着人们受教育程度的提高，人们对生活内容的认识就会发生根本的变化，文化生活、精神享受以及广泛的兴趣的培养，使得人们的生活更加丰富多彩，更加有滋有味。使得人们在工作之余，有所乐，有所享，提高人们的精神文化生活水平，在娱乐之余又能陶冶情操。

（3）教育能够优化人口结构和经济结构　教育不仅是提高人口整体素质的关键因素，而且能直接改变、提高和优化人口的智力、技能结构，从而为一个国家和地区的经济结构优化奠定基础，促进产业结构的升级换代。教育能够培养适应经济结构变动比例的各种人才，提高和优化人口的智力、技能结构，达到优化经济结构的目的。这是因为，在生产发展过程中，生产资料与劳动力相结合，二者之间不仅存在一定的数量关系，而且存在一定的质量关系。不同部门、产业的装备率及技术装备的质量不同，对掌握这些装备的劳动者的文化程度的要求也不相同。一般说来，装备率、装备质量越高，对劳动者文化程度的要求也越高。经济增长和结构变动对不同文化程度劳动者的需求，要求教育培养的各种人才要保持与之相适应的比例，通过优化教育程度结构来优化经济结构，从而促进经济发展。

（4）教育对生活质量及收入有一定影响　教育作为提高人民综合素质和民族振兴的基石，对社会的稳定和综合国力的增强有着重要的影响，越来越受到世界各国的重视。在全面建设小康社会的中国，研究教育水平和人民生活水平的关系就具有极为重要的现实意义。从《中国人口和就业统计年鉴》以及第四次到第六次全国人口普查公布的数据中整理出的数据见表16-1。

表 16-1　全国就业人口受教育程度统计/%　　　　　　　　　　　单位：%

年份	未上过小学	小学	初中	高中	大专及以上
1992 年	19.54	40.17	28.91	9.10	2.30
1993 年	19.53	40.17	28.90	9.10	2.30
1994 年	21.10	30.86	33.12	11.87	3.05
1995 年	23.93	38.44	27.28	8.28	2.07
1996 年	15.62	41.28	31.46	9.41	2.23
1997 年	14.16	40.66	32.06	10.38	2.74
1998 年	13.71	39.79	33.04	10.67	2.79

续表

年份	未上过小学	小学	初中	高中	大专及以上
1999 年	13.37	38.50	34.33	10.71	3.09
2000 年	7.37	39.17	37.26	12.23	3.96
2001 年	10.13	36.28	36.84	12.37	4.38
2002 年	10.23	34.96	37.65	12.45	4.71
2003 年	9.68	33.42	38.04	13.37	5.49
2004 年	9.16	32.38	39.29	13.39	5.77
2005 年	10.37	33.28	38.35	12.44	5.56
2006 年	8.79	33.07	38.99	12.93	6.22
2007 年	8.01	31.79	40.22	13.41	6.56
2008 年	7.50	31.17	40.94	13.69	6.70
2009 年	7.12	30.13	41.67	13.80	7.29
2010 年	4.41	28.92	41.88	15.15	9.64

资料来源：2000 年、2010 年的数据来源于第五次和第六次全国人口普查所公布的数据，其余年份的数据来源于《中国人口和就业统计年鉴》。

随着时间的变化，教育收益率对人们收入的影响越来越大，同时，教育公平对综合教育水平的影响也是显而易见的。结合教育基尼系数和教育收益率两个教育指标可以分析得出，促进教育公平有利于减少人们的贫富差距，对于普遍提高人民素质和促进社会和谐有着重要意义。中央政府在加大教育投资时，要充分考虑不同地区的教育实际情况，合理分配投资额；同时适当分权给各级地方，使其能够根据本地现阶段教育发展水平制定相应的教育政策。要持续稳定地提高人们的生活水平，实现全面建设小康社会的目标，必须重视教育的作用，我国将科教兴国战略作为现代化建设的重要战略之一是十分必要的。在人们的受教育水平综合分析中，可以看出人均受教育年限和大学生入学率对教育综合水平有着极为重要的影响。这就要求政府在继续普及九年义务教育和发展高等教育上做出更大的努力，尽管我国逐年加强教育的投资力度，但与发达国家的平均水平相比，仍有较大差距，因此应继续增加教育投资，让更多的人有学可上，上得起学。在资金的逐级下拨中，也要加强监督管理力度，建立健全教育资金体系，专款专用，切实落实到实际的需要中。

16.3　教育与环境

16.3.1　环境产业的定义及内涵

"环境产业"的定义有狭义和广义两种。狭义的环境产业的定义为在污染控制与减排、污染清理以及废弃物处理等方面提供设备与服务的产业部门。此定义揭示的环境产业的内涵是对污染进行终端处理或者控制的产业部门，而其所涉及的环境产品的使用功能与环境功能主要是针对于工业污染。在原国家经济贸易委员会 1999 年提出的《关于做好环保产业发展工作的通知》中给出了环保产业的定义：是以防治污染、改善环境为目的所进行的各种经营活动。其含义是防治污染、改善环境，界定环保产业的本质属性在于对环境污染的末端治理，降低其已形成的污染，特别是工业污染。广义的环境产业既包括在测量、防止、限制及克服环境破坏方面生产和提供有关产品与服务的企业，也包括能使污染排放和原材料消耗最小量化的洁净技术与产品。目前我国普遍采用的环境产业的广义定义为：环境产业是国民经济结构中以防治环境污染、改善生态环境、保护自然资源为目的所进行的技术开发、产品生产、商业流通、资源利用、信息服务、工程承包、自然保护开发等活动的总称，是防治环境污染和保护生态环境的技术保障和物质基础。其内涵是防治污染、改善生态环境、保护自然资源、有效利用生态资源，将环境产业的本质属性拓展为对环境污染进行全面控制和治理，涵盖末端治理、清洁生产、资源综合利用、绿色产品等具体内容。

16.3.2　教育促进环境产业的发展

近年来，在政府不断加大投入的政策刺激下，伴随着工业发展产生的大量市场需求，我国环保产业始终保持着较快的增长水平，环保产业产值和投资规模双双迎来高速增长。由赛迪顾问股份有限公司发布的《中国环保产业投资策略》指出，"十一五"期间，中国环保产业产值规模增长率达到 $15\%\sim22\%$，截至 2010 年，环保产业产值规模超过 1 万亿元。预计在"十二五"期间，环保产业的投资将占 GDP 的 1.5%，投资总额达 3.1 万亿，较"十一五"翻一番还多。据 2010 年 6 月环境保护部发布的《中国环境状况公报》显示，2009 年，环境保护部共接报并妥善处置突发环境事件 171 起，比 2008 年增加了 26.7%。其中，水污染和大气污染事件最多，分别发生 80 起和 61 起。此外，土壤污染事件 16 起，固体废物污染事件 3 起，海洋污染事件两起，其他类型环境污染事件 9 起。

环境产业属于高新技术产业，技术是环境产业生命的源泉，产业运行的过程中对于环境技术有高度的依赖性，对于面向末端处理的狭义环境产业而言，主要依靠污染物成分的分析技术、污染监测技术、针对特定污染物的污染治理技术。对于广义的环境产业而言，主要依靠建立在对生产流程与环境影响关系分析技术上的清洁生产技术，在不改变产品使用价值的前提下，突出环境功能的绿色产品技术，提高资源利用效率的资源循环利用技术，实现能源代替的新能源开发技术等。环境技术市场的规模很大，是发达国家环境产业市场的重大领域。目前，全球环境技术市场需求约 3000 亿美元，占全球环境市场总需求的一半，也反映出环境产业运行对于技术有高度的依赖性，也需要大批的专业人员。环境产业的发展需要专业人员的参与，教育培养环境专业人员成为环境产业发展的源源不断的动力。受到较好的教育能够激发人的创造性。目前国际环境产业运行、发展的历史说明，环境管理制度创新对于实现环境产业的经济效益、提高产业绩效有着重要的作用。环境设施市场化运营机制的核心是在对环境资源和污染治理服务科学定价的基础上，利用成本效益机制，促使企业进入环境设施运营领域，实现污染治理社会化、集约化，提高环境产业的经济效益，提高环境资源的配置效益，这便需要不断进行创新，对于制度的创新，需要对环境产业管理有较高的认识，这些认识来源于学习，来源于教育，不仅仅包含着学校教育，也包含着自我教育，自我成长。只有对于科学知识有着深层次的理解，才能够提出科学的创新方法。教育为环境产业的制度创新保驾护航。

16.4　中国教育可持续发展措施

16.4.1　中国高等教育可持续发展

我国高等教育的发展，要求把工作重点放在提高质量上。高等学校要用科学发展观统领高等教育工作全局，科学定位，特色强校；内涵发展，提高质量；深化改革，加强管理，努力推进高等教育的可持续发展。我国高等教育可持续发展的主要措施如下。

（1）科学定位，特色强校　目前我国高校发展存在的重大问题之一，就是发展目标趋同、学科结构趋同。如何引导各个高校科学定位、各安其位，明确优势、突出特色，如何通过人才培养、科学研究、社会服务彰显学校的办学特色，以特色强校，是提高高校办学质量的重大战略问题。

① 准确合理科学定位。高校的发展定位必须充分考虑学校类型、层次、学科、特色、功能、区域、规模等因素，尽量避免办学指导思想和学科的同构化，实现办学定位多样化和个性化。要根据社会实际需要和高等学校的整体分布，确定自己的服务面向、专业侧重、学校类型、办学层次等基本方向，打造自己的教学风格、治学精神、校园风貌和管理制度，形成独具社会品牌效应的发展模式。

② 努力突出办学特色。办学特色是高校核心竞争力的主导因素，是高校发展的生命力和前进动力所在。突出办学特色，就要在观念上强化意识，在认识上有所深化，在实践上有所作为，在发展中有所创新，在我国高校的办学规模和层次普遍得到提升的背景下，一些高校依然存在着贪大求全、盲目攀比的心态。确立和实践特色发展战略，走特色强校之路，应当成为高校发展的本质追求和必然选择。

（2）内涵发展，提高质量　近几年来，随着我国高等教育改革和发展的不断深入，把发展重心由规模扩大和外延扩张转移到提高质量、走内涵发展道路上来，已经成为高校发展的必然趋势。着力于质量与效率的提高和管理机构的优化，深入挖掘并形成学校内部的发展潜力和发展机制，追求规模、质量、结构、效益相统一，推动学校全面协调可持续发展。

① 切实提高教育教学质量。切实从量的扩张转到质的提高，成为当前高等教育最为重要和紧迫的任务。高校要始终抓住教育教学质量这条生命线，始终突出教学工作这个中心，培养全面发展、具有创新精神和实践能力、高素质的专门人才。

② 积极抓好学科专业建设。学科与专业是高校发挥人才培养、科学研究和社会服务三大功能的基本平台，是衡量学校办学水平和办学层次的主要指标。要充分发挥学科与专业建设在连接人才培养与社会需求上的纽带作用，适应经济社会发展的需求，切实推动学科调整，优化专业设置，注重新兴学科和交叉学科的发展。

③ 大力加强人才队伍建设。人才是高校第一资源，是关系到学校各项事业发展的关键性因素。没有稳定的、高水平的、结构合理的人才队伍，学校的教育教学质量无以保障，内涵发展无从谈起。无论是高水平的研究型大学，还是以培养应用型人才为主的教学型大学，都必须大力实施"人才强校"战略，努力建设结构合理、素质优良的教师队伍和高效务实的管理干部队伍。

（3）深化改革，加强管理　管理是科学，也是生产力，管理出质量，管理上水平。必须充分用好有限的投入增长，真正把学校管理当成一项事业来做，认真规划，精心操作，就能实现办学规模、结构、质量、效益的协调发展和学校的良性运行及可持续发展。因此，加强管理，不断提高管理的精细化水平是促进学校深层次发展的必然选择。

（4）建设和谐校园，正确处理改革、发展、稳定的关系　和谐是稳定的最高境界，只有以和谐为核心，才能正确处理改革、发展、稳定的关系；同时，和谐不是一团和气，更不是停滞不前，只有发展才能协调解决各种矛盾，只有发展才能解决各种问题，只有发展才能赢得真正的、持久的和谐局面。

16.4.2　中国职业教育可持续发展

改革开放 30 多年来，中国职业教育事业取得了历史性的重大突破，进入到一个新阶段。中等职业教育在一系列国家利好政策推动下，连续几年实现扩招，2008 年招生规模突破 800 万，在校生规模超过 2000 万，基本实现与普通高中规模大体相当的目标。高等职业教育规模也迅速扩大，占据了高等教育的"半壁江山"。各地积极开展各种形式的职业培训，每年接受培训的城乡劳动者多达1.5亿人次。据2009年4月全国人大教科文卫委员会组织的一项涉及七省区的职业教育专项调研显示，2001～2008年，全国共累计培养中职、高职毕业生分别达到3500万人和1000万人。

改革开放30多来我国职业教育事业所取得的历史性成就如下：一是职业教育在我国经济社会发展和教育工作中的战略地位得到确立；二是职业教育规模不断扩大，结构更加合理，具有中国特色的现代职业教育体系初步建立；三是职业教育服务经济社会的能力不断增强，为社会主义现代化建设培养了大批高素质劳动者和技能型专门人才；四是职业教育办学思想实现了重大转变，改革发展职业教育的思路更加清晰；五是职业教育教学改革不断深化，教育质量和办学效益明显提高；六是职业教育经费投入不断增加，职业院校的基础能力建设取得明显成效；七是建立健全了职业教育学生资助政策体系，有力地推动了教育发展和教育公平；八是职业教育法制建设取得重大突破，逐步走上了依法治教、规范办学的道路。

职业教育既是教育体系的重要组成部分，又是经济社会发展的重要条件，具有鲜明的职业性、社会性和人民性。大力发展职业教育，是转型期经济发展的迫切需要：首先，工业化进程的加快，要求培养一大批高素质技能型人才。工业化国家的实践证明，职业教育是实现工业化和现代化的重要支柱，没有发达的职业教育作支撑就不可能实现工业化和现代化。其次，我国信息化进程的加快，要求加快提高职业教育人才培养质量。随着信息化进程加快，产品周期和技术周期缩短，高新技术的产业化和产业结构的提升加快，对劳动者的技术应用能力提出了新要求，对一线劳动者技能更新的要求不断提高，职业培训需求量不断增加。再次，城市化进程的加快，要求职业教育增强服务"三农"的能力。我国目前有将近2亿的农民从农业岗位向城镇职工岗位转移，由于文化程度和技能水平低下，影响了他们的生存、发展和权益保障，这为"三农"服务目标也为职业教育的发展提出了新要求，带来了新机遇。没有经济发展对职业教育的强大需求，就不可能实现职业教育的可持续发展。

16.4.3　中国教育可持续发展途径

在经济可持续发展的基础上，实现社会、环境的可持续发展，当务之急，就是要解决教育的改革与发展这一人类进步的基本问题，实现中国教育的可持续发展。

（1）拓宽资金筹集渠道，加大教育投入力度　知识经济的发展主要依赖于知识创新，而知识创新直接依赖于教育的发展。要抓住知识经济的机遇、实现经济的跳跃式发展决定了在中国确立知识经济战略的同时，必须确立教育适度超前发展的战略，这一战略的主要内容就是：教育优先发展；教育适度超前发展；教育率先实现现代化。

要实现教育的适度超前发展，就必须拓宽资金筹集渠道，加大教育的投入。教育经费紧张是制约我国教育发展的客观因素，长期以来，我国教育发展基本上靠国家投入，游离于市场之外，教育、科技与经济发展严重脱节，也是我国教育发展落后的重要原因。因此，必须深化教育体制改革，通过多种渠道筹集教育发展资金。

（2）加强素质教育，大力开展职业教育　应试教育曾经适应工业经济的内在要求而存在并产生过积极的作用。21世纪的经济社会可持续发展和知识经济的新的挑战，对教育提出了更紧迫及更高的要求，也就内在地要求素质教育与其相适应。具体来说，一是经济社会的现代化对人才培养目标提出了新要求；二是经济社会可持续发展战略对人才提出综合文化素质的要求；三是市场经济的发展，需要国民素质和价值的支撑；四是素质教育构成知识经济发展的人才素质基础。教育要培养具有创新意识和能力的新型人才，使他们具有多种知识的综合及多元文化的融合能力，运用现代技术手段获取新知识的能力，把知识转化为现实财富的观念和能力。中国经济社会的可持续发展，除了要重点加强素质教育以外，还要大力开发利用职业教育。

（3）完善普及义务教育，加强高等教育的改革和发展，实现高等教育的产业化　教育不是面向少数人，而应该面向全体国民，提高全体国民和劳动者的素质。一方面是因为人类社会迈进信息社会和知识经济时代，经济结构、产业结构、社会结构的调整变革，要求全体国民的科学文化水平必须相应提高；另一方面，全民对教育机会均等的要求，符合现代社会的特征和发展趋势。这正是普及义务教育的意义所在。从中国目前教育的现状来看，一是要全面彻底地普及 9 年制义务教育，二是要争取早日实现 12 年制义务教育。高等教育既是培养造就富有创新意识和能力的人才的摇篮，又是未来社会高新技术的源头。因此，必须加强高等教育的发展，加快高等教育的改革。加强高等教育的改革和发展，就是要实现高等教育的综合化、社会化和信息化。促进高等教育与科研的结合，加强高等学校与企业的密切合作，实现高等教育的产业化。

（4）利用现代信息技术，率先实现教育的现代化　新的信息技术正在从根本上改变教育的原始模式，一种通过信息高速公路传递信号的高清晰度电视、多媒体个人电脑等实现的远程教学正在世界范围内扩展，通过国际互联网而进行远程教育已成为现实。教育的现代化不仅只是教学设施、手段的现代化，也包括教育质量，尤其是教育思想、内容的现代化。

（5）发展继续教育，构建终身教育体系　继续教育或者说终身教育，是与经济社会可持续发展的客观要求相适应的，只要人还活着教育就应该是继续不断的过程。终身教育超越了原学校教育在受教育时间上的限制，也超越了教育只在学校进行的空间上的限制，使教育成为一种既没有时间限制，又不受空间限制的社会性"大教育"。我们之所以要发展继续教育，构建终身教育体系，是由当代科学技术发展的新特点和国际经济环境的变化决定的。当代科学技术的新特点主要表现为：科学技术发展速度越来越快，新技术的出现与更新换代速度加快，科技成果转化为社会生产力的周期越来越短；国际经济环境变化主要包括竞争加剧、科学技术快速发展、新的工作方式的出现、产业重组明显加快，我们再也不能一劳永逸地获取知识了，而是需要学习如何去建立一个不断演进的知识体系。

第17章 农村教育与可持续发展

17.1 农村教育在可持续发展中的意义

任何一个国家要实现现代化，农村教育都具有基础性、全局性的重要作用。农村人口众多，他们受教育的程度决定着一个国家教育的整体水平。要提高一个国家的教育水平，必须先从农民抓起。无论是美国的"教育平权运动"，还是印度的"民众科学运动"，以及南美、非洲、东南亚一些国家推行的"平民教育运动"，都是为了在广大农村和社区普及文化、卫生、科学知识，保障社会底层民众平等接受教育的权利。发达国家早已普及了义务教育，但仍然十分重视在农村进行扫盲和普及教育。美国至今还认为，乡村教育对美国未来的繁荣至关重要，要加大力度促进美国乡村教育发展。中国有13亿多人口，超过半数生活在农村，一半以上的学龄儿童在农村。农村教育发展了，农民素质提高了，就会形成巨大的人力资源优势；相反，如果农村教育跟不上，众多的人口就会成为发展的巨大压力。农村教育在我国可持续发展中具有重要的意义。

(1) 农村教育是实现农村现代化的根本保证　农业文明向现代文明的过渡离不开教育。迄今为止，在人类社会发展史上，人类文明经历了以土地和人力为基础的农业经济形态，以机器和资本为基础的工业经济形态。进入21世纪，人类文明正在迈向以知识和信息为基础的知识经济形态。不同经济形态的生产力对资源的需求和依赖程度是不同的。在农业经济形态中，生产力需求表现为对以土地为中心的自然资源和劳动力（劳动者体力）的依赖，社会经济发展的资源消耗主要表现为劳动者体力的消耗和以土地为代表的自然资源浅层次的消耗。在工业经济形态中，生产力需求表现为对大规模机器体系和自然资源的依赖，社会经济发展的资源消耗主要表现为人类利用大规模机器体系大量消耗自然资源，生产力水平大为提高。在知识经济形态中，人类从以自然资源消耗为主转向以劳动者的智力消耗为主。正如美国著名发展经济学家舒尔茨指出的："人类的未来并不完全取决于空间、能源和耕地，而是取决于人类智慧的开发。"在知识经济中，以知识为基础的产业正逐步上升为社会的主导产业。技术密集、智力密集产业的就业比重显著上升，就业机会倾向于技术密集的群体，经济的分配也主要以对知识的占有量为基础。人才资源已成为最重要的战略资源，其数量和质量是经济增长和社会发展的关键因素。要使农村摆脱贫困，必须促使其经济形态发生转变，而实现其经济形态转变的唯一途径是提高农村人口素质，开发农村人才资源。随着经济走向现代化，第一产业必须从传统的粗放耕作走向集约经营，从传统的手工劳动走向科技农业，最终实现高效、优质、高产、生态农业，这不仅是一场产业的深刻革命，而且是一场生态型的绿色革命。这一革命不仅从根本上改变着农业的经营方式、管理方式、技术基础，而且还从根本上改变着农业的内在结构，单就这一系列的变化而言，它就要求第一产业的劳动者具有相应的现代农业技术、生物工程、化学工业等一系列的知识和技能，而离开现代教育的发展这些都是根本不可能的。农业的现代化与其说是一场产业革命，不如说是一场知识革命、劳动者素质的革命，也是一场教育的革命。

(2) 教育是推动城镇发展的根本保证　农村教育是关系全局的大事，是国民教育体系的重中之重。农村教育并非只服务于农村，它更多的是服务于农商企业，也是一种综合性教育。新中国成立以来，我国农村教育为城镇的发展输送了大批优秀人才，那是一种大公无私的"输送教育"，这些人才为城市的发展作出巨大的贡献。农村教育是我国城镇发展不可缺少的支撑。

（3）加快发展农村教育是解决"三农"问题的重要途径　农村教育的落后，源于农村广大农民受教育水平和受教育机会明显落后于城市和发达地区。发展经济学家刘易斯认为，解决"三农"问题的唯一途径就是加快发展农村教育。一是加快发展农村教育提供人才支撑。教育能够提高农村劳动者的综合素质和生产能力，促进知识的生产、传播、分配和使用，能够使农村潜在的自然资源优势、人力资源优势转化为竞争优势和发展优势。二是加快发展农村教育能够为解决"三农"问题提供技术支撑。技术具有报酬递增性质，是经济持续增长的源泉，而知识积累和技术进步的源泉则是教育。"授人以鱼，不如授人以渔。"发展教育，提高农民的素质就是"授人以渔"，是教会农民谋生增收的手段。

17.2　我国农村教育

随着新农村建设的提出，农民教育与新农村建设的关系问题成了学术界研究的热点。农民教育将在新农村建设中发挥着前所未有的先导性和基础性作用。建设社会主义新农村，需要丰富的人力资源，需要千千万万高素质农民来发挥他们的主体作用。我国农村教育发展的最大问题依然是总量问题，也就是教育资源供给不足，特别是优质教育资源不足，与城市形成很大反差。要在巩固已有成果的基础上，促进农村各级各类教育协调健康发展。当前，我国农村义务教育已经站在新的历史起点上，初步解决了农村孩子"有学上"的问题，但也面临一些新情况、新问题，比较突出的是留守儿童和农民工随迁子女教育问题，以及学校撤并引起的少量孩子辍学问题等。这是我国工业化、城镇化进程加快和农村富余劳动力向外转移的阶段性产物，也是今后一个较长时期我们面对的突出问题，必须引起高度重视。

① 农村留守儿童教育问题。农村留守儿童数量超过 2000 万人，他们的最大问题是亲情缺失。各地搞的"寄宿制""代管家长制""亲情沟通平台"等都是有效措施。但目前以政府为主导的关爱服务体系尚不健全，各地工作开展也不平衡；留守儿童对老人"逆向监护"、留守女童更需特殊关注等新问题不断产生。今后的工作重点，是要以政府为主导，加大对农村留守儿童的关爱和服务工作力度。农村寄宿制学校要配齐、配好生活和心理教师以及必要的管理人员，满足农村留守儿童的需要。鼓励开展"代理家长""爱心妈妈""托管中心"等关爱活动，加强留守儿童心理健康教育，丰富农村留守儿童的课外、校外生活。总之，要努力为留守儿童的健康成长创造良好环境。

② 农民工随迁子女教育问题。为了解决农民工随迁子女就学难的问题，国家出台了一系列政策，明确提出了以输入地政府管理为主、以全日制公办中小学为主，即"两为主"的政策，并要求在收费、受资助等方面与当地学生一视同仁，保障他们平等接受义务教育的权利。近两年，中央财政每年投入 50 亿元左右专项经费，用于补充接受农民工随迁子女的学校公用经费和改善办学条件等。但应该看到，保障农民工随迁子女"上好学"的任务依然十分艰巨，社会各界对此高度关注。下一步工作重点，是对农民工随迁子女义务教育做到"两为主"加"全覆盖"。要逐步健全农民工随迁子女义务教育公共财政保障机制，由输入地政府负责规范、扶持以接收农民工随迁子女为主的民办学校。抓紧研究制订农民工随迁子女接受义务育后在输入地参加升学考试的办法，加强对农民工随迁子女心理、文化、习俗等方面

的引导和教育，使他们更好地融入输入地的学习和生活中。

③ 办好寄宿制学校和村教学点。我国抓寄宿制学校已经有些年头，从实践看效果很好，有利于集中使用教育资源，也有利于保证教学质量。这项工作既要常抓不懈，又要因地制宜。总的看，投入要逐步加大，规模要适当扩大，水平要尽快提高。关于村教学点的问题，也要有正确的认识，我们的目标是要让每一个孩子都有学上。如果因为学校撤并、上学路途遥远而使孩子们辍学，那与我们的政策方针是背道而驰的。世界各国都有一些规模很小的学校，有的甚至只有几个学生，如果广大农村群众和农村孩子确有需求，有的村教学点还是要坚持办，而且要办好，这件事在山区、边远地区、牧区尤为重要。

④ 城乡差距显著。当前，我国农村普通高中教育与城市相比差距明显，面临着许多困难和问题：不少农村高中办学条件不足，教学资源比较匮乏，大班额、超大班额现象还比较普遍，实验设备、图书资料、信息化设施等明显赶不上城市；办学经费紧张，"吃饭靠财政、运转靠收费、建设靠举债"的现象还普遍存在，尚未建立起完善的经费投入机制；办学模式趋同，应试教育倾向比较严重，"千校一面"和片面追求升学率的问题突出，学生的负担和学习压力大。当前，农村职业教育办学条件薄弱、资源不足，农村职业教育和涉农专业教师数量严重短缺，国家中等职业学校资助和免学费政策有待完善，许多民族地区学生和家庭困难学生接受中等职业教育仍有困难。

17.3   实现农村教育可持续发展的道路

17.3.1   深入推进农村义务教育发展

2011年所有省（自治区、直辖市）通过了国家"普九"验收，我国用25年全面普及了城乡免费义务教育，从根本上解决了适龄儿童少年"有学上"问题，为提高全体国民素质奠定了坚实基础。但在区域之间、城乡之间、学校之间办学水平和教育质量还存在明显差距，人民群众不断增长的高质量教育需求与供给不足的矛盾依然突出。深入推进义务教育均衡发展，着力提升农村学校和薄弱学校办学水平，全面提高义务教育质量，努力实现所有适龄儿童少年"上好学"，对于坚持以人为本、促进人的全面发展，解决义务教育深层次矛盾、推动教育事业科学发展，促进教育公平、构建社会主义和谐社会，进一步提升国民素质、建设人力资源强国，具有重大的现实意义和深远的历史意义。各级政府要充分认识推进义务教育均衡发展的重要性、长期性和艰巨性，增强责任感、使命感和紧迫感，全面落实责任，切实加大投入，完善政策措施，深入推进义务教育均衡发展，保障适龄儿童少年接受良好的义务教育。

17.3.2   继续大力发展农村普通高中教育和中等职业教育

必须大力加强农村普通高中教育。一要支持农村地区，特别是"普九"较晚的中西部农村地区、民族地区进一步扩大普通高中办学规模，提高普及水平，满足初中毕业生接受高中教育的需求。同时，全面改善农村普通高中学校办学条件，使其全面达到国家规定的基本办学条件标准，缩小与城市学校的差距。二要完善以财政投入为主、其他渠道筹措经费为辅的投入机制，制定普通高中学校生均经费基本标准和生均财政拨款基本标准，逐步提高财政预算拨款占农村普通高中教育经费的比例。要将普通高中学校债务纳入地方政府性债务范围，统筹研究解决。三要推动农村普通高中教育多样化、特色化发展，改变以往过于注重升学的倾向，提高课程的多样性和选择性，满足不同潜质学生的发展需要。

职业教育是面向人人、面向就业的教育。学一门技能、增加就业能力对许多农村孩子来说，既是迫切要求，也是现实选择，大力发展农村职业教育就显得尤为重要。在这方面要做好五件事：一是尽快将中等职业教育免学费范围扩大到所有农村学生，鼓励和引导更多的初中毕业生接受中等及以上职业教育。二是建设好一批农村职业学校和涉农专业，国家将利用国债资金，支持各地根据需要改扩建符合标准的农村职业学校。三是健全现代职业教育体系，使职业教育办学规模、专业设置、课程体系、评价考核与经济社会发展相适应。四是大力推广"工学结合"、"校企合作"的办学模式，加大政策扶持力度，吸引更多的毕业生投身现代农业和新农村建设。五是加大农村职业教育和涉农专业新教师培养力度，采取多种有效措施，吸引和保证更多的优秀毕业生到农村职业学校和涉农专业任教。

17.3.3　加快发展农村学前教育

学龄前阶段是人生最重要的启蒙时期。国际经验表明，公平的学前教育机会意味着人生起点的公平，有利于消除贫困、减少社会差距、促进社会公平。因此，大力发展学前教育特别是农村学前教育，为每个儿童提供良好的人生开端，是关乎教育公平、社会稳定和民生改善的重大工程，也是影响未来国民素质和综合国力的重大问题。但目前我国农村学前教育资源严重短缺，财政投入不足，办园条件较差，师资队伍不健全，农村地区"入园难"比城市更加突出。农村学前教育是我国整个教育发展的最薄弱环节。2010 年，国务院下发了《关于当前发展学前教育的若干意见》，明确了支持学前教育发展的相关政策，启动实施农村学前教育推进工程。国家将设立学前教育发展专项资金，"十二五"期间中央财政将大规模增加资金投入，并带动地方加大投入，大力发展农村学前教育。关键是要坚持公益性和普惠性原则，财政增加投入、家庭合理分担，加快构建一个广覆盖、保基本、有质量的农村学前教育公共服务体系，建设一支符合农村学前教育事业发展需要的幼儿教师队伍，使广大农村儿童特别是留守儿童有机会接受良好的学前教育，健康快乐地成长。

17.3.4　着力提高农村教育质量

提高教育质量是各级各类教育普遍面临的重大课题，也是个难题。农村教育的质量不仅直接决定着我国基础教育的整体质量，也是实现全民教育公平的重要方面。当前，农村教育事业改革与发展总体滞后，教育质量整体不高。主要表现在：教育观念相对落后，以素质教育为目标的课程改革推进困难；教育资源配置总体上短缺，难以支撑课程教学改革的需求，国家规定的课程难以全面落实；教学改革滞后，教师的教学观念和教学方式比较陈旧，应试教育倾向很严重。这些都影响了学生全面发展和综合素质的提升，影响了学生的创新精神和实践能力的培养。农村教育质量的提高尤为迫切。提高农村教育质量，既要靠改善办学条件，又要靠推进教育教学改革。相比而言，教育教学改革任务更加艰巨。我们现有人才培养模式、办学模式和学校制度等由来已久，有其复杂的主客观原因，改变起来绝非易事，也没有现成的路子可走，但要想提高教育质量，不改革肯定是不行的。要树立"全面发展""人人成才"和"多样化人才"的教育理念，坚持育人为本的根本要求，坚持德育为先、能力为重、全面发展的基本方向，做到因材施教、有教无类，尊重并鼓励学生的个性发展和特长培养，也就是要搞"素质教育"而不是"应试教育"，要搞"全民教育"而不是"精英教育"。在激烈的升学竞争的背景下，当务之急是在全社会树立多样化人才观，社会需要各种各样的人才，人人都应成为有用之才。要创新教学方法，注重启发式教育，把学、思、知、行结合起来，引导学生学会做人，学会学习，学会做事。

17.3.5　加大农村教育投入

今后一个时期，国家要继续加大社会事业投入，重点向农村社会事业倾斜，而农村教育更是重中之重。在农村教育投入方面，需要处理好以下三个问题。

① 较大幅度增加投入总量。要按照《国家中长期教育改革和发展规划纲要》提出的要求，到 2012 年实现国家财政性教育经费支出占国内生产总值的比例达到 4% 的目标，保证有更多的资金支持教育发展。同时，要优化投入结构，重点向农村教育、职业教育、学前教育、特殊教育等薄弱环节倾斜。要逐步缩小城乡办学条件差距，逐步缩小城乡之间义务教育学生人均经费的差距，逐步缩小城乡教师收入待遇的差距。要继续完善国家助学制度。对于家庭困难的孩子，要通过多种途径进行帮扶，不让一名儿童因贫困而失学。国家将安排资金，在中西部贫困地区为农村中小学生提供营养补助，让孩子们吃饱吃好。有条件的地方，要把校车制度建立起来，配备最好的车辆和最好的司机，实施最好的管理，为孩子们建起安全的"绿色通道"。

② 完善投入机制，优化资源配置，提高投入绩效。办教育尤其是办农村教育，既要舍得花钱，又要想办法把钱花好。不把投入机制问题解决好，再多的钱也是不够的。近些年来，我们搞了不少教育方面的工程，效果是明显的，但也出现了一些重复建设、资源浪费的问题。有的地方漂亮的中小学新校舍刚建成，但生源却没有了或不够了。完善教育投入体制，大的方向是中央政府要逐步减少各类专项性教育转移支付，增加一般性教育转移支付，给地方政府特别是基层政府更大的支配教育经费的自主权。当然，教育投入仍然放在教育的大盘子里，而不能挪作他用。对现有的一些专项资金要加以整合，统筹使用，提高资金使用效率。

③ 加强城乡统筹。要充分考虑城市化快速发展和农民工子女进城就读等新形势、新变化，优化教育资源配置和学校布局，提高资源利用效率。学校的布局和班级规模要根据各地经济发展、城镇化进程和地域分布等因素，因地制宜，实事求是，合理设置，不搞"一刀切"。既不能出现农村孩子每天跑十几里地上学的情况，也要防止县城、中心镇学校"生满为患"，出现上百人的"大班"。总之，城乡之间的教育资源要整合，学校布局要调整，逐步缩小城乡学校在资源配置上的差异，促进城乡教育资源合理流动。尤其是在义务教育阶段，要积极推进城乡一体化和均衡发展。

17.3.6　创新农村教育管理体制

农村教育要有大的发展，首先要解决体制性、机制性的深层次问题。要以转变政府职能和简政放权为重点，深化教育管理体制改革，提高公共教育服务水平。一是进一步完善农村义务教育"以县为主"的管理体制。应该看到，农村义务教育从过去的"分级办学、分级管理"转向"在国务院领导下，由地方政府负责、分级管理、以县为主"的管理体制，这是一个重大进步。但由于各地经济发展不平衡，一些地方县财政比较困难，预算内教育经费不能及时拨付到位，造成农村学校正常运转困难。对于完善教育管理体制，《国家中长期教育改革和发展规划纲要》指出了一个重要方向，就是加强省级政府教育统筹。对于义务教育达不到省级统一标准的财政困难县，省级财政要负责资金补助和统筹平衡。中央财政对中西部欠发达地区给予适当支持。有条件的地方，可以先行一步，加快探索建立"以省为主"的农村义教育管理新体制。二是切实增加学校办学活力。要逐步改变教育行政部门管理学校的单一方式，综合运用立法、政策指导、规划、拨款、信息服务等措施，减少不必要的直接干预。三是改进教育编制管理。教育编制管理是保证教育质量、合理配置教师资源的基本管理制度。现在，一些地方农村小学反映教师缺乏，一些文体类、科学类、信息技术类课程往往因为没有教师而开不了，这些问题其实就是编制管理问题。长期以来，教育编制是按照"生师比"来确定的，在当前一些地方农村生源下降较快、成班率较低的背景下，编制管理也要解放思想、实事求是、改革创新，按照"总量控制、统筹城乡、结构调整、有增有减"的原则，探索更加科学合理的编制管理办法，可以将"生师比"与"班师比"结合起来统筹安排。总之，编制管理要保证农村学校正常的教学活动，不能因缺教师而使教学内容出现偷工减料的情况。四是支持农村民办教育发展。这不仅可以增加农村教育资源供给，减轻政府压力，也有利于引入竞争机制，促进办学质量提高。目前我国农村民办教育发展尤为滞后，存在一些体制性障碍。

从世界各国实践来看，办教育不可能是政府大包大揽。像在农村学前教育、高中教育、中等职业教育等领域，民办教育其实是大有可为的，甚至有自身优势。各级政府要为城乡民办教育发展创造一个良好的宽松环境，贯彻执行国家有关法律法规，使民办教育在设立、招生、证书发放、财政补助、办学自主权等方面的权益得到保障，使民办学校与公办学校在法律和政策面前一视同仁，形成公办、民办教育共同发展的新局面。民办教育也应该是教育家办学，真正致力于教育事业，不能以营利为目的。

17.3.7　造就高素质的农村教师队伍

有好的教师，才会有好的教育。我国有 900 多万农村教师，他们长期以来工作在艰苦清贫的环境中，恪尽职守，不计名利，默默耕耘，为我国农村教育事业发展做出了不可磨灭的贡献。在一些较为偏僻的乡村，教师不仅是教育事业的支柱，还承担着传播先进文化和科学技术、提高农民劳动技能和创业能力的重要任务。党中央、国务院始终高度关注农村教师的成长。近年来，我国以推进教育公平为重点，在加强农村教师队伍建设方面办了几件大事：一是在 6 所教育部直属师范大学推出了师范生免费教育政策，4 年累计招收免费师范生 4.6 万人，首届 1 万余名毕业生全部落实到中小学任教，90％以上到中西部中小学任教。二是启动实施了"中小学教师国家级培训计划"，2010 年中央财政安排专项资金 5.5 亿元，培训中小学教师 115 万人，其中农村教师占 95.6％。三是实施鼓励高校毕业生到农村任教的"特岗计划"，2006 年以来招聘近 30 万名特岗教师，赴中西部 22 个省区 3 万多所农村学校任教，服务期满特岗教师的留任比例连续两年达到 87％。四是在义务教育学校率先实施绩效工资制度。据调查，绩效工资实施后，农村教师工资增长 34％，明显高于城镇教师工资增速。五是实施边远艰苦地区农村学校教师周转宿舍建设。2010 年以来，中央投入 20 亿元，建设周转宿舍 4 万套。通过实施这些重大举措，农村教师队伍状况有了较大改善。我们也要看到，农村教师队伍建设依然是影响农村教育发展的突出问题，教师的整体素质仍然有待提高，教师的收入和待遇还有待改善，教师管理机制还有待完善。

为此，需要进一步研究和完善相关政策措施：一要完善师范生免费教育，进一步明确政策导向，重点为农村学校培养骨干教师，支持到农村学校任教免费师范毕业生的专业成长和长远发展。二要加大农村中小学教师培训力度，"国培计划"经费主要用于农村教师培训，特别要加强音乐、体育、美术等紧缺薄弱学科教师的培训。三要健全农村教师正常补充机制，在完善"特岗计划"的同时，采取多种措施，为农村学校补充大批高校毕业生。四要建立教师定期轮岗交流制度，推动县域内义务教育学校教师、校长定期轮岗交流。五要鼓励各地建立健全城镇教师支援农村教育制度，并将其作为职称、职务晋升的重要依据，抓好师范生到农村学校实习支教和农村教师置换脱产培训。六要完善教师准入退出制度，严格按照编制正常补充合格的新教师，在试点基础上逐步推进教师资格考试改革和定期注册制度，健全农村教师正常退出机制，解决既超编又缺人的突出矛盾。七要完善激励机制。国务院已作出部署，在全国部分地区开展中小学教师职称改革试点，将中小学教师的最高职称从副高级和中级提高到正高级，这是对广大中小学教师价值的承认，是鼓励更多高学历、高素质人才从事中小学教育的重要举措。建设一支高素质的农村教师队伍，关键在于各级党委和政府。各级政府务必把农村教师队伍建设当作一件紧迫的大事来抓，千方百计改善农村教师的工作、学习和生活条件，让广大农村教师留得住、有发展、受尊重。必须依法保障教师平均工资水平不低于国家公务员的平均工资水平，并逐步提高。要关心农村教师身心健康，落实和完善农村教师的医疗、养老等社会保障制度，加快农村教师周转宿舍建设，有条件的地方可以开发专门面向农村中小学教师的经济适用房。对长期在农村基层和艰苦边远地区工作的教师，要在工资、职称等方面实行必要的倾斜，完善津贴标准。要大力宣传教育战线的先进事迹，让尊师重教蔚然成风。农村教育事业发展，归根结底还要依靠广大农村教师的工作热情和奉献精神。乡村教师的工作岗位既平凡又崇高，献身这种事业的人是具有高尚道德情操的人，是有益于社会的人。教育的目的是要培养德智体美全面发展的人、对社会有用的人。农村教育中尤其应该鼓励学生贴近自然、贴近群众、贴近生活，激励学生热爱家乡、热爱农民、热爱亲人，有志于承担起建设社会主义新农村的重任。

第 18 章　科技创新与可持续发展

18.1　科技创新与经济发展

改革开放以来，我们国家出现了三次科技创新的大潮，把我国的科技发展推向了一个又一个顶峰。第一次科技创新浪潮发生在 20 世纪 80 年代初到 80 年代中期，在世界新科技革命和中国改革开放的大背景下，以中国科学院物理研究所研究员陈春先为代表的一批科技人员，率先走出高墙深院创办科技企业。第二次科技创新浪潮发生在 20 世纪 80 年代末和 90 年代初，1987 年中共中央调研室受中央领导的委托，组织有关单位对中关村的科技企业状况进行了调查，并形成了一份调查报告。1987 年，国务院出台国家火炬计划。1991 年国务院批准成立第一批高新技术开发区。1992 年邓小平同志视察南方讲话的发表，在全国掀起了科技创新热潮。第三次科技创新浪潮始于 20 世纪 90 年代末，并且延续到 21 世纪初。中共中央召开全国科技创新大会以后，全国各地迅速形成了新一轮的科技创新浪潮。

科技创新的发展伴随着经济发展，科技创新是经济可持续发展的主要驱动力。经济学对技术创新的关注始于 20 世纪 20 年代初，主要表现在西方经济学家首先对技术创新进行全面研究，在 1912 年出版的《经济发展理论》中提出了技术创新的概念，并概括为五种情况：①引进新产品；②引用新技术，即新的生产方法；③开辟新市场；④控制原材料的供应来源；⑤实现企业的新组织。技术创新是企业家抓住市场机会，重新组合生产要素即引进新的技术或工艺、开发新的产品或改进的产品、开辟新市场、获得原材料的新供给和采用新的管理方法与组织形式的过程。它的主要动力和目的就是期望在竞争中获得垄断地位，并在垄断维护期间能保持享受超额利润的能力。

从经济学的观点来看，技术创新不仅仅是指技术系统本身的创新，更主要是把科技成果引入生产过程所导致的生产要素的重新组合，并使它转化为能在市场上销售的商品或工艺的全过程。它包括市场调查、研究开发、工程设计、试制和生产过程、规模生产、技术扩散、市场营销等环节的全过程。科技与经济一体化的完整过程，也是新技术在某种经济环境中开发和应用的复杂过程。这是因为，技术创新的本质特征是研究科技开发与经济发展的有效结合与协调发展，它是一种经济行为，在本质上是经济创新。只有在预期收益超过预期成本时，技术创新才得以实现。所以，技术创新的根本目的是推动科技发明创造成果在生产中的应用，促进新市场的开拓，提高生产效率和效益，获得经济收益的最大化，实现经济不断增长。

当代科学技术的发展有四个基本特征，第一是科学技术的知识成爆炸性的增长，不断引发新的科学革命和技术革命。据统计，最近 30 年人类所取得的科学技术成果比过去两千年的总和还要多，依此类推，人类知识总量翻一番的时间在 20 世纪中期大约需要 50 年。而到了 2020 年前后，只需要 73 天。人类在 2020 年所拥有的知识当中有 90% 现在还没有创造出来。科学技术是知识形态的生产力，即是潜在的生产力，它只有通过技术创新及其扩散而进入生产过程，使它和生产紧密结合，才会转化为现实的直接生产力。因此，技术创新是科学技术进入社会生产与再生产运动的基本方式，也是科技进步促进经济社会发展的基本途径。

所以，我们才说，经济持续发展要靠科技创新。科技创新不断出现，就不断引起社会生产与再生产的扩大与发展，推动经济可持续发展。从实践上看，科技进步与创新确实已成为现代经济发展的主要因素。国外学者根据国际通用的道格拉斯函数计算表明，一些发达国家在20世纪初，科技因素在经济增长中仅占5%～20%，而在20世纪末已达到60%～80%。科技进步在发达国家经济增长中起了决定性作用，已成为经济持续发展的主要支柱。而技术创新则能够不断地、长期地推动经济发展，成为经济可持续发展的主要驱动力。

18.2　科技创新与制度改革

改革开放以来，我国科技体制改革紧紧围绕促进科技与经济结合，以加强科技创新、促进科技成果转化和产业化为目标，以调整结构、转换机制为重点，采取了一系列重大改革措施，取得了重要突破和实质性进展。同时，必须清楚地看到，我国现行科技体制与社会主义市场经济体制以及经济、科技大发展的要求，还存在着诸多不相适应之处。一是企业尚未真正成为技术创新的主体，自主创新能力不强。二是各方面科技力量自成体系、分散重复，整体运行效率不高，社会公益领域科技创新能力尤其薄弱。三是科技宏观管理各自为政，科技资源配置方式、评价制度等不能适应科技发展新形势和政府职能转变的要求。四是激励优秀人才、鼓励创新创业的机制还不完善。这些问题严重制约了国家整体创新能力的提高。

深化科技体制改革的指导思想是：以服务国家目标和调动广大科技人员的积极性和创造性为出发点，以促进全社会科技资源高效配置和综合集成为重点，以建立企业为主体、产学研结合的技术创新体系为突破口，全面推进具有中国特色的国家创新体系建设，大幅度提高国家的自主创新能力。

当前和今后一个时期，科技体制改革的重点任务如下。

（1）支持鼓励企业成为技术创新主体　市场竞争是技术创新的重要动力，技术创新是企业提高竞争力的根本途径。随着改革开放的深入，我国企业在技术创新中发挥着越来越重要的作用。要进一步创造条件、优化环境、深化改革，切实增强企业技术创新的动力和活力。一要发挥经济、科技政策的导向作用，使企业成为研究开发投入的主体。加快完善统一、开放、竞争、有序的市场经济环境，通过财税、金融等政策，引导企业增加研究开发投入，推动企业特别是大企业建立研究开发机构。依托具有较强研究开发和技术辐射能力的转制科研机构或大企业，集成高等院校、科研院所等相关力量，组建国家工程实验室和行业工程中心。鼓励企业与高等院校、科研院所建立各类技术创新联合组织，增强技术创新能力。二要改革科技计划支持方式，支持企业承担国家研究开发任务。国家科技计划要更多地反映企业的重大科技需求，更多地吸纳企业参与。在具有明确市场应用前景的领域，建立企业牵头组织、高等院校和科研院所共同参与实施的有效机制。三要完善技术转移机制，促进企业的技术集成与应用。建立健全知识产权激励机制和知识产权交易制度，大力发展为企业服务的各类科技中介服务机构，促进企业之间、企业与高等院校和科研院所之间的知识流动和技术转移。国家重点实验室、工程（技术研究）中心要向企业扩大开放。四要加快现代企业制度建设，增强企业技术创新的内在动力，把技术创新能力作为国有企业考核的重要指标，把技术要素参与分配作为高新技术企业产权制度改革的重要内容。坚持应用开发类科研机构企业化转制的方向，深化企业化转制科研机构产权制度等方面的改革，形成完善的管理体制和合理、有效的激励机制，使之在高新技术产业化和行业技术创新中发挥骨干作用。五要营造良好的创新环境，扶持中小企业的技术创新活动。中小企业特别是科技型中小企业是富有创新活力但承受创新风险能力较弱的企业群体。要为中小企业创造更为有利的政策环境，在市场准入、反不正当竞争等方面，起草和制定有利于中小企业发展的相关法律、政策；积极发展支持中小企业的科技投融资体系和创业风险投资机制；加快科技中介服务机构建设，为中小企业技术创新提供服务。

（2）深化科研机构改革，建立现代科研院所制度　从事基础研究、前沿技术研究和社会公益研究的科研机构，是我国科技创新的重要力量。建设一支稳定服务于国家目标、献身科技事业的高水平研究队伍，是发展我国科学技术事业的希望所在。经过多年的结构调整和人才分流等改革，我国已经形成了一批精干的科研机构，国家要给予稳定支持，充分发挥这些科研机构的重要作用，必须以提高创新能力为目标，以健全机制为重点，进一步深化管理体制改革，加快建设"职责明确、评价科学、开放有序、管理规范"的现代科研院所制度。一要按照国家赋予的职责定位加强科研机构建设。要切实改变目前部分科研机构职责定位不清、力量分散、创新能力不强的局面，优化资源配置，集中力量形成优势学科领域和研究基地。社会公益类科研机构要发挥行业技术优势，提高科技创新和服务能力，解决社会发展重大科技问题；基础科学、前沿技术科研机构要发挥学科优势，提高研究水平，取得理论创新和技术突破，解决重大科学技术问题。二要建立稳定支持科研机构创新活动的科技投入机制。学科和队伍建设、重大创新成果是长期持续努力的结果。对从事基础研究、前沿技术研究和社会公益研究的科研机构，国家财政给予相对稳定的支持。根据科研机构的不同情况，提高人均事业经费标准，支持需要长期积累的学科建设、基础性工作和队伍建设。三要建立有利于科研机构原始创新的运行机制。自主选题研究对科研机构提高原始创新能力、培养人才队伍非常重要。加强对科研机构开展自主选题研究的支持。完善科研院所长负责制，进一步扩大科研院所在科技经费、人事制度等方面的决策自主权，提高科研机构内部创新活动的协调集成能力。四要建立科研机构整体创新能力评价制度。建立科学合理的综合评价体系，在科研成果质量、人才队伍建设、管理运行机制等方面对科研机构整体创新能力进行综合评价，促进科研机构提高管理水平和创新能力。五要建立科研机构开放合作的有效机制，实行固定人员与流动人员相结合的用人制度，全面实行聘用制和岗位管理，面向全社会公开招聘科研和管理人才。通过建立有效机制，促进科研院所与企业和大学之间多种形式的联合，促进知识流动、人才培养和科技资源共享。

大学是我国培养高层次创新人才的重要基地，是我国基础研究和高技术领域原始创新的主力军之一，是解决国民经济重大科技问题、实现技术转移、成果转化的生力军。加快建设一批高水平大学，特别是一批世界知名的高水平研究型大学，是我国加速科技创新、建设国家创新体系的需要。我国已经形成了一批规模适当、学科综合和人才汇聚的高水平大学，要充分发挥其在科技创新方面的重要作用，积极支持大学在基础研究、前沿技术研究、社会公益研究等领域的原始创新，鼓励、推动大学与企业和科研院所进行全面合作，加大为国家、区域和行业发展服务的力度。加快大学重点学科和科技创新平台建设，培养和汇聚一批具有国际领先水平的学科带头人，建设一支学风优良、富有创新精神和国际竞争力的高校教师队伍。进一步加快大学内部管理体制的改革步伐。优化大学内部的教育结构和科技组织结构、创新运行机制和管理制度，建立科学合理的综合评价体系，建立有利于提高创新人才培养质量和创新能力，人尽其才、人才辈出的运行机制。积极探索建立具有中国特色的现代大学制度。

（3）推进科技管理体制改革　针对当前我国科技宏观管理中存在的突出问题，推进科技管理体制改革，重点是健全国家的科技决策机制，努力消除体制、机制性障碍，加强部门之间、地方之间、部门与地方之间、军民之间的统筹协调，切实提高整合科技资源、组织重大科技活动的能力。一要建立健全国家科技决策机制。完善国家重大科技决策议事程序，形成规范的咨询和决策机制。强化国家对科技发展的总体部署和宏观管理，加强对重大科技政策制定、重大科技计划实施和科技基础设施建设的统筹。二要建立健全国家科技宏观协调机制。确立科技政策作为国家公共政策的基础地位，按照有利于促进科技创新、增强自主创新能力的目标，形成国家科技政策与经济政策协调互动的政策体系。建立部门之间统筹配置科技资源的协调机制。加快国家科技行政管理部门职能转变，推进依法行政，提高宏观管理能力和服务水平。改进计划管理方式，充分发挥部门、地方在计划管理和项目实施管理中的作用。三要改革科技评审与评估制度。科技项目的评审要体现公正、公平、公开和鼓励创新的原则，为各类人才特别是青年人才的脱颖而出创造条件。重大项目评审要体现国家目标。完善同行专家评审机制，建立评审专家信用制度，建立国际同行专家参与评议的机制，加强对评审过程的监督，扩大评审活动的公开化程度和被评审人的知情范围。对创新性强的小项目、非共识项目以及学科交叉项目给予特别关注和支持，注重对科技人员和团队素质、能力和研究水平的评价，鼓励原始创新。建立国家重大科技计划、知识创新工程、自然科学基金资助计划等实施情况的独立评估制度。四要改革科技成果评价和奖励制度。要根据科技创新活动的不同特点，按照公开公正、科学规范、精简高效的原则，完善科研评价制度和指标体系，改变评价过多过繁的现象，避免急功近利和短期行为。面向市场的应用研究和试验开发等创新活动以获得自主知识产权及其对产业竞争力的贡献为评价重点；公益科研活动以满足公众需求和产生的社会效益为评价重点；基础研究和前沿科学探索以科学意义和学术价值为评价重点，建立适应不同性质科技工作的人才评价体系。改革国家科技奖励制度，减少奖励数量和奖励层次，突出政府科技奖励的重点，在实行对项目奖励的同时，注重对人才的奖励，鼓励和规范社会力量设奖。

（4）全面推进中国特色国家创新体系建设　深化科技体制改革的目标是推进和完善国家创新体系建设。国家创新体系是以政府为主导、充分发挥市场配置资源的基础性作用、各类科技创新主体紧密联系和有效互动的社会系统。现阶段，中国特色国家创新体系的建设重点：一是建设以企业为主体、产学研结合的技术创新体系，并将其作为全面推进国家创新体系建设的突破口。只有以企业为主体，才能坚持技术创新的市场导向，有效整合产学研的力量，切实增强国家竞争力。只有产学研结合，才能更有效地配置科技资源，激发科研机构的创新活力，并使企业获得持续创新的能力。必须在大幅度提高企业自身技术创新能力的同时，建立科研院所与高等院校积极围绕企业技术创新需求服务、产学研多种形式结合的新机制。二是建设科学研究与高等教育有机结合的知识创新体系。以建立开放、流动、竞争、协作的运行机制为中心，促进科研院所之间、科研院所与高等院校之间的结合和资源集成。加强社会公益科研体系建设，发展研究型大学，努力形成一批高水平的、资源共享的基础科学和前沿技术研究基地。三是建设军民结合、寓军于民的国防科技创新体系。从宏观管理、发展战略和计划、研究开发活动、科技产业化等多个方面，促进军民科技的紧密结合，加强军民两用技术的开发，形成全国优秀科技力量服务国防科技创新、国防科技成果迅速向民用转化的良好格局。四是建设各具特色和优势的区域创新体系。充分结合区域经济和社会发展的特色和优势，统筹规划区域创新体系和创新能力建设，深化地方科技体制改革，促进中央与地方科技力量的有机结合。发挥高等院校、科研院所和国家高新技术产业开发区在区域创新体系中的重要作用，增强科技创新对区域经济社会发展的支撑力度。加强中、西部区域科技发展能力建设，切实加强县（市）等基层科技体系建设。五是建设社会化、网络化的科技中介服务体系。针对科技中介服务行业规模小、功能单一、服务能力薄弱等突出问题，大力培育和发展各类科技中介服务机构，充分发挥高等院校、科研院所和各类社团在科技中介服务中的重要作用，引导科技中介服务机构向专业化、规模化和规范化方向发展。

18.3　科技创新与资源利用

目前国际上公认的创新型国家有 20 个左右，包括美国、日本、韩国、芬兰等。这些创新型国家的特征是：创新综合指数高于其他国家，科技进步贡献率在 70％以上，研发投入占 GDP 的比例在 2％以上。中国的特定国情和需求，决定了我国不能选择资源型和依附型的发展模式，只能走创新型国家的发展道路。创新资源的流动，也给我国的科技创新道路提供了良好的契机。走中国特色的科技创新道路就要坚持对外开放和资源整合。中国的对外开放进程是在全球化的背景下进行的，将自主创新作为重要基础，把有效利用全球创新资源作为战略选择。在对外开放过程中，要切实防止自主创新的自我封闭，坚持走中国特色的自主创新道路。所谓自主创新，就是指能够自主选择创新目标、主导创新过程、拥有和运用主要创新结果的创新活动。综观世界各国的科技发展历程，那些成功转型为创新为主的国家，都是在结合本国国情的基础上，利用国际创新资源调整国家科技创新战略方向整合再创造。我国的科学技术水平除少数领域具有优势外，与创新型国家有着相当大的整体差距，高技术产业更是处于探索阶段。在对外开放的环境下，大规模地引进国外科技创新成果从而实现开发创新的意义远远大于自我封闭状态下闭门造车的独立开发选择。但是，这一过程中最难以把握的就是科技资源整合再创造的过程，这也是我国走中国特色自主创新道路要面对的实际问题。吸收创新资源过程中要自主选择创新目标，以本国国情为出发点，防止自主创新的自我封闭。要充分利用全球研究开发资源进行技术创新的产品开发，并积极参与跨国公司的技术联盟，将中国企业在成本控制、技术获取、市场引入、人力资源等方面进行整合。

把握机遇的前提意味着要善于利用全球创新资源。首先，应鼓励具有科技创新资源优势的外资企业来华设立研究开发机构，并鼓励中外科技工作者之间的人员交流。科技人才的全球性流动是一个长期存在的现象。以往，发展中国家的科技人才总是流向发达国家，导致大量科技人才外流。全球创新资源也包括人才资源，设立专门的吸引人才计划，可以吸引发达国家的科技人员加入到我国的科技研究当中。其次，采取措施促进尖端领域的国际合作，营造国际交流与合作的平台，对研究成本、知识产权保护、成果利用等问题进行战略评估，以适当的机制和制度保证对大型研究开发项目提供可操作的支持。再次，创造国际研究网络，形成研发伙伴。通过加强科技合作增强商业关系和建立贸易伙伴，推动与欧美等大国的科技竞争，以比较本国的不足之处。全球创新资源的流动，促使国与国之间对技术资源的相互依赖性增强，这为国家之间的科技合作带来了新的机会，科技外交成为获取全球创新资源的有效手段。因此，政府需要以外交政策指导和协调国际科技合作，为国家利益服务。在不断变化的国际环境中，政府需要通过外交，寻求和把握科学技术合作的机会，有效利用全球创新资源促进合作。应对全球化的发展，有效利用创新资源，最重要的就是坚持自主创新。随着全球创新资源的流通，创新的方式也由传统的科技组织创新向开放式的创新迈进。在技术全球化的前提下，产品研发和竞争的速度比以往任何时候都快。在利用全球创新资源方面，更要整合资源进行再创新。结合中国市场，就是要将中国制造变成中国创造，以此应对全球科技发展带来的挑战。

18.4 科技创新的可持续发展

（1）实施激励企业技术创新的财税政策 鼓励企业增加研究开发投入，增强技术创新能力。加快实施消费型增值税，将企业购置的设备已征税款纳入增值税抵扣范围。在进一步落实国家关于促进技术创新、加速科技成果转化以及设备更新等各项税收优惠政策的基础上，积极鼓励和支持企业开发新产品、新工艺和新技术，加大企业研究开发投入的税前扣除等激励政策的力度，实施促进高新技术企业发展的税收优惠政策。结合企业所得税和企业财务制度改革，鼓励企业建立技术研究开发专项资金制度。允许企业加速研究开发仪器设备的折旧，对购买先进科学研究仪器和设备给予必要的税收扶持政策。加大对企业设立海外研究开发机构的外汇和融资支持力度，提供对外投资便利和优质服务。

科技投入和科技基础条件平台是科技创新的物质基础，是科技持续发展的重要前提和根本保障。今天的科技投入，就是对未来国家竞争力的投资。改革开放以来，我国科技投入不断增长，但与我国科技事业的大发展和全面建设小康社会的重大需求相比，与发达国家和新兴工业化国家相比，我国科技投入的总量和强度仍显不足，投入结构不尽合理，科技基础条件薄弱。当今发达国家和新兴工业化国家，都把增加科技投入作为提高国家竞争力的战略举措。我国必须审时度势，从增强国家自主创新能力和核心竞争力出发，大幅度增加科技投入，加强科技基础条件平台建设，为科技创新提供必要的保障。

（2）加强对引进技术的消化、吸收和再创新 完善和调整国家产业技术政策，加强对引进技术的消化、吸收和再创新。制定鼓励自主创新、限制盲目重复引进的政策。通过调整政府投资结构和重点，设立专项资金，用于支持引进技术的消化、吸收和再创新，支持重大技术装备研制和重大产业关键共性技术的研究开发。采取积极政策措施，多渠道增加投入，支持以企业为主体、产学研联合开展引进技术的消化、吸收和再创新。把国家重大建设工程作为提升自主创新能力的重要载体。通过国家重大建设工程的实施，消化吸收一批先进技术，攻克一批事关国家战略利益的关键技术，研制一批具有自主知识产权的重大装备和关键产品。

（3）实施促进自主创新的政府采购 制定《中华人民共和国政府采购法》实施细则，鼓励和保护自主创新，建立政府采购自主创新产品协调机制，对国内企业开发的具有自主知识产权的重要高新技术装备和产品，政府实施首购政策，对企业采购国产高新技术设备提供政策支持。

（4）实施知识产权战略和技术标准战略 保护知识产权，维护权利人利益，不仅是我国完善市场经济体制、促进自主创新的需要，也是树立国际信用、开展国际合作的需要。要进一步完善国家知识产权制度，营造尊重和保护知识产权的法治环境，促进全社会知识产权意识和国家知识产权管理水平的提高，加大知识产权保护力度，依法严厉打击侵犯知识产权的各种行为。同时，要建立对企业并购、技术交易等重大经济活动的知识产权特别审查机制，避免自主知识产权流失。防止滥用知识产权而对正常的市场竞争机制造成不正当的限制，阻碍科技创新和科技成果的推广应用。将知识产权管理纳入科技管理全过程，充分利用知识产权制度提高我国科技创新水平。强化科技人员和科技管理人员的知识产权意识，推动企业、科研院所、高等院校重视和加强知识产权管理。充分发挥行业协会在保护知识产权方面的重要作用。建立健全有利于知识产权保护的从业资格制度和社会信用制度。根据国家战略需求和产业发展要求，以形成自主知识产权为目标，产生一批对经济、社会和科技等发展具有重大意义的发明创造。组织以企业为主体的产学研联合攻关，并在专利申请、标准制定、国际贸易和合作等方面予以支持。将形成技术标准作为国家科技计划的重要目标。政府主管部门、行业协会等要加强对重要技术标准制定的指导协调，并优先采用。推动技术法规和技术标准体系建设，促使标准制定与科研、开发、设计、制造相结合，保证标准的先进性和效能性。引导产、学、研各方面共同推进国家重要技术标准的研究、制定及优先采用。积极参与国际标准的制定，推动我国技术标准成为国际标准。加强技术性贸易措施体系建设。

（5）实施促进创新创业的金融政策　建立和完善创业风险投资机制，起草和制定促进创业风险投资健康发展的法律法规及相关政策。积极推进创业板市场建设，建立加速科技产业化的多层次资本市场体系。鼓励有条件的高科技企业在国内主板和中小企业板上市，努力为高科技中小企业在海外上市创造便利条件。为高科技创业风险投资企业跨境资金运作创造更加宽松的金融、外汇政策环境。在国家高新技术产业开发区内，开展对未上市高新技术企业股权流通的试点工作。逐步建立技术产权交易市场。探索以政府财政资金为引导，政策性金融、商业性金融资金投入为主的方式，采取积极措施，促进更多资本进入创业风险投资市场。建立全国性的科技创业风险投资行业自律组织。鼓励金融机构对国家重大科技产业化项目、科技成果转化项目等给予优惠的信贷支持，建立健全鼓励中小企业技术创新的知识产权信用担保制度和其他信用担保制度，为中小企业融资创造良好条件。搭建多种形式的科技金融合作平台，政府引导各类金融机构和民间资金参与科技开发。鼓励金融机构改善和加强对高新技术企业特别是对科技型中小企业的金融服务，鼓励保险公司加大产品和服务创新力度，为科技创新提供全面的风险保障。

（6）加速高新技术产业化和先进适用技术的推广　把推进高新技术产业化作为调整经济结构、转变经济增长方式的一个重点。积极发展对经济增长有突破性重大带动作用的高新技术产业。优化高新技术产业化环境。继续加强国家高新技术产业开发区等产业化基地建设，制定有利于促进国家高新技术产业开发区发展并带动周边地区发展的政策。构建技术交流与技术交易信息平台，对国家大学科技园、科技企业孵化基地、生产力促进中心、技术转移中心等科技中介服务机构开展的技术开发与服务活动给予政策扶持。加大对农业技术推广的支持力度。建立面向农村推广先进适用技术的新机制。把农业科技推广成就作为科技奖励的重要内容，建立农业技术推广人员的职业资格认证制度，激励科技人员以多种形式深入农业生产第一线开展技术推广活动。设立农业科技成果转化和推广专项资金，促进农村先进适用技术的推广，支持农村各类人才的技术革新和发明创造。国家对农业科技推广实行分类指导，分类支持，鼓励和支持多种模式的、社会化的农业技术推广组织的发展，建立多元化的农业技术推广体系。支持面向行业的关键、共性技术的推广应用。制定有效的政策措施，支持产业竞争前技术的研究开发和推广应用，重点加大电子信息、生物、制造业信息化、新材料、环保、节能等关键技术的推广应用，促进传统产业的改造升级。加强技术工程化平台、产业化示范基地和中间试验基地建设。

（7）完善军民结合、寓军于民的机制　加强军民结合的统筹和协调。改革军民分离的科技管理体制，建立军民结合的新的科技管理体制。鼓励军用科研机构承担民用科技任务；国防研究开发工作向民用科研机构和企业开放；扩大军品采购向民用科研机构和企业采购的范围。改革相关管理体制和制度，保障非军工科研企事业单位平等参与军事装备科研和生产的竞争。建立军民结合、军民共用的科技基础条件平台，建立适应国防科研和军民两用科研活动特点的新机制。统筹部署和协调军民基础研究，加强军民高技术研究开发力量的集成，建立军民有效互动的协作机制，实现军用产品与民用产品研制生产的协调，促进军民科技各环节的有机结合。

（8）扩大国际和地区科技合作与交流　增强国家自主创新能力，必须充分利用对外开放的有利条件，扩大多种形式的国际和地区科技合作与交流。鼓励科研院所、高等院校与海外研究开发机构建立联合实验室或研究开发中心，支持在双边、多边科技合作协议框架下实施国际合作项目。建立内地与港、澳、台的科技合作机制，加强沟通与交流。支持我国企业"走出去"。扩大高新技术及其产品的出口，鼓励和支持企业在海外设立研究开发机构或产业化基地。积极主动参与国际大科学工程和国际学术组织。支持我国科学家和科研机构参与或牵头组织国际和区域性大科学工程。建立培训制度，提高我国科学家参与国际学术交流的能力，支持我国科学家在重要国际学术组织中担任领导职务。鼓励跨国公司在华设立研究开发机构。提供优惠条件，在我国设立重要的国际学术组织或办事机构。

（9）提高全民族科学文化素质，营造有利于科技创新的社会环境　实施全民族科学素质行动计划，以促进人的全面发展为目标，提高全民族科学文化素质。在全社会大力弘扬科学精神，宣传科学思想，推广科学方法，普及科学知识。加强农村科普工作，逐步建立提高农民技术和职业技能的培训体系。组织开展多种形式和系统性的校内外科学探索和科学体验活动，加强创新教育，培养青少年的创新意识和能力。加强各级干部和公务员的科技培训。加强国家科普能力建设，合理布局并切实加强科普场馆建设，提高科普场馆运营质量。建立科研院所、大学定期向社会公众开放制度。在科技计划项目实施中加强与公众的沟通交流。繁荣科普创作，打造优秀的科普品牌，鼓励著名科学家及其他专家学者参与科普创作。制定重大科普作品选题规划，扶持原创性科普作品。在高校设立科技传播专业，加强对科普的基础性理论研究，培养专业化科普人才。建立科普事业的良性运行机制。加强政府部门、社会团体、大型企业等各方面的优势集成，促进科技界、教育界和大众媒体之间的协作。鼓励经营性科普文化产业发展，放宽民间和海外资金发展科普产业的准入限制，制定优惠政策，形成科普事业的多元化投入机制。推进公益性科普事业体制与机制改革，激发活力，提高服务意识，增强可持续发展能力。

第7篇 中国环境与可持续发展

人类在经过漫长的奋斗历程后，在改造自然和发展社会经济方面取得了辉煌的业绩，与此同时，生态破坏与环境污染对人类的生存和发展已构成了现实威胁。保护环境是实现可持续发展的前提，也只有实现了可持续发展，生态环境才能真正得到有效的保护，保护生态环境，确保人与自然的和谐，是经济能够得到进一步发展的前提，也是人类文明得以延续的保证。

可持续发展是既满足当代人的需求，又不对后代人满足其需求的能力构成危害的发展。它们是一个密不可分的系统，既要达到发展经济的目的，又要保护好人类赖以生存的大气、淡水、海洋、土地和森林等自然资源和环境，使子孙后代能够永续发展和安居乐业。未来人对幸福的理解也许会与我们有所不同，但作为人，他们的某些基本需要（如清洁的空气、干净的水、健康而稳定的生态系统）必须首先得到满足。因此，在分配地球上的有限资源时，我们必须要用代际主义的原则来处理当代人与后代人的关系，我们不仅要给后人留下一套先进的生产技术与成熟的经济发展模式，还要给他们留下一个稳定而健康的生态环境。

可持续发展与环境保护既有联系，又不等同，环境保护是可持续发展的重要方面。可持续发展的核心是发展，但要求在严格控制人口、提高人口素质和保护环境、资源永续利用的前提下进行经济和社会的发展。发展是可持续发展的前提，人是可持续发展的中心体，可持续长久的发展才是真正的发展，环境保护是可持续发展的重要方面。

第 19 章 环境保护与可持续发展

19.1 中国环境保护历史回顾

考古学家惊诧地发现，中国 50 万年前的北京周口店龙骨山人就选择了很好的生态环境，北面和西南有高山作为屏障，东南面和南面是小丘和平原，林木茂盛，有一条蜿蜒小溪从洞口流过，环境非常优美。先民不仅注意选择环境，还要改造环境。距今 6000 年前的西安半坡人，把村落设置在铲河东岸的台地上，依山傍水。为了防止野兽骚扰和外族入犯，他们挖掘了一条长 500m、宽和深各 5m 的壕沟围绕着居住区，实施土方 1 万多立方米，这是迄今为止所知中国最早的环保工程。圣贤在保护环境的过程中，发挥了不可忽略的作用。

中国是一个农业大国，维护生态环境是获得农业丰收的必要条件。周代做了大量工作，为中国的环保奠定了基础。据《周礼》记载，周代有了初步的环保制度，设立"山虞"掌管森林，"司空"掌管城郭，又有职方氏、土方氏、庶氏、剪氏、赤友氏、壶琢氏分别掌管灭害虫、除杂草。公元前 11 世纪，西周颁布了《伐崇令》，规定"毋坏屋，毋填井，毋伐树木，毋动六畜。有不如令者，死无赦。"这是我国文献所见保护环境的最早法令。

　　春秋战国时期在环保理论上有很多建树，有几本书值得注意：第一是《禹贡》，它是世界上现存最早的地理著作之一，记载了土壤、水利和山脉。第二是《山海经》，它按照东南西北方位，记载了各地的水土和物产。第三是《管子》，它是中国最早系统论述生态的著作，全面反映了中国先民的环保观念。第四是《吕氏春秋》、《礼记》、《荀子》等书，其中散记了有关环保的论述。以上这些书所提出的理论有三个方面：①环保的范围在于不要滥砍树，不要随意杀飞禽走兽，不要把湖填平，不要把鱼捕尽。②应当按季节保护生态，特别是春季，万物生长顺其自然。③应当把保护环境作为治国大事，经常发布命令，严格遵守。农业环境保护的法律可以追溯到 2000 多年前，1975 年在湖北省云梦县睡地虎 11 号秦墓发现竹简，其中的《秦律》规定，春季二月不要砍伐林木，不要烧草，不要杀小动物，违者严治。城市环境保护在汉代已有了设施。

　　中国有世界上最丰富的地震资料。由于中国地处太平洋地震带和欧亚地震带之间，有312 万平方公里（占全国 32.50% 面积）的地区随时有可能发生七级以上地震，因此，历代朝廷都重视记载地震，先秦成书的《竹书记年》记载了夏朝帝发七年（公元前 1768 年）的"泰山震"，这是世界上最早的地震记录。从公元前 1177 年至公元 1955 年，史书记载地震15000 条，共有 8100 次地震足以可信。这是一份珍贵而有实用价值的历史遗产，表明中国先民对环保的长期重视。中国历代最重视的环保是水利。水利是农业的命脉，开明的君主总是不惜财力人力修建堤防。战国时秦国修建都江堰，使成都平原成为沃野千里。都江堰是世界上最早、最成功的农田灌溉系统。隋朝时开掘迄今为止世界上最长的运河，改变了南北交通环境。汉代和明代都积极治理黄河，明代潘季驯提出"束水攻沙洲蓄清刷黄"理论，收到了良好的效果。此外，中国历史上还重视改造盐碱地，重视防止疾病传染，重视城镇村落环境，这些都值得认真总结。

19.2　我国环境保护与经济发展

　　在发展中国家行列中，中国经济实现了一个增长的奇迹，不仅连续保持了 20 多年的快速增长，而且成为一个能够对世界经济产生显著影响的发展中国家。但是，随着我国经济的发展，经济社会发展同人口、资源、环境压力的矛盾日益显现出来，化解人与自然、经济与资源环境之间的矛盾，是当前我国经济社会面临的重要难题。

　　针对我国人口、资源、环境之间的矛盾，我国有必要大力发展绿色投资。绿色投资，是在人与自然的关系紧张、可持续发展成为全球经济发展战略的背景下提出的，对解决我国经济增长面临资源和环境约束问题和建设和谐社会是一个新的思路。

　　① 发展绿色投资有利于实现可持续发展。实施可持续发展战略是当代世界各国的共识。可持续发展是一种建立在生态环境保护基础上的兼顾环境、经济和社会共同发展的概念，它强调在"不超过支持它的生态系统的承载能力的情况下概算生活质量"，强调人类利用对生物圈的管理，使生物圈既能满足当代人的最大持续利益，又能保持其满足后代人的需要与欲望的潜力。可持续发展作为人类共同的发展战略，基本含义是"在不损害未来世代满足其发展需要的资源基础的前提下的发展"。实现可持续发展需要多种努力，其中绿色投资是重要途径，因为绿色投资坚持社会、经济和环境效益的统一。

　　② 发展绿色投资有利于发展循环经济，是实现可持续发展的具体形式，是一种新的经济模式，其实质是生态经济。循环经济的发展有利于实现经济、社会和环境的协调发展。鉴于发达国家和发展中国家在实施可持续发展战略时存在矛盾和多种不易解决的难题，要求各

个国家都采取统一的步调和行动，共同减少资源消耗和环境污染，这是不现实的。不可否认，各个国家也做出了努力，并在可持续发展问题上取得了一定的进步，但是，可持续发展大多还停留在理论和口号上。在实行可持续发展遇到严重困难的情况下，西方一些发达国家率先提出发展循环经济并且努力进行了循环经济的实践，取得了明显的成果，使循环经济成为实现可持续发展的现实途径，表明人类在探索可持续发展的道路上取得了新的进展。循环经济是一种符合可持续发展原则精神的新的经济模式，也是实现可持续发展的有效途径。正在兴起的绿色投资是推动循环经济的重要动力。

③ 发展绿色投资有利于和谐社会目标的实现。进入 21 世纪，我国政府提出了积极建立资源节约型、环境友好型、人与自然和谐的社会发展目标。我们只能走一条依靠科技、资源节约、生态环境友好、人与自然协调的可持续发展之路，也就是要以循环经济为载体，努力推进科技含量高、经济效益好、资源充分利用、环境污染少、人力资源优势充分发挥的新型工业化道路。这种新的发展观要求我们在保持经济高速增长的同时，通过大力发展绿色投资，实现可持续发展的能力不断提高，生态环境不断改善，资源利用效率显著提高，人与自然的关系和谐，推进整个社会走上生产发展、生活富裕、生态良好的文明发展道路。

20 世纪以来，社会生产力得到了极大提高，经济规模空前扩大，经济大幅度增长，人类创造了前所未有的物质财富，大大地推进了人类文明的进程，但是由于对发展概念的片面理解，在发展经济的同时，人们并没有处理好经济发展和人口、资源、环境的关系，主要体现在两个方面。一是人口的爆炸性增长，20 世纪人口翻了两番，达到 57 亿，并且以每年约8000 万以上的速度继续增长；二是由于自然环境的过度开发与消耗和污染物的大量排放，导致全球性的资源短缺、环境污染和生态破坏，这些问题的不断积累，加剧了人类与自然的矛盾，对社会经济的持续发展和人类自身的生存构成了新的威胁。可以说，传统的社会经济系统是一种非可持续发展的系统。

发展循环经济是实现可持续发展的理想经济模式，也是我国转变经济增长方式，进行资源节约、环境保护，达到人与自然和谐，实现可持续发展的基本途径。发展循环经济，对于扩大和发展绿色投资具有积极的现实意义。近年来，发达国家已经在循环经济的发展上做了大量的工作，日本和德国等制定了大量的法律，美国等在循环消费等方面成绩突出。我国在进入 21 世纪后，也大力推进循环经济的实践，并于 2002 年颁布了促进循环经济的法律。

发展循环经济是一次经济、社会、环境保护的重大变革，需要制定一部基本的循环经济法，从全社会的整体角度，统一全社会发展循环经济的行动，把节约资源、保护环境、提高经济增长的质量落实到各项社会经济活动中。从具体操作层面看，我国已经制定了一些与循环经济有关的鼓励清洁生产和资源综合利用的法律和政策，但是，还缺乏从国家发展战略、规划、决策层次系统规范循环经济发展的法律规则。循环经济的法律主要从资源保护、节约利用、提高效率等方面对生产经营者和消费者进行规范，对环境保护也同样具有促进作用。循环经济立法不会与环境保护法冲突，只能起到补充和推动作用。我国在制定循环经济法律时，还应当制定有关法律法规，如绿色投资法、循环经济法等。

最后，发展绿色投资还必须改变地方政府政绩考察办法，把绿色 GDP 作为考核首要依据。发展绿色投资需要地方政府高度重视，地方政府是发展绿色投资的重要力量，要充分发挥地方政府在绿色投资中的作用。但是，由于发展绿色投资的经济效益一般具有滞后性，与地方政府高速发展经济的要求相悖，绿色投资的发展自身缺乏强大的激励。为此，要改变地方政府的业绩考核方式和办法，把绿色 GDP 增长作为首要的标准，也就是在考察 GDP 的增长情况时，把环境保护、资源节约、循环经济、社会就业、公平公正、收入差距等作为考核地方官员的业绩标准，凡是有不良记录的，即使 GDP 增长速度很快，也要进行相应的折扣，甚至在环境破坏严重、生态恶化严重、资源浪费过多、社会差距过大、就业状况差等情况发生时，给有关当事者严重处分。同时，对绿色投资做得好的地方政府予以奖励。

19.3 环境保护实施及监督机制

19.3.1 环境保护可持续发展策略

能源、矿产、水、土地等自然资源，是经济社会可持续发展的物质基础和保障。新中国成立以后，特别是改革开放以来，我国经济社会发展取得的举世瞩目的成就与对资源的合理开发利用是分不开的。近几年，我国加大了用于环境保护和治理的投资力度，环境污染治理和生态建设的步伐加快，部分城市和地区环境质量有较大改善。但环境治理的力度远远赶不上破坏的速度，生态环境总体继续恶化，环境污染状况日益严重。

我国经济规模逐渐扩大，工业化不断推进，居民消费结构逐步升级，城市化步伐加快，资源需求持续增加，资源供需矛盾和环境压力日益明显，而解决这些问题的根本出路在于建设资源节约型、环境友好型社会。同时在发展过程中，不仅要追求经济效益，而且要讲求生态效益；不仅要促进经济增长，而且要不断改善人们的生活条件。发展循环经济，要遵循减量化、再利用和再循环三大原则，形成低开采、低消耗、低排放和高利用的模式，搞好资源节约和综合利用，加强生态建设和环境保护，走出一条科技含量高、经济效益好、资源消耗低、环境污染少、人力资源优势得到充分发挥的新型工业化道路，以最少的资源消耗、最小的环境代价实现经济社会的可持续增长。建立节约型的生产模式、消费模式和城市建设模式，坚持资源开发与节约并重、把节约放在首位的方针，以提高资源利用效率为核心，以节能、节水、节材、节地、资源综合利用为重点，加快结构调整，推进技术进步，加强法制建设，完善政策措施；同时，以环境承载力为基础，以遵循自然规律为准则，以绿色科技为动力，倡导环境文化和生态文明，构建经济、社会与环境协调发展的社会体系。

19.3.2 环境保护法律的不断完善

我国现行《环境保护法》是在计划经济体制下建立起来的，在有些方面已不太适应现实的需要，矛盾和不足日益突显出来。《环境保护法》的立法原则为统领全局，以科学发展观为指导，对其进行研究，分析不足，并提出相应的修改对策，对完善我国《环境保护法》至关重要。环境法律制度是指根据我国的环境法基本政策和环境基本原则，通过立法形成的有关环境监督管理的规则、程序和保障措施；是调整某项或某类环境工作或环境活动所产生的社会关系的法律规范的总和；是某项或某类环境工作或环境活动的法定化、制度化。环境法律制度是环境监督管理法律制度的简称，对具体环境法律规范具有指导、整合的功能和提纲挈领的作用，它与环境法基本原则的不同之处在于其本身就是可操作性的实施规范。在适用对象上，环境法律制度具有特定性，一项制度专门适用于环境保护的某一方面，组成相对完整的一类规则系统，这样一来，一系列制度相互配合，共同组成了环境法律制度的完整系统。

随着社会经济的发展，环境问题日益增多并日趋复杂，其处理方式和解决手段也就是多方位、多层次的。这种多方位、多层次的对策措施，首先需要确定一个统一的综合性政策目标。这个综合性政策目标体现在法上就是环境保护的基本法。《环境保护法》作为我国目前环境保护的基本法律，应从综合性法律的角度进一步完善。首先，要转变立法思想、提高效力等级，立法思想是立法者的意识在立法上的集中体现，是进行立法活动的重要理论依据，立法思想应具备一定的时代性和前瞻性，才能发挥在社会中的作用。《环境保护法》作为环境保护的基本法，应体现出发展循环经济，建立循环型社会，实施可持续发展的科学发展观。其次，要完善《环境保护法》中的公益诉讼立法，我国环境公益诉讼立法的必要性毋庸置疑，通过改革开放以来的法律实践和近几年理论界的研究，环境公益诉讼法立法是可行的。环境公益诉讼是指特定的国家机关、相关的组织和个人作为公共利益的代表人，在环境受到或可能受到污染和破坏的情形下，为维护环境公益不受损害，对行为人提起民事、行政诉讼的诉讼活动。再次，确定和完善环境管理制度，制定限制废物进口制度、污染源普查制度、公众参与制度、在立法中明确公民环境权以及完善公众参与的程序，政府在环境管理工作中应召开多种形式的环境论证会、听证会，保证公众对有关环境保护活动的参与权。同时要制定限期治理制度和排污收费制度。最后，推行环保责任保险、建立污染损害赔偿机制和完善环保法律责任，依法保护环境资源。

19.3.3　绿色经济政策的提出

自然资源是人类生存和一切活动的物质基础。在经济发展的历史过程中，人类极大地依赖于自然资源的开发利用。随着社会的进步、生产力的提高，人类开发利用资源的深度和广度不断拓展。我国是一个资源大国，幅员辽阔，各种自然资源丰富。然而受传统发展观点的影响，我们认为高投入、高消耗、高排放量的"三高"原则是实现经济技术腾飞的法宝。这种粗放型经济增长方式一直没有得到改变，掠夺式开发使资源储备量锐减，使资源开发利用处于一种混乱无序的状态。资源消耗型的经济增长方式使我国成为一个自然资源紧缺、供需矛盾日趋紧张的国家。

经济增长是经济发展的基础和前提，经济增长方式不转变，经济发展方式就不可能根本转变。我国已跃升为全球第二大经济体，但在巨大的经济总量和领先的增长速度背后，粗放型经济增长方式尚未得到根本改变，而随着人口的大量增长，破坏性的开发与发展使中国的生态环境越来越脆弱，许多生态问题比如大气污染问题、水环境污染问题、垃圾处理问题、土地荒漠化和沙灾问题等日渐暴露，亟待解决。而中国又处在发展最重要的时候，中国必须发展新型技术、新型能源来大力发展绿色经济，解决环境与发展之间的矛盾。在此背景下，理论界和实践领域都日益加强对绿色增长的关注。"绿色增长"的概念与"低碳经济"、"循环经济"和"生态经济"等概念相比较，它们的核心是一致的，都是当今人类社会为应对资源（能源）、环境以及人口问题的严峻挑战而作出的战略抉择和现实构想，倡导的都是一种经济社会与自然资源、生态环境全面协调和可持续发展的理念，是对传统经济发展模式的根本变革。它们之间的差别只是视角和强调重点不同。

在推进中国环境保护的法律制度政策等工作的同时，还需充分认识到公众在解决环保问题上的力量。首先，要通过各种宣传手段，提高公众的环保意识，只有提高了意识，参与才能变成一种自觉的行动；其次，鼓励公众与新闻媒体舆论对政府、工业污染大户等的监督，施以压力才能使环保政策切实。尤其要指出的是一些环保民间组织的兴起开始影响到政府决策的形成与实施，并在引导环保节能社会风气的形成中发挥重要作用。

19.3.4　建立有效的管理体制

环境管理体制是国家环境保护工作的中枢。然而，我国环境管理体制存在的问题，制约着环境保护工作的开展和经济发展方式的转变。环境管理机构变动频繁。我国环境管理机构的设置、职责、权限与分工的有关规定，散见于各种规范性文件之中，并没有统一的系统规制和法定规范。环境管理机构的法律地位不稳定，造成机构设置经常处于变动之中，设立和取消的随意性很大。我国环境管理体制从各部门分工管理转变为行政主管部门统一管理与各部门分工负责相结合的管理。新的体制更多地注重新机构的授权，不注重原机构的撤销。《环境保护法》规定的与环境管理相关的 15 个部门，职能多有重叠。同时我国现行的环境管理体制缺乏综合性、权威性的中央协调机构。2001 年，国务院建立全国环境保护部际联席会议制度。国家发展和改革委员会、环境保护部的主要负责人通过定期的联席会议通报环境保护方面的主要工作，各方协调和综合决策有关的重大问题，承担起环境保护的部际协调职能。但是，该制度并未在法律上明确定位环境保护制度。因而，其职能和作用有限。

随着国家对环保事业的日益重视，环境管理任务日趋繁重。而环境行政管理体制是我国环境管理体制的基础，科学有效的环境行政管理体制对于促进我国现有的环境管理体制的发展、改善环境状态、推行可持续发展等政策，都具有十分重要的意义。从我国的实际情况出发，努力探寻实现我国环境行政管理体制科学发展的途径，为能与自然环境友好可持续发展做出对策也就成了现阶段的当务之急。实施环境管理制度的目的是为了降低工业生产现代化所带来的环境污染。环境管理制度体系是由一组具有约束性、规范性、可操作性特征的单项环境管理制度，以改善环境、减少污染为目的，按一定规律而构成的环境管理制度的有机整体。中国的环境保护历经了 30 多年的发展过程，环境管理制度也历经了几个发展阶段，可以说中国环境管理制度的体系框架已基本建立起来了。我国环境管理制度是环境保护工作方针、政策在实践操作上的体现，是经过长期实践证明的适应我国国情的行之有效的管理手段。从可持续发展角度看，我国的每一项环境管理制度都是为实现环境保护工作的总目标服务的，都和可持续发展息息相关，特别是可持续发展强调综合决策，强调突出经济、社会与环境之间的联系与协调。

19.3.5 加强宣传教育与公众参与

世界上没有任何人能脱离环境。环境的好坏直接决定人类的生活质量，环境可以决定人的身材高矮，环境可以决定人的寿命长短。环境好，公众是环境资源的享有者；环境差，公众是环境污染的受害者。因此，保护与治理环境人人有责。在环保事业中，要加强宣传，努力提高公众积极参与的意识，扩大公众参与的程度，公众参与是保护与治理环境的关键。对公众而言，参与的过程也是受教育的过程，是提高环保意识的过程，是增强环保使命感的过程。公众参与了，意见充分表达了，公众的主人翁作用充分发挥了，他们对决策就容易认识，容易接受，容易自觉贯彻。让他参与，他会用他参与制定的规则来约束自己；不让他参与，他会把自己置于环保事业之外，难以要求他用那些不让他参与制定的规则来约束自己。

公众参与的渠道是很多的，可以作为消费者参与，可以作为生产者参与，还可以作为社团来参与。作为消费者，公众可能是受害者，有时也可能同时是致害者，"一身二任焉"。公众的这种双重性，说明公众可以用多种身份、多种方式参与环保事业。公众是个群体，群体组织起来力量大。近年来，全球性的环保社团数目激增，诸如世界自然基金会、绿色和平组织等。中国的环保社团这些年来也在突飞猛进，现在既有国家级的环保社团，又有地方性的环保社团，既有综合性的环保社团，又有专业性的环保社团。对政府而言，公众参与可以提高政府决策的准确率，降低政府决策的偏差率。在公共事务上，倘若扩大公众参与，则会进一步减少决策失误。代表、专家、公众三方相互结合，互补互动，决策就容易走向正确。代表是代表公众的，专家是代表科学的，也是为公众服务的，归根结底，公众第一。退一步讲，如果决策有负面效应甚至是有失误，由于在决策过程中有公众参与，公众也会对负面效应给予理解，为失误所带来的损失排忧解难，分担责任。

　　人在利用自然资源的同时必须以不改变自然界的基本秩序为限度，尊重自然的存在事实，保持自然规律的稳定性，在开发自然的同时向自然提供相应的补偿。在达到新的和谐之前，人对自然的开发方式、开发深度应当受到严格的限制；人在改变自然资源的物质形态的同时，应当更多地向自然提供补偿，以恢复其正常状态，使人与环境协调发展，达到可持续发展的目标。

第 20 章　生态建设与可持续发展

20.1　生态建设的基本内容

生态环境是人类居住在地球这个载体上各种因素的总和，是人类生存和发展的必要物质条件，没有适当的生态环境，人类无法生存和发展，人类的发展依赖于环境，取决于环境，同时又影响着环境。生态环境在人类社会的发展中起着重要的作用。生态建设不但要有良好的自然环境、生态环境，而且必须有一个平等、自由、公正的稳定社会环境。生态建设的目标是遵循城乡社会功能整体性—和谐生态—平衡发展规律，以人为本，达到人与自然的高度和谐，实现可持续发展，实现合理投入、低消耗、环境友好型的经济发展。人类发展成果是以加大对环境资源的索取与加重环境污染负荷为代价的。当经济活动没有影响到自然环境的恢复力与稳定性时，此种发展模式尚可以持续下去。当人类活动的深度与广度超过环境的承载能力时，传统发展模式的弊端开始呈现出来，当今世界人与环境之间的关系严重恶化，出现了一系列资源环境问题：自然资源耗竭与能源短缺；环境污染与生态破坏；全球性环境问题等。

近年来，人们在污染环境的物理修复、化学修复甚至生物修复取得一定成功的基础上，进一步提出了生态修复的理念，并对其概念、内涵、原理、产业化途径等进行了理论上的探索和实践应用的探索，试图以生态学的原理和方法，在污染环境的修复和治理过程中实现人与自然的和谐发展，从而达到可持续发展。良好的生态环境和充足的自然资源是经济增长的基础条件和根本保障，没有充足的地下资源和良好的生态环境，就不可能有经济社会的快速、健康、稳定发展。资源开发与经济增长方式不当，就会造成高耗开采、环境污染、能源浪费、资源枯竭、生态破坏这些损害国家利益、损害地方经济的严重后果。发展经济必须具有可持续性，只有将生态建设、生态文明、环境保护的具体标准要求渗透到经济发展的全过程中，才能使生态建设、生态文明、环境保护与经济增长协调运行，并实现生态建设与经济增长"双赢"的目标。

中华民族具有悠久的历史，我们的文化蕴含着非常丰富的生态智慧，我们传统的生活生产长期践行着这种深刻的生态智慧。然而，在现代经济发展的过程中，强调着生态建设，却在行动上没有全力以赴。现在我们急需通过生态文明建设，使生态文明观念深入人心，把生态文明思想贯穿到物质文明、精神文明和政治文明建设中，促使社会走上经济快速发展、人民生活富裕、自然生态良好的文明发展道路。在全社会形成保护环境、崇尚自然、节约资源、造福后代的共识，使生态文明观念成人们共同的价值观和自觉行动。

可持续发展既是科学发展观的重要内容，也是人类对于发展所赋予的新的战略思想，强调发展是核心问题。人口增长、资源开发与生态的矛盾，最终要靠在科学发展的过程中加以解决。生态经济学基本观点认为，自然生态环境是人类经济社会的物质基础，现代经济社会系统是建立在大自然的生物圈中进行的。因此，生态学认为人也是自然界的一部分，人类的一切生产经营活动以至人类的生存，都应遵守人与自然和谐共存的最高准则，虽然人类可以通过改造自然、利用自然获取更高的生产率，但必须遵循自然生态规律，在重新培植资源与环境的动态过程中获取更高的生产利润。

可持续发展的社会支持系统，就是社会主体以可持续发展为目标，运用社会的制度资源、信息资源和技术资源所构筑的结构性规则体系，包括可持续发展的制度构造和制度环境。社会支持系统之一就是创设绿色经济制度。可持续发展首先要解决的是经济增长模式问题。传统经济增长模式追求的是高投入、高消耗、高产出，是以牺牲资源和环境为代价的，其弊端早已暴露出来。粗放型发展模式对技术的依赖性较低，是发展中国家的主流经济发展模式，但是这种模式对环境污染严重，破坏生态环境。随着经济全球化的快速演进，发达国家依凭雄厚的资本和科技优势，率先在国际贸易中设置绿色壁垒，实行产品的绿色准入制度，这既是一种压力，也是一种动力。在国内，由于资源的日益枯竭、环境的快速恶化，也使人们呼唤一种新的发展模式。这种新的发展模式要做到人口、资源、环境、经济、社会的协调平稳发展，使发展的潜力不至于枯竭，使人类能够顺利地走向未来。人类行为的恶果只有靠主体的自我力量才能加以矫正，社会也正是在这种过程中发展和进步的。

在工业生产方面，要做到坚持节能减排不动摇，大力调整经济结构，推进清洁生产，积极推动循环经济发展，支持重点节能工程、循环经济、重点工业污染源治理、城镇污水垃圾处理设施和污水管网等项目，加强工业环境保护的执法力度，实行限期达标排放措施，强制淘汰技术落后和污染严重的生产装置。在能源开发与利用方面，制定和实施了一系列节约能源的法规和技术经济政策，启动节能产品惠民工程，推广高效节能产品，强化节能减排目标责任，加强节能减排监督检查，深入开展节能减排全民行动。

走可持续发展之路，首先必须依托市场经济的力量，合理配置资源，有效保护环境，约束主体的经济行为，更换经济行为的主要规则和考核指标，用绿色经济规则和指标作为评价经济行为和衡量经济增长的尺度，这必然要求创设新的经济体系，更换新的增长模式，这就是绿色经济制度。绿色经济制度是实现经济与环境协调发展，把生态环境价值转换为经济价值的重要途径，是随着全球环境革命在经济再生产各领域的渗透而逐渐形成的可持续发展经济行为的初步制度框架，亦是目前实施生态环境政策与经济政策决策一体化的创新结果。

伴随着科技的发展，人类掌握了强大的科技力量和物质力量，也迫使自然界竭尽所能地为人类服务。我们要以"绿色科技"为依托，大力发展循环经济。建设生态文明并不是消极地向自然回归，而是积极地建立人、自然、社会相和谐的关系。生态破坏是在经济活动中引起的，人类并不能因此停止经济活动，关键是实现两者的和谐，生态问题也应该在发展中解决。要实现经济发展与生态环境的和谐，大力发展循环经济是必然的选择。循环经济是"以资源的循环利用为核心，以环境保护为前提，以自然资源、经济、社会协调发展为目的的新型经济增长模式。"

环保科技和环保产业改变了以往高消耗、低利用、高污染的"资源-产品-废物"的线性发展模式，建立了一种"资源-产品-再生资源"的循环式发展，是一种节约资源、保护环境的经济模式，是强调以人为本的科学发展，从根本上缓解了经济发展与生态环境之间的矛盾。可持续发展离不开科技的创新与应用，没有科技的支撑和支持，可持续发展就无从谈起。科技创新、推广和升级是可持续发展的重要保证，走可持续发展之路必须依靠科技进步。科技对可持续发展的支持内在地包含着相互联系的两个方面：一是可持续发展本身必须是科学的，即是一种科学的发展观；二是科技的创新和应用对可持续发展的支持和推动。

我国的基本国情是人口众多、发展相对落后、人均资源短缺、环境承载能力很弱。在过去的发展历程中我们取得了巨大的成就，但同时也付出了资源过度消耗、生态环境破坏严重的代价。科技创新与应用对一个国家经济的发展起着举足轻重的作用，而经济的可持续发展又是整个社会可持续发展的基础。现代经济本质上是知识经济，知识经济的支柱是科学技术。随着社会的发展，科技贡献率在整个国民经济发展中所占的比重越来越大，特别是对传统工农业生产方式和手段的改造，必须依赖科技的进步。如今，在建设惠及十几亿人口的高水平的小康社会过程中，始终面临着资源短缺和生态环境恶化的双重约束。如果不改变传统发展思维和模式，继续走人口增长失控、过度消耗资源、严重污染环境、破坏生态平衡的发展道路，发展就不会持久，而且会抵消既有的发展成果，危及我们及子孙后代的生存与发展，全面建设小康社会的目标将无从实现。运用高新科技，走新型产业化之路，这实际上是一条跨越式的发展道路，即不仅跨越了发达国家工业化的老路，使工业化与信息化同步，更重要的是要跨越以牺牲资源和环境为代价地经济增长模式，避免重蹈发达国家"先发展、后治理"的传统路径。因此，为实现我国经济又快又好可持续的发展和全面建设小康社会的奋斗目标，就必须深入贯彻落实科学发展观，在全党全社会牢固树立生态文明观，建设生态文明，实现人与自然的和谐发展。

如何才能低代价地快速发展，答案只能是依靠科技进步，即依靠高新科技改造传统工农业，大力发展清洁环保产业，把生产与环保结合起来，走生态经济发展之路。积极推广有利于改善环境的新方法、新技术和新工艺，走资源节约型发展道路。从可持续发展的角度来看，现代化社会本质上是生态社会，现代文明本质上是生态文明，生态文明的本质是要求人们正确处理人与自然的关系，维护生态系统的稳定性和完整性，建立人与自然和谐发展的"绿色文明"，既保护了自然界，也保护了人类自身。

20.2　我国生态建设发展历程

生态建设主要是对受人为活动干扰和破坏的生态系统进行生态恢复和重建。生态建设根据生态学原理进行人工设计，充分利用现代科学技术，充分利用生态系统的自然规律，是自然和人工的结合，达到高效和谐，实现环境效益、经济效益、社会效益的统一。生态修复是指对生态系统停止人为干扰，以减轻负荷压力，依靠生态系统的自我调节能力与自组织能力使其向有序的方向进行演化，或者利用生态系统的这种自我恢复能力，辅以人工措施，使遭到破坏的生态系统逐步恢复或使生态系统向良性循环方向发展，这样，生态系统得到了更好的恢复。

生态修复可追溯到 19 世纪 30 年代，但将它作为生态学的一个分支进行系统研究，是1980 年 Cairns 主编的《受损生态系统的恢复过程》一书出版以来才开始的。在生态修复的研究和实践中，涉及的相关概念有生态恢复、生态修复、生态重建、生态改建、生态改良。生态恢复指通过人工方法，按照自然规律，恢复天然的生态系统。"生态恢复"的含义远远超出以稳定水土流失地域为目的的种树，也不仅仅是种植多样的当地植物，生态恢复是研究生态整合性的恢复和管理过程的科学，现已成为世界各国的研究热点。目前，恢复已被用作一个概括性的术语，它包括了重建、改建、改造、再植等含义，一般泛指改良和重建退化的生态系统，使其重新有益于利用，并恢复其生物学潜力。生态恢复的原则包括自然法则、社会经济技术原则和美学原则。

21 世纪是修复地球的世纪，工业革命时代由于经济的发展，地球的生态系统遭到严重破坏，地球的生态系统处于退化状态。在这种背景下，生态修复这一学科的应用前景越来越大。然而生态修复首先要修复它的功能，也就是恢复一个生态系统的健康。一个自然生态系统有它特有的生态功能。二是恢复它的生态结构，也就是恢复一个生态系统的完整性，即恢复物种多样性和完整的群落结构。三是恢复可持续性，这包括两方面的内容。生态系统的抵抗能力和自我修复能力。四是恢复它的文化、人文特色，一个地方的文化源起于它的自然环境，文化遗产往往孕育于自然遗产，生物多样性和文化多样性是相辅相成的。

生态修复需要人的帮助。有人说，生态修复很简单，把修复区的人口搬出来就可以了。实际上受损生态系统没有人的帮助，很难恢复。有些生态系统可以自我恢复，也许要 100年、1000 年的时间，有了人的帮助，这个恢复过程会加快。绿化不等于生态修复，只是生态修复的手段之一。人们在一片空地上种上花草，这是绿化，但不是生态恢复。恢复生态是指恢复当地生物多样性、生态的完整性以及周围环境的协调性和生态系统的自我维持性。

20.3　生态建设可持续发展策略

人类在经过漫长的奋斗历程后，在改造自然和发展社会经济方面取得了辉煌的业绩，与此同时，生态破坏与环境污染对人类的生存和发展已构成了现实威胁。保护环境是实现可持续发展的前提，也只有实现了可持续发展，生态环境才能真正得到有效的保护，保护生态环境，确保人与自然的和谐，是经济能够得到进一步发展的前提，也是人类文明得以延续的保证。

20.3.1　生态建设产业化

生态建设产业化是以生态建设为基点，以改善生态环境为目标，立足区域资源优势，发展龙头产业。通过一定的组织形式和利益机制，把生态建设的产前、产中、产后各个环节，如把生产、加工、销售连接起来，引导农民与市场对接，从而把农民的微观经济活动导入到产业化和规模经济上来，实现规模化、专业化的经营机制。生态建设产业化是生态建设与产业开发相结合的产物，是生态建设与市场经济碰撞、融合的产物。生态建设产业化具有以下几方面的内容和特征。

① 生态建设产业化的核心是市场化和企业化。由自然经济发展为商品经济，实现管理对象的商品化，是产业化的前提。它把广大生产者直接推向市场，从而使生产者必须按照市场的要求来调整产品结构。在此基础上，分散的生态建设者开始联合协作，部分生产者逐渐转变为管理经营者，出现农户型企业。随着专业化程度的提高和生产规模的扩大，逐渐发展壮大成为生态建设产业化的龙头企业。

② 生态建设产业化必须以资源培育为前提和基础。将特殊的资源优势加以开发，附以经济价值，并在市场运作的过程中加以体现。离开了资源培育，生态建设产业化就成了无源之水，无本之木。

③ 区域化布局，规范化生产。以地区行政边界为基础的经济生态区域为单位，规划产业发展规模，便于技术服务、经营管理。同一经济区内的产品尽可能遵守同一规范，以便于管理标准化和质量标准化。

④ 经营一体化。随着生产力的发展和产业化的深入，生态建设的社会分工越来越细，各相关部门之间彼此依存，互相结合，从而出现供产销或农工商等一体化经营。即以生态建设为核心，通过其他相关部门推动生态建设一体化发展。

⑤ 产品现代化。不断研究新技术，开发新产品，以保持产品的更新换代，长盛不衰，实现生态建设产业化的持续发展。

以支柱产业为龙头，走"生态产业化"的发展道路，其模式包括：①农户联合经营方式。这种方式仍然以小农家庭承包为基础，无土地要素的重新组合，但土地的承包权和经营权相对分离，采取共同作业的方式，从事生态产品的种植、管理、收获、保存、运输、销售，从而大大降低了生产成本。②委托经营方式。农户通过土地租赁等方式将土地委托于别人经营。③合作经营方式。农民以土地、劳力等多种要素入股，组成合伙人性质的生产经营单位，进一步从事农业产业化的各方面活动。这种方式下，土地所有权与经营权分离，农民既可以从劳动中获得工资收入，也可以从土地入股中获得预期收益。④公司经营模式。生产方式完全按现代企业运行方式进行管理和生产，产权清晰，经营方式现代化，产供销一条龙，面向区域市场与全国市场甚至国际市场。这四种产业化模式，前两种属于产业化初级阶段，目前在我国具有普遍适用性，后两者属于高级阶段。随着我国成功加入世界贸易组织，后两种模式未来具有广泛的发展前景。在实际的生态建设产业化过程中，不同地区可根据地域特点和产业化程度选择相应的模式。

20.3.2   提高生态保护意识提倡绿色消费

绿色，代表生命、健康和活力，是充满希望的颜色。国际上对"绿色"的理解通常包括生命、节能、环保三个方面。绿色消费是指消费者对绿色产品的需求、购买和消费活动，是一种具有生态意识的、高层次的理性消费行为。绿色消费简单地说就是人们进行消费时既要对自身健康有益，又要有利于环境保护，有利于生态平衡。是从满足生态需要出发，以有益健康和保护生态环境为基本内涵，符合人的健康和环境保护标准的各种消费行为和消费方式的统称。绿色消费包括的内容非常广泛，不仅包括绿色产品，还包括物资的回收利用、能源的有效使用、对生存环境和物种的保护等，可以说涵盖生产行为、消费行为的方方面面。具体而言，它有三层含义：一是倡导消费时选择未被污染或有助于公众健康的绿色产品。二是在消费者转变消费观念、崇尚自然、追求健康、追求生活舒适的同时，注重环保，节约资源和能源，实现可持续消费。三是在消费过程中注重对垃圾的处置，不造成环境污染。

基于生态环境日益恶化的压力和人类自身生存和发展的迫切需求，一种全新的发展模式——可持续发展就应运而生了。与之相适应的，一种以"绿色"为核心的消费浪潮在全球迅速掀起，这就是"绿色消费"。特别是 20 世纪 90 年代以来，以符合人的健康和保护环境为标准的绿色消费浪潮正以锐不可当之势席卷全球。国际上环保专家把绿色消费概括成 5R 原则，即：节约资源，减少污染（Reduce）；绿色生活，环保选购（Re-evaluate）；重复使用，多次利用（Reuse）；分类回收，再循环（Recycle）；保护自然，万物共存（Rescue）。

绿色消费是一种生态化消费方式，是一种更充分更高质量的新的消费方式，人们不再为消费而消费，为虚荣而消费，在这种消费观的指导下人们渴望回归自然、返璞归真，在绿色消费方式条件下，生态观念深入人心，绿色环保产品广泛受到青睐。绿色消费是一种适度性消费方式，主张人的生活形态由高消费、高刺激，重返简单朴素。绿色消费是一种理性消费方式，主体是具有环保意识、绿色意识的绿色消费者。绿色消费是一种健康型消费方式，它要求消费者消费什么、消费多少，必须出于实际需要，并且有利于人的身心健康。绿色消费的意义在于以下几点。

① 有利于促进可持续发展。建构绿色消费模式，可以促进经济的持续发展。建构绿色消费，通过消费结构的优化和升级，进而促进产业结构的优化和升级，推动经济的增长，形成新的经济增长点，形成生产和消费的良性循环。

② 提高生命质量，促进人的全面发展。绿色消费作为人的价值观念和生活方式的根本变革，不仅可以满足人的生理需要，保障人的身体健康，而且可以满足人的心理需要，增进人的身心健康，满足人的自由、全面发展的需要。

③ 绿色消费有利于实现社会文明的进步。在人类社会发展史上，人类主要经历了原始的采集与狩猎文明、农业文明和工业文明三种文明形态。在一定意义上讲，工业化的成就是以资源的牺牲和环境的破坏为代价换取的。

　　绿色消费所倡导的消费观念、消费结构、消费行为和消费方式适应了文明形态演进的历史要求，为生态文明奠定了坚实的根基，因而可以促进人类社会的文明进步。

20.3.3　转变经济模式发展生态经济

　　我国现有的经济模式有如下几个特点：劳动密集型；低附加值；高能耗、高污染、低产出；低端制造，技术水平低；农业机械化水平低；服务业占 GDP 值低等。以上这些特点决定了我国经济难以实现可持续发展，难以实现持续高增长，因此最终难以进一步提高国民经济和人民的生活水平，因此，如果想要谋求可持续发展，进一步提高竞技水平，增加百姓收入，就必须转变经济增长方式，大力发展服务业、高科技产业、新兴产业、节能环保产业。当前中国正处于经济转型的关键时期，国家层面上必须加快制定相关政策给予大力引导和支持，企业层面上，企业自身必须加强自主创新，尽快向以上产业转型、进军，只有这样，才能实现我国的可持续健康发展。

　　发展生态经济是现代经济发展的方向，是在科学发展观引领下实现跨越式发展的根本途径。离开了生态经济，发展将不可持续，跨越式发展将成为空谈。要走出一条具有特色的科学发展之路。首先要坚持产业生态化，着力构建现代产业体系，把生态经济理念贯穿于经济发展的全过程和各领域，加快经济结构调整和发展方式转变，着力构建结构优化、技术先进、清洁安全、竞争力强的现代产业体系。其次要坚持生态产业化，打造跨越式发展新优势。第三，推进城乡一体化，打造最佳生态宜居城市。第四，加快培育生态文化，培养生态文明新人。最后，坚持全民总动员，全面保护优良生态环境。

20.3.4　丰富评价指标体系

　　城市是社会、经济、自然复合的生态系统，如何实现城市的可持续发展，是当今世界研究的重要课题之一，生态市是城市实现可持续发展的理想模式。

　　生态市评价指标和方法是衡量城市生态规划、建设、管理成效的主要依据，目前国内外关于生态市建设评价指标与方法的研究还处于探索阶段，没有形成一套成熟的评价指标体系和方法，评价指标往往侧重某一方面，评价方法一般采用 Delphi 法和层次分析（AHP）法，指标权重的主观性较大，生态市建设不是经济、社会、环境和生态某个单系统的发展，也不是这几个方面简单的线性相加，而是这几方面的协调发展。

　　生态市评价指标体系要体现城市可持续发展的状态、过程和实力，反映城市经济、环境、生态和社会等方面的建设情况。建立指标体系时遵守以下基本原则：完备性、客观性、独立性、可测性、数据可获得性、动态性和相对稳定性。生态居住区评价指标的参考标准有国家、行业和地方制定的标准。在生态居住区的规划和设计方面，我国于 2001 年颁布了《绿色生态住宅小区设计要点与技术导则》，这是我国在国家层面上发布的有关生态居住区的唯一参考标准。

20.3.5　建立生态补偿机制鼓励生态捐助

　　生态补偿机制是以保护生态环境、促进人与自然和谐为目的，根据生态系统服务价值、生态保护成本、发展机会成本，综合运用行政和市场手段，调整生态环境保护和建设相关各方之间利益关系的环境经济政策。主要针对区域性生态保护和环境污染防治领域，是一项具有经济激励作用、与"污染者付费"原则并存、基于"受益者付费和破坏者付费"原则的环境经济政策。建立生态补偿机制是贯彻落实科学发展观的重要举措，有利于推动环境保护工作实现。从以行政手段为主向综合运用法律、经济、技术和行政手段的转变，有利于推进资源的可持续利用，加快环境友好型社会建设，实现不同地区、不同利益群体的和谐发展。

① 自然保护区的生态补偿。要理顺和拓宽自然保护区投入渠道，提高自然保护区规范化建设水平；引导保护区及周边社区居民转变生产生活方式，降低周边社区对自然保护区的压力；护区生态补偿标准体系。

② 重要生态功能区的生态补偿。推动建立健全重要生态功能区的协调管理与投入机制；建立和完善重要生态功能区的生态环境质量监测、评价体系，加大重要生态功能区内的城乡环境综合整治力度。

③ 矿产资源开发的生态补偿。全面落实矿山环境治理和生态恢复责任，做到"不欠新账、多还旧账"。

④ 流域水环境保护的生态补偿。各地应当确保出界水质达到考核目标，根据出入境水质状况确定横向补偿标准；搭建有助于建立流域生态补偿机制的政府管理平台，推动建立流域生态保护共建共享机制；加强与有关各方协调，推动建立促进跨行政区的流域水环境保护的专项资金。

为探索建立生态补偿机制，一些地区积极开展工作，研究制定了一些政策，取得了一定成效。但是，生态补偿涉及复杂的利益关系调整，目前对生态补偿原理性探讨较多，针对具体地区、流域的实践探索较少，尤其是缺乏经过实践检验的生态补偿技术方法与政策体系。因此，有必要通过在重点领域开展试点工作，探索建立生态补偿标准体系，以及生态补偿的资金来源、补偿渠道、补偿方式和保障体系，为全面建立生态补偿机制提供方法和经验。

20.3.6　强化政府政策导向

为实现我国经济又好又快可持续的发展和全面建设小康社会的奋斗目标，就必须深入贯彻落实科学发展。

首先，创设绿色经济制度。可持续发展首先要解决的是经济增长模式问题。传统经济增长模式追求的是高投入、高消耗、高产出，是以牺牲资源和环境为代价的，其弊端早已暴露出来。所谓绿色经济制度，"是随着全球环境革命在经济再生产各领域的渗透而逐渐形成的可持续发展经济行为的初步制度框架，亦是目前实施生态环境政策与经济政策决策一体化的创新结果"。绿色经济制度是实现经济与环境协调发展，把生态环境价值转换为经济价值的重要途径。

其次，完善决策支持系统与宏观政策调控系统。由传统经济模式向可持续发展模式的转变不是一个自发的过程，除了要遵循市场经济的一般规律外，还必须依凭政治权力，完善政府的决策支持系统和宏观政策调控功能。政策支持是我国可持续发展的重要保证。由于我国政府行政权力相对集中，在公共领域具有权威性，在推进可持续发展的战略时，政府可以凭借行政权力的力量，加强国家政策的宏观调控功能。因此，只有在具有相应"合法性"和权威性特征的政策保障下，政府才能实现可持续发展的调控目标。此外，宏观调控必须由原来的线性调控向综合调控转变，改变宏观调控的简单化模式，以适应市场经济的要求。

第三，强化法律的奖惩力度。一般来说，"可持续发展法律制度是指符合可持续发展的内在要求，调整人类与自然、环境与发展、当代与后代所有具体社会关系的法律规范的总称。根据执法过程中存在的问题，必须强化执法力度，加强监督，统一执法。对故意破坏环境的责任人应加大惩罚力度。同时，还必须提高国民的环境法律意识，强化主体行为的自律性，变被动守法为积极守法。

第四，科技创新与应用。可持续发展离不开科技的创新与应用，没有科技的支撑和支持，可持续发展就无从谈起。但科技的应用是一把"双刃剑"，为此，又必须把科技的创新与应用纳入可持续发展的整体轨道。随着社会的发展，科技贡献率在整个国民经济发展中所占的比重越来越大，特别是对传统工农业生产方式和手段的改造，必须依赖科技的进步。

最后，环境价值理念的提升。可持续发展战略的实施还必须依赖人们价值观念的转变，特别是环境价值理念的提升，而要提升人们的环境价值理念，就离不开环境教育。环境教育的目的在于促进全社会的所有人关注环境问题，并促使个人或群体具有解决环境问题、预防新问题出现的知识、技能、态度。

第 21 章　环境管理与可持续发展

科学发展观内含了环境管理与可持续发展之间的互动性，即环境管理是以可持续发展为核心的，是实现可持续发展目标的重要途径和方法。环境管理水平的提高可以促进可持续发展，反之，则会影响到经济的可持续发展，甚至会阻碍其发展。同样地，可持续发展会对环境管理提出更高的要求，也会促进环境管理水平的提高。

21.1　环境管理概述

21.1.1　环境管理的主要内容

国内外环境管理的成功经验及环境管理与可持续发展的互动模型表明，我国环境管理应该注重制度创新和管理手段的创新，积极利用市场，使法律法规的强制性和企业、公众的自觉、自愿性相结合，形成管理主体的"政府自主引导＋行业自律规范＋企业自觉管理"三位一体及管理手段的"行政监管＋市场引导＋经济激励＋公众参与"系统模式。具体来说，有以下几个工作重点。

（1）加强行政监管，完善体系建设

① 建立立体环境管理体系。环境管理体系是一个螺旋上升的开环模式，首先必须得到政府最高管理者的承诺，形成指导方针和宗旨，即环境方针；同时，需要一套相应的程序来支持环境方针和目标的实现，并制定环境管理方案，保证重要的环境因素处于受控状态，设立监督、监测机制，并配置一定的人力、物力和财力以确保环境管理体系的适用性和有效实施；最后通过审核和评审促进环境管理体系的完善和改进。

② 完善区域环境管理。城市环境管理重在坚持环境保护目标责任制基础性作用的同时，加强城市环境综合整治工作。主要包括城市工业污染防治、城市基础设施建设和城市环境管理这三个方面。农村环境管理重在积极发展生态农业，强化乡镇企业的环境管理，加快农村能源和农村环境基础设施建设。流域环境管理重在突出重点流域的治理，实行流域环境综合整治；把流域的污染治理与产业结构调整相结合，从根本上解决由产业结构不合理所带来的污染，实现环境与经济的"双赢"；加强区域间的环境合作。

③ 完善环境统计，推进绿色 GDP 核算系统。核算绿色 GDP 首要的是建立资源环境的实物量核算，在此基础上须加强自然资源损耗监测，统计由资源消耗过量、意外事故、排放废物所造成的环境污染损失及社会生产过程的自然资源消耗；统计环保支出，具体包括预防和减少环境污染和恢复环境而发生的各种费用、为环保而设立环境机构发生的各项费用、降低和改善环境污染的研究开发及利于环保的设施支出；统计社会生产的人文虚数部分，对推动社会进步和造成社会无序和发展倒退的"支出"进行区别统计；在强调下大力气建立绿色 GDP 核算体系的同时，还要强调公众参与，营建一个公众参与的社会氛围。认真收集与了解公众对经济收入和环境破坏的主观评价，并把这种主观评价的数据作为绿色 GDP 的重要补充。

（2）利用市场，强化经济手段的运用　根据"污染者付费、利用者补偿、开发者保护、破坏者恢复"的原则，在基本建设、财政税收、金融信贷以及引进外资等方面，制定和完善有利于环境保护的政策与措施。合理调整环境资源价格，减少或取消补贴；根据公平性、稳定性和有效性的原则来制定环境税，调整现行的能源税，引进新的环境税，对环境有害的产品征收消费税，实行差异税收，扶持引导环保产业发展，将环境税的税收收入视排污者的治理程度返还或奖励治理成绩显著的企业，以充分发挥环境税的鼓励作用；试行可交易的排污许可证制度；加强投资和信贷政策的环境导向。

(3) 公众参与和激励机制　我国公众环境管理的参与意识和参与程度，以及环境管理部门对此的重视程度都远远不够。一方面需要依靠提高公众的环保意识来激发参与环保的程度和力度；与此同时还必须认识到仅这一种方法的局限性从符合市场经济规律的角度来说，还需要有一定的物质激励，来激发公众的参与热情。①继续加强传统的宣传教育手段。②普及环境权的观点。③大力扶持民间环保社团的发展。④实行环境信息公开化。⑤引入污染控制的三角模式，也就是政府在主导控制污染的基础上，将社区和市场这两者引入其中，共同发挥作用，监督企业控制污染。⑥设立环保举报热线，建立省、市、县三级联动的环保有奖举报制度，刺激公众的参与热情。

(4) 加强环境管理的国际交流与合作　扩大对外交流领域，努力发展同世行、亚行以及发达国家的合作关系，有力推动我国环境保护事业的开展。积极引进外资和技术，开展环境保护国际合作，通过同国际组织和发达国家共同实施环保合作项目，利用外资，引进国外的先进技术和环境管理理念，进一步推进生态建设和环境保护工作。环境管理和社会经济的可持续发展两者都是一个复杂的巨系统，从系统动力学的角度建立其互动模型，一来更好地阐述两者之间的内部联系，二来也继承了我国可持续发展研究的系统观。环境管理和社会经济可持续发展互适系统见图 21-1。

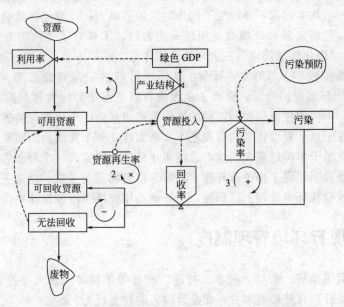

图 21-1　环境管理和社会经济可持续发展互适系统流图

从系统流图的总体分析中，我们可以得出以下结论：①三个正环，一个负环，说明社会经济的两种发展前景，即可持续发展和"增长的极限"，证明了可持续发展的可能性。可持续发展要求正环自动调节能力强于负环。②正环 1 加强方法：提高资源利用率、资源投入与可用资源挂钩、优化产业结构。③正环 2 加强方法：增加环境治理方面的投入以提高污染物的回收使用率。④正环 3 加强方法：有效进行污染预防以降低污染率、提高污染回收率。

⑤负环与正环呈对偶关系，正环加强负环自然减弱。

因此，环境管理与可持续发展的互动性涉及方方面面，要想理清其中的头绪，加强环境管理有效性从而进一步促进可持续发展，就必须建立一个综合的环境管理体系。该体系应该是一个多目标、多层次、开放互动的系统。

21.1.2　我国环境管理发展历程回顾

中国环境管理发展历程大致可分为三个阶段。

（1）实践探索阶段　从 1973～1981 年，中国是在实践和探索一条中国式的环境保护道路。1973 年国务院在《关于保护和改善环境的若干规定》中提出一个避免先污染后治理的原则，要求新建、改建和扩建项目，防治污染的措施必须同主体工程同时设计、同时施工、同时投产，即"三同时"原则。在 1979 年颁布试行环境法中规定："在新建、改建和扩建工程中，必须提出环境影响的报告书，经过环境保护部门和其他有关部门审查批准后才能进行设计。"在试行环境法里规定：工业企业在生产过程中不排放超过国家标准的污染物，如超过标准就得缴纳排污费。从 1979 年开始在全国各地陆续开展征收排污费的试点工作。

（2）开拓创新阶段　该阶段也称开拓阶段，从 1982～1988 年，是我国环境管理实践阶段。这一阶段是我国环境管理思想最活跃，新的管理制度纷纷出台、分头试行、综合配套的阶段，环境管理思想上有以下几方面的发展。①认识到在我国目前经济条件下，控制和解决环境污染问题，不能依靠大量资金和高技术，而可靠的出路只能是强化环境管理，通过管理促进污染治理和控制。②明确提出我国环境管理四大领域。管理由生产和生活活动引起的环境污染问题；管理经济活动引起的海洋污染问题；管理由建设和开发活动引起的环境影响和破坏的问题；管理有特殊价值的自然环境。③在 1983 年全国第二次环境保护会议上宣布了环境保护是我国一项基本国策，并确立了同步发展的战略方针，即经济建设、城乡建设和环境建设同步发展，经济效益和环境效益相统一的方针。④确立了"预防为主，防治结合"、"谁污染谁治理"、"强化环境管理"三大环境政策体系。

（3）快速发展阶段　从 1989 年至今，是环境管理进一步解放思想、快速发展时期。1989 年第三次全国环境保护会议，提出了全面推行新老八项环境管理制度，这八项制度把不同的管理目标、不同的控制层面和不同的操作方式组成为一个比较完整的体系，基本上把主要的环境问题置于这个管理体系的覆盖之下，努力建立一个充满活力而又灵活有效的环境管理机制，这是立足于中国的现实国情，总结多年环境管理实践，学习和借鉴国外先进管理经验的产物，也是我国环保工作改革开放、创新、奋进的重大成果。在这一阶段很重要的一点，就是要强化政府在环境管理上的职能，更好地运用经济手段和法律手段保护环境。

21.2　我国现行环境管理制度

环境管理是运用经济、法律、技术、行政、教育等手段，限制人类损害环境质量的行为。环境管理不是管理自然环境本身，而是管理人的社会行为。

中国的生态文明建设需要环境管理体制的改革与创新。针对现行环境管理体制中存在的不适应生态文明建设要求的主要问题，如环境管理部门的权威性缺失，环境执法和管理的独立性弱，以及环境管理绩效评价的淡化和现行财税制度、环境补偿机制的不完善等。首先，应改革现行环境管理体制，强化管理主体的独立性和权威性，即完善环境管理主体的法律地位，改革现行环境管理机构的隶属关系以及人事、财政管理体制，构建以区域生态环境特点为基础的跨省区环境管理协调机构。其次，应改革现行政府评价体系、财税制度和环境补偿机制，调动各级政府的环保积极性，即切实推动地方政府环境管理绩效评价体系建设，建立环境保护的专门财税制度，完善资源有偿使用制度和生态环境补偿机制。

环境制度分为管制制度和经济激励制度。理论与实践证明，管制制度向经济激励制度转化是实现环境目标的一个自然结果，在不同国家具体实践历程有所不同。在我国，社会主义市场经济体系正在逐步完善，随着科学发展观的不断落实，未来环境保护制度的趋向必然是激励型的制度安排替代管制制度的主导地位。目前，我国已经确立了"预防为主，防治结合"、"谁开发，谁养护，谁污染，谁治理"和"强化环境管理"三大政策，形成了一套较为完整的环保制度体系，这些战略政策和管理制度的实施，使我国从总体上避免了经济快速增长条件下环境状况急剧恶化的局面，部分城市和地区的环境质量有所改善，促进了改革开放和经济社会的持续健康发展。

21.3　环境管理要适应可持续发展战略要求

21.3.1　确定环境目标的科学性和严谨性

环境政策和法律基于四个目标，即保存、保护和改善环境质量；保护人类；谨慎和理性地利用自然资源；促进采用国际水平的手段来处理区域或世界的环境问题。我国现行的环境法律政策中对于保存特殊地区的环境质量，谨慎而理性地利用自然和环境，以及用先进科技手段解决环境问题还体现或突出得不够。因此，在我国环境法政策的修订和制定中，应进一步突出环境承载力和承受力理念，树立环境资源有限、有价的理念。环境问题的根本解决在于科技进步，而环境执法是推进科技进步的强制驱动器。

21.3.2　环境原则的针对性和实效性

环境和法律基于两项总体原则，即环境保护原则和可持续发展原则。同时体现四项基本原则，即预防原则、防止原则、源头损害修复原则和污染者付费原则。在一般原则中规定，所有政策都要考虑环境保护的要求，从而实现各地、各级、各领域在可持续发展基础上的综合决策。通过预防原则、防止原则、源头损害修复原则和污染者付费原则，将污染防治作为环保工作的重中之重，将源头控制和环境污染外部成本内部化作为根本手段，从而抓住了环保工作的关键。我国正值工业化加速发展阶段，更应该时刻不能放松污染防治工作，这将是我国一项长期而艰巨的任务。

21.3.3　环境立法的广泛性

在意大利，环境立法始终坚持平面立法与立体立法相结合。综合污染防治和控制及环境信息的公开化、防止环境破坏和环境修复责任的落实以及环境保护和各个领域都有法律规定，从而实现环境立法纵到底、横到边，做到有法可依，依法行政。

市场经济条件下，环境保护应该建立起市场化运作机制，走产业化发展道路。社会主义市场经济条件下，在充分发挥政府对环境保护监督作用的同时，应该引入市场机制，推进环境保护市场化，使环境保护由单纯依靠政府发挥作用变成政府和市场共同发挥作用。要进一步从法律、经济、环境、社会等方面探讨环境保护市场化问题，完善社会主义市场经济条件下环境保护发展模式，建立多元化的环境投融资机制，培育环保服务市场和资本市场，引导、推动和促进我国环境保护步入产业化、市场化发展道路。推进环境保护运营市场化、专业化，应采用政策引导、逐步推进、规范管理、分期实施的方针。具体可分为两个步骤进行：一是做好宣传，使企业明确环境保护设施运营专业化的重要意义，引导企业自觉地参与设施运营专业化活动，同时要做好环境保护设施运营专业化的试点工作，鼓励企业参与到这项活动中来，对具备设施运营资质的企业颁发运营资质证书，逐步探索推进这项工作的办法和措施，为全面开展这项工作创造条件，打下基础。二是在环境保护设施运营专业化管理已有一定规模和程度的基础上，制定管理规章，要求全面实行环境保护设施运营的专业化管理，对专业公司实行资质认可，对运营人员实行培训考核，持证上岗，把设施运营纳入规范化轨道，与国际通行作法接轨。

环境保护必须提高公民环保意识，加强公众参与意识。实现可持续发展离不开公民环境意识的提高，离不开对公民的教育。教育与公众参与是相辅相成的。环境教育能够促进公众参与，而公众参与也给身边的人尤其是孩子提供了榜样，促进了教育。这样就形成了良性发展，最终达到社会所要求的全面、协调、可持续发展的目的。我国现在迫切需要加强公民的环境意识，需要大力提倡公众参与，调动公众的积极性。同时也要加大政府、家庭和学校在这方面的引导，使人们耳濡目染，认识到环境问题和建立循环型社会不再只是政府的政策，而是关系到每个人切身利益的事，从而积极贯彻国家有关政策。实现可持续发展，需要政府、生产者、消费者的共同努力。其中，政府的政策导向是最重要的一环。为此，一要加强政府的政策导向。要构建一套完善的制度，由国家进行政策引导，限制不必要的消费以减少环境压力。在政府、生产者和公众三者中，政府在环境管理与可持续发展中的地位是最重要的，也是不可替代的，政府的政策导向决定着可持续发展成败。发挥政策导向作用是推进可持续发展的重要方式之一，其中最主要的手段是采取强制管理和经济刺激制度这两种措施。二要加强环境教育和执法宣传。制定环境法律、法规和标准，是环境管理最基本、最普遍和最有威慑力的措施，这种做法在短期内就能发挥作用，但是，如果没有一定的环境教育给予配套和补充，只是一味地加强约束，将环境责任强加于公民，就会使公民出现逆反、抵触情绪，使管理费用增加，执行困难。我国的环境政策主要是以强制管理的形式出现的，虽有立法，执法效果却不尽如人意，需要加强环境教育和执法宣传。三要加强经济刺激。经济刺激制度旨在遵循价值规律，利用经济杠杆抑制对环境不利的行为，利用税收进行调控，设立环境税。

环境税是通过价格杠杆起作用的。我国还没有系统的环境税体系，应该尽快着手建立环境税制度。具体包括：①排污收费。排污收费制度已经被世界各国广泛运用，收费范围涉及水污染、大气污染、固体废物污染、噪声污染等。我国虽然已经有排污收费制度，在《排污费征收管理条例》中也将超标收费改变为总量控制，将单因子收费改为多因子收费，但是，现行的排污收费标准太低。有数据表明，排污收费只占污染处理费用的10%，使大部分环境成本无法内部化，也无法继续刺激已经达标的企业继续努力改进环保工艺。因此，现在最紧迫的就是提高排污收费标准，尽快制定有差别的、合理的排污收费标准。

② 财政补贴和低息贷款。意大利《水法典》规定，国家为地方当局提供固定补助金或低息贷款，以帮助建设下水道系统和安装污水净化设备。除直接补贴外，不少国家采用间接补贴方式即负税的方式鼓励对资源的保护。具体手段包括减免税收、比例退税、特别扣除及投资减税等形式。我国虽然在《清洁生产促进法》中提及了财政补贴和低息贷款，但没有设立配套的具体制度，需要加以完善。

③ 生产者责任。必须加强企业自律，在这方面，中国企业做得远远不够。我国应当仿效发达国家的相关做法，在技术条件允许的情况下，要求生产者对产品承担循环利用的义务，把环保标准、环保信息披露与企业年检、项目立项、贷款发放等挂钩，用经济手段和利益驱动机制鼓励生产者提高其产品的耐用性。

　　环境保护应该依靠科技进步和创新，实现可持续发展。谁抢占了技术创新的制高点，谁就在环境保护的历史性转变中掌握了主动权。重大环境科技的突破，总会带来环境保护某一领域的跨越发展。我国是世界上生态、环境恶化最严重的国家之一，党和政府对生态与环境建设高度重视。但是，我国环境科技现状和能力与国家环保需求存在诸多不适应，因此，我国要积极实施科技兴环保战略，以环境科技创新促进环境保护历史性转变。一是创新体制、机制，使之与发挥环境科技作用相适应。二是建设两个平台——科技协作平台和基础能力平台。三是实施环保科技工程，比如建设环境科技创新工程、环境标准体系建设工程和环境技术管理体系建设工程等。加强环境监测预警和人体健康的技术创新，为建立先进的环境监测预警体系提供技术保障。标准体系建设工程要科学确定环境基准，建立完善的环保标准体系，严格执行环境标准，努力使环境标准与环保目标相衔接。环境技术管理体系建设工程要建立完善以技术政策、技术指南、技术规范、技术评估和技术推广、示范为主要内容的国家环境技术管理体系，大力推进循环经济和环保产业发展。四是增加科技投入。在专项和环保技术推广示范等方面要加大投入，建立比较稳定的科技投入渠道。除了争取国家支持外，还要积极争取地方政府加大科技投入。

第8篇 中国城市建设与可持续发展

第22章 我国城市可持续发展

22.1 城市可持续发展内涵

城市是地球上的一种特殊地域，是一个人口与经济活动高度密集、以连片人工环境为重要组成部分的综合生态系统。城市也是一个由经济、环境、社会、制度四个子系统之间通过相互作用、相互依赖、相互制约而构成的紧密联系的复杂系统。随着联合国环境大会对于可持续发展目标的提出，城市形态与可持续发展之间的关系成为国际上关于环境与发展问题争论的热点。将可持续发展思想运用于当代城市与城市化发展，形成了一整套有关城市可持续发展的理论和模式。

城市可持续发展，与此相近的还有城市可持续性、可持续城市和生态城市三个名词，这三个名词分别从不同角度表述了可持续发展思想在城市发展中的应用，而对于城市如何向可持续发展方向推进，它们的内涵完全一致，即城市可持续发展要协调好城市经济、社会发展与城市环境之间的关系。在《可持续城市》中将城市可持续发展定义为：居民和各种事物采用永远支持"全球可持续发展"目标的方式，在邻里和区域水平上不断努力以改善城市的自然、人工和文化环境的城市发展。城市可持续发展这一命题提出后，不同的学者从不同的角度对其内涵进行了深入的讨论。

从资源角度来看，城市可持续发展是一个城市不断追求其内在的自然潜力得以实现的过程，其目的是建立一个以生存容量为基础的绿色花园城市。城市要想可持续发展，必须合理地利用其本身的资源财富，寻求一个合理使用过程，注重其中的使用效率，不仅为当代人着想，同时也为后代人着想。从城市发展的基础——资源这一角度入手，说明了资源及其开发利用程度间的平衡，是可持续必须遵循的一个原则。

从环境角度来看，城市可持续发展是其公众应不断努力提高自身社区及区域的自然和人文环境，同时为全球可持续发展作出贡献的过程。面临越来越严重的城市环境问题时，绝对不能随意地把这些环境问题留给后代或更大范围甚至全球，这是一种责任和义务。利用环境生态规律来解决城市环境问题，是城市可持续发展所面临的一个基本问题。

从经济角度来看，城市可持续发展是指在全球实施可持续发展的过程中城市系统结构和功能相互协调，具体说是围绕生产过程这一中心环节，通过均衡地分布农业、工业、交通等城市活动，促使城市新的结构、功能与原有结构、功能及其内部和谐一致，这主要通过政府的规划行为达到。世界卫生组织（WHO）提出，城市可持续发展应在资源最小利用的前提下，使城市经济朝着更富效率、创新和稳定的方向演进。城市应充分发挥自己的潜力，不断地追求高数量和高质量的社会经济人口和技术产出，长久地维持自身的稳定和巩固其在城市体系中的地位和作用。对大多数城市来讲，只有提高城市的生产效率以及物质产品的产出，才能永葆其生命活力。

从社会角度来看，城市可持续发展在社会方面应追求一个人类相互交流、信息传播和文化得到极大发展的城市，以富有生机、稳定、公平为标志。可持续城市社会特性包含两个方面：一方面可持续城市是生活城，其应充分发挥生态潜力为健康的城市服务，不仅把城市作为整体考虑，而且也要使不同的环境适应城市中不同年龄、不同生活方式的需要；另一方面可持续城市是市民参与的城市，应使公众、社团、政府机构等所有的人积极参与城市问题讨论以及城市决策。

22.2　现代城市可持续发展的理想空间结构模式

通常，城市空间结构是指城市各物质要素的空间区位分布特征及其组合规律，它是以往城市地理学及城市规划学研究城市空间的核心内容之一。城市的真正效率来自城市的空间结构布局，良好的城市空间结构布局能使人们以便捷的方式和最小的成本生活、工作和交往。对城市空间结构而言，有两点非常重要，一是城市人口的地理分布，一是城市人口的日常出行模式，而这和稠密型城市及分散型城市的规划和建设密切相关。在现代社会里，追求高品质的城市空间结构是城市系统化发展的基本目标，从而追求整个城市公共空间系统的环境品质就成为城市当局和管理者的主要使命。

22.3　城市资源、环境、经济、社会与城市可持续发展的关系

22.3.1　资源利用与城市可持续发展

城市作为消费者，它要利用其生产系统消耗非再生资源和可再生资源为居民提供生产和生活服务，同时城市也作为摧毁者，由于不合理利用资源，它要消耗甚至浪费资源。城市对资源的消耗，特别是对非再生资源的消耗，虽然满足了当代城市发展的需求，但其必然成为今后长期稳定和可持续发展的限定因素这一点愈来愈明显。许多学者在研究城市可持续发展时，把保护非再生资源和最大限度地利用可再生资源以及循环利用资源作为城市可持续发展的基本原则。

22.3.2　城市环境与城市可持续发展

城市发展在于空间集聚规模效益与成本之间的平衡，其中包括环境成本。20 世纪 60 年代以前，世界大多数城市其内在成本与收益基本平衡，而从 70 年代开始，由于城市急剧膨胀，城市环境出现严重恶化，致使平衡的天平愈来愈出现倾斜。这引起许多学者的热切关注，城市要想沿可持续发展方向演变，重要的一点就是要协调好城市经济与环境之间的关系。城市环境具有以下五个特点：一是遗弃性，即城市环境主要由过去城市经济活动的遗留所导致，如废置的土地、厂房等；二是长期性，即城市的系统要素，特别是基础设施，有很长的使用寿命，一旦发生环境问题，不可能旦夕之间解决；三是可扩展性，即城市问题愈来愈多，同时城市向外扩展，引起周围地区也出现了众多问题；四是积累性与交叉性，城市经济活动的集中与扩大，使得污染物愈来愈多，最终导致它们不断积累，同时出现相互交叉现象，致使问题更加严重；五是流动性，交通运输是城市经济的主要活动，同时它也是主要的

污染源，由于其流动的特性，致使其所到之处，城市内部和城市外部出现污染。

22.3.3 城市经济与城市可持续发展

城市作为一个生产实体，其经济活动通过劳动力、原材料、资金等的输入，产出物资产品，一方面满足社会居民的生活需要，同时其废物也给人民带来许多不便。其生产、生活环节由于城市不断膨胀，规模愈来愈大，所以如果在这些环节上出现局部混乱和不协调，将对城市的发展特别是城市的可持续发展产生愈来愈严重的影响。随着经济全球化、市场全球化，逐步形成世界城市体系。许多学者在城市如何追求可持续的经济的研究中主要集中在以下几个方面：一是提高经济活动的环境效率，降低每个单位经济活动的成本，提高物资产品的耐用性，使资源延长寿命；减少产品库存和运输；重复利用回收和循环物质进行生产，提高生产、使用过程中资源的利用率。二是在城市与区域范围内发展可持续的工业。清醒地认识资源在城市和区域内流动；协调发展利用工业各个部门和各个公司，以便最优地利用资源；减少物质调入、废物产出和半成品运输；提供可持续的设施；鼓励厂商选址靠近原料供应地、市场等。三是以经济活动为基础，支持社会可持续性。通过所有公民参与经济活动，增强他们的社会凝聚力。四是绿化经济，发展环境保护产业，为地方居民增加就业机会。五是开展经济空间规划，协调人口、资源、环境与经济之间的关系，做到整体最优。六是实施交通规划，促使城市经济运行流畅。七是发展高新技术产业和第三产业，促使城市职能更新，提高城市经济的活力。八是实施绿色商标产品工程，提倡绿色消费，转变传统的消费观。

22.3.4 城市社会与城市可持续发展

城市社会问题随时间和空间而变化。19世纪末和20世纪初，城市社会问题主要集中于贫困化，即社会阶层对立，而进入20世纪中、后叶，随着生态问题的全球化，它和贫困化共同作用严重地影响着城市的进一步的发展。城市生态问题超越了社会阶层，同时也跨越了社会的边界，城市的社会问题严重地制约着城市的可持续发展。社会可持续性要求人们必须放弃传统的消费观念，即当代人不能把现代所有财富都消耗掉，而应公平合理地把一些东西留给下一代人。城市服务于人民，同时它也属于人民，在迈向可持续城市时，社会的参与非常重要，由公众参与制定的政策实施起来也具有良好的效果，因为这直接充分地体现了他们的意愿。

22.4 城市可持续发展的原则

可持续发展体现了三个基本原则：一是公平性原则。是指发展应满足整代人的需求，而不是一部分人的需求。可持续发展强调本代人的公平、代际间的公平以及资源分配与利用的公平。二是持续性原则。在"满足需要"的同时必须有"限制"的因素。即"发展"概念中包含着制约因素，主要限制因素是人类赖以生存的物质基础，即自然资源与环境。"发展"和"需求"要以生物圈的承受能力为限度，"发展"一旦破坏了人类生存的物质基础，"发展"本身也衰退了。持续性原则的核心是人类的经济和社会发展不能超越资源与环境的承载能力。三是共同性原则。上述的公平性原则和持续性原则应是共同的。城市可持续发展除了具备以上可持续发展的三个基本原则外，它还具有两个独特的原则：一是生态原则，城市要实现可持续发展，良好的生态环境是必要条件。在城市这个系统中，各要素都是普遍联系的，应以预防和保护生态环境不被破坏为主，力求废物最小化，最大限度地利用可更新和可循环物质，同时增进对环境的认识，保持和扩大"必要的生物多样性"。二是以人为本的原则，未来的城市以满足人的需要为目的，城市要实现可持续发展，应从传统的以经济发展为主的观念转变为以人为本的发展观念上来。

22.5　城市可持续发展的动力机制、普遍规律与发展趋向

22.5.1　城市、城镇的产生及涵义

城市又称都市或都会，是社会生产力发展到一定阶段的产物，也是人类第二、第三次社会大分工的必然结果。随着社会发展，城市概念也在不断变化。在中国古代，"城"是指都邑四周作防御用的墙垣，"市"是指集中做买卖的场所，"城"与"市"聚集在一起就称为城市。当时，城市都是统治阶级的政治中心兼商业或手工业中心，其职能基本相似，只是等级与规模大小有别。到了近代，随着工业革命的发展，农村人口大量向城市集中，形成了许多工商集中的具有多种功能的综合性大城市。这些城镇，根据聚居的大小区分为城市（City）和城镇（Town）。20 世纪 50 年代后，许多发达国家和发达地区的城市居民出现了从城市中心向近郊卫星城、远郊小城镇疏散，以及从城市地区向农村地区回流的趋向。由于城市现代化交通、通信的发展，城市与郊区、与卫星城、与小城镇的联系大大加强，缩小了城、镇、乡之间的地域距离与公用设施水平的差异，因而现代城市的空间概念已不再局限于城市的中心区，而是由许多个具有城市性质的大小不同的市、镇和郊区共同组成，有的地区还形成地域广阔的城市带。"镇"还有两种含义：一是指一种行政设置，如我国古代往往在边远之地设镇，设置镇使、镇将，驻兵戍守。在现代中国，镇则是相当于乡一级的基层行政单位。二是指市镇，通常是指小于城市、从属于县、以从事非农业经济社会活动为主的具有一定城镇基础设施的居民聚集区。城市是一个空间地域系统，是城市内部各组成部分之间通过相互联系和制约而形成的有一定地域范围的有机体。城市是一个坐落在有限空间内的各种经济市场——住房、劳动力、土地、运输等相互交织在一起的网状系统。城市较全面的定义至少应该包括如下七个方面：①一定的人口规模下限；②必要的政治地位；③较高的人口密度；④非自然资源；⑤机械加工而成的基础设施；⑥财富的象征；⑦特有的生活方式。日本学者山田浩之认为，城市或城市区域是兼有密集性、非农业的土地利用性、异质性三个性质的地域。

22.5.2　城市可持续发展的动力机制分析

所谓文明，其原本就是城市化，因为正是城市的诞生才使人类开始迈进文明阶段，也正因为城市的发展，才使人类社会不断迈向现代文明。城市的产生，并不意味着城市化的开始。只有在近代资本主义生产方式产生尤其是工业革命以后，城市经济关系开始渗透到乡村并占社会主导地位时，才开始了城市化的进程。而第三产业的蓬勃兴起，尤其是当代社会信息化的快速发展，又进一步加快了城市化的发展。城市可持续发展的动力机制是推动城市化发生和发展所必须的动力的产生机理，以及维持和改善这种作用机理的各种经济关系、组织制度等所构成的综合系统的总和。总体上看，城市可持续发展的动力机制，主要体现在以下三个方面：一是比较利益的驱动。相对第二、第三产业而言，农业是一个比较利益较低的弱势产业，要受到市场和自然两种风险的双重约束。由于比较利益的驱动，农业内部的资本劳动力等生产要素，必然要在非农业部门外在拉力和农业部门内在推力的双重作用下，流向非农业部门。二是农业剩余贡献。农业剩余的存在是城镇化推进的重要前提。这里所说的农业剩余既包括农产品的剩余，也包括农业劳动力和农业资本的剩余。三是制度变迁促进。制度

是重要的，它对经济行为的相关分析应该居于经济学的核心地位。在技术不变的条件下，通过制度创新同样可以大大促进经济发展。城市化作为伴随社会经济增长和结构变迁而出现的社会性现象，同样与制度安排及其变迁密切相关。如果缺乏有效率的制度，或是提供不利于生产要素聚集的制度安排，则城市化就不能正常发展。

22.6　中国城市可持续发展的认识

　　根据对可持续发展的理解，结合城市可持续发展的涵义和原则概括出城市可持续发展应包括四个要点：一是城市可持续发展的内涵既包括经济发展，也包括社会的发展和保持、建设良好的生态环境。对于我们这样的发展中大国来说，城市要实现可持续发展，关键在于发展。经济发展和社会进步的持续与维持良好的生态环境密切相连。经济发展应包含数量的增长和质量的提高两部分。数量的增长是有限度的，而依靠科学技术进步去提高发展的经济、社会、生态效益才是可以持续的。二是控制城市人口增长，解决城市人口与城市承载力、保护城市生态环境的密切相关的关系。三是城市自然资源的永续利用是保障社会经济可持续发展的物质基础。可持续发展主要依靠可再生物资源，特别是再生资源的永续性，必须努力保护自然生态、环境，维护地球的生命支柱体系，保护生命的多样性。四是城市自然生态环境是城市生存和社会经济发展的物质基础，就如空气和水一样，是人类生存和进步不能替代的东西，可持续发展就是谋求实现城市社会经济与城市生态环境的协调发展和维持新的平衡。城市是现代产业和人口聚集的地区，是人类文明和社会进步事业的标志，在现代社会经济发展中，城市处于经济活动的核心地位，是全国政治、经济、交通、信息、科技、教育、文化的聚集、交流和辐射中心，是先进生产力的聚集地。合理的城市规模，完善的城市设施，良好的城市环境对满足居民日益增长的物质文化需求，对促进城乡经济和社会文明程度的提高具有十分重要的意义。

22.7　城市化的发展趋势

　　趋势一：将涌现更多的新城市。中国有可能在相对较短的时期内完成工业化过程，使绝大多数地区迈入工业化社会，并进而改变中国目前的城市化过程和城乡空间结构。

　　趋势二：城市圈和大都市连绵区更具发展活力。

　　趋势三：人口城市化进程加速。所谓人口城市化的过程，通常是指"人口向城市地区集中的农村地区转变为城市地区，或农业人口变为非农业人口的过程"。

　　趋势四：城市及城市群之间空间布局及便捷通道网络化。高速铁路网、高速公路网、空中走廊、港口和信息高速公路为骨干的快速通道网对城市经济的发展，市体系内各城市之间的相互联系和相互作用起着越来越重要的作用。

　　趋势五：市场导向型城市化及经营城市新理念日渐主导城市实践。城市化的主导型变为市场化模式，就必然要提出经营城市的概念。经营城市不仅是经营土地的问题，核心是城市空间资源自然、人力、延伸资本，包括人力创造的价值、冠名权等。

　　趋势六：城市郊区与中心城区逐步趋向共促共长、协调发展。

　　趋势七：城市整体建筑容积率逐步趋向规模化和合理化。

　　趋势八：东中西部城市化水平差异趋于缩小。

　　趋势九：愈益重视现代城市人文精神和新型社区文化环境培育。

趋势十：更加注重可持续的城市生态系统建设。

22.8　城市可持续发展的目标

经济全球化的发展，市场一体化的推动，使得国家的界线越来越模糊。今后在世界范围的市场竞争中，城市的地位更加突出，国家的竞争更多地体现为城市的竞争。随着可持续发展战略，特别是《21 世纪议程》在全球范围内的贯彻实施，提出我国可持续发展城市的目标是：建设成规划布局合理，配套设施齐全，有利工作，方便生活，住区环境清洁、优美、安静，居住条件舒适的城市。我国一些大城市为贯彻实施《中国 21 世纪议程》，更为了今后在世界竞争中取得一定的地位，分别将可持续发展战略纳入市"九五"计划和 2010 年远景规划中。总的来说，我国城市可持续发展的具体目标应该是：

① 按照合理规划、整体设计的模式发展城市。

② 有较低的人口自然增长率，居民素质高。

③ 城市经济结构合理，经济发展具有活力。

④ 具有有效的污染处理设施。

⑤ 拥有完善的城市基础设施（住宅、燃气、供水、供电、电信、交通、医疗、公共设施）。

⑥ 具有完善的社会保障体系。

⑦ 实现城市信息化。以信息化带动工业化，实现跨越式发展。

城市可持续发展的政策的思考。中国是一个发展中的大国，当前正处于经济快速增长的发展过程中，面临着提高社会生产力、增强综合国力和提高人民生活水平的历史任务，这一历史任务的完成，城市起着重要作用。经验证明，经济起飞阶段是发展中国家的关键时期，也是最困难的时期，技术、产业、消费结构以及城市就业都面临深层次的改革，摆在我们面前的路有三条：一是把资源、环境问题放在一边，不走"先污染，后治理；先破坏，后保护"的老路；二是实行发达国家现行的高投资、高技术解决城市问题的模式；三是根据中国的国情和经济承受能力，探索一条路。像我国这样的发展中大国，城市负着发展经济的重任，我国城市又不具备发达国家在工业化过程中的环境容量，如果只顾眼前利益，经济发展很快受限，必将付出巨大的经济和社会代价，给后代带来难以估量的损失。因此，根据具体国情，走可持续发展之路，这条路不仅可以走，而且必须走，是花钱少、效益高的合理可持续发展之路。

第 23 章　城市可持续发展与城市规划

23.1　城市规划的涵义、作用

23.1.1　城市规划的涵义

城市规划是为了实现一定时期内城市的经济和社会发展目标，确定城市性质、规模和发展方向，合理利用城市土地，协调城市空间布局和各项建设的综合部署。具体来讲，城市规划不仅是建设规划，而是在城市化、工业化的过程中，为城市的开发、建设、发展的决策提供可靠的依据和可供选择的方案。城市规划要解决城市资源的合理利用问题，解决城市人口、资源、环境的协调发展问题，实现城市经济效益、社会效益和环境效益三个效益统一的发展目标。就是说，城市规划的一个重要目标就是实现城市的可持续发展。城市规划是国家管理城市的重要手段，是保证城市土地合理利用，实现城市经济和社会协调发展的必要条件。城市规划在本质上组织城市的空间和土地利用，是要把城市的用地布局和各项建设活动纳入到统一的、科学的规划中，实现统一的规划管理，遵循统一的行为规范，以保证城市的合理发展，这是城市经济和社会发展必不可少的。要合理地组织城市空间，合理地布局生产力和人口，实现合理用地，节约用地。实施城市规划是实现城市可持续发展的关键。城市可持续发展体现在城市规划方面，主要是空间上的协调发展和发展的连续性问题。城市规划的基本价值取决于对决策过程的影响，城市规划只有通过实施才能发挥作用：在实施过程中，要正确处理全局与局部的关系，长远发展与近期建设的关系。当前，在城市规划实施过程中存在的一个主要问题是短期行为。只考虑短期的经济效益，不考虑或很少考虑社会效益和环境效益这种行为对城市的可持续发展是十分不利的。从长远分析，这种行为对城市的经济发展将造成难以弥补的损失。对此，世界各国普遍以法律的形式赋予城市规划约束力。我国于1990 年 4 月施行的《城市规划法》，对规划制定、规划管理、新城开发和旧城改建、法律建立等都作出了明确规定。市场经济体制下，城市一切经济活动都直接或间接处于市场关系之中。我国目前已初步建立起了社会主义市场经济体制。社会主义市场经济实质是在宏观控制下的市场经济，这意味着城市规划与管理既不是单以行政手段进行控制，也不是仅仅靠市场调节，而是靠"两只手"，一只是城市规划、行政管理这只"有形的手"，一只是市场机制这只"无形的手"。

23.1.2　城市规划的作用

23.1.2.1　城市规划的控制作用

在市场经济条件下，城市建设的经济规律对于有效地利用土地资源，协调城市活动空间需求起着不可低估的作用。但市场调节也存在不足，一方面是，市场经济不能自发解决外部效应问题。所谓外部效应是：个体的经济行为给他人带来的影响，这种影响自己和他人都无法作出明确判定，其利益的大小程度在价值上具有模糊性。另一方面是市场调节不能保障社会公益事业的建设。城市公益设施，如绿地等，往往没有直接的经济效益或经济效益很低，难以从经济角度吸引投资。这些市场本身解决不了的问题，只有靠代表社会整体利益的城市规划的控制作用加以解决。城市规划控制作用是指城市规划作为一种政府行为，一种公共干预手段，在特定阶段对城市建设和发展行为产生影响，实现预期的规划目标，以保障整体的长远利益。具体讲，城市规划控制就是"按照法定程序编制和批准的城市规划，依照国家和各级政府颁布城市规划管理有关法规和具体规定，采取法制的、社会的、经济的、行政的和科学的管理方法，对城市的各项用地和当前建设活动进行统一的安排和控制，引导和调节城市各项事业有计划、有秩序地协调发展，保证城市规划的实施"。

23.1.2.2　城市规划的引导作用

城市建设的条件和要求必然随着不同经济形势和国家各项政策不断完善和变化，如果规划缺少适当的可变性与多样性，必将成为经济发展的约束，强调规划的控制作用，不能否定规划的灵活性和适应性，同样也不能否定规划的引导作用。城市规划对城市建设的引导作用主要有两个方面：一是城市规划对土地兼容性的引导。兼容性是指在一定的条件下，改变地块规划用地性质的特点，这就为今后土地利用留有一定的余地，并为开发者提供了一定的选择机会。土地用途不是在无条件下随意改变的，规划可以提供多种变更方案，并明确界定各种变更条件，便于管理操作。例如，把一块居住用地改为商业用地，必须相对应提高土地价格，且不得对道路和周围用地造成不良影响。二是城市规划的鼓励措施。其主要包括：a.鼓励提供低收入居民住宅的项目。投资低收入居民住宅的项目应得到优惠经济政策的补偿，如减免某些税费、增加财政补贴、发放贴息或半贴息贷款。政府所贴费用可以从具有级差地租优势的其他项目中获取。b.鼓励开发中保护历史文物古迹，历史文物古迹需要保护，受到规划控制，应该允许开发商在经济规划部批准同意的地块上适当提高开发强度，给予一定的补偿，从而使规划控制、历史文物的保护变得切实可行。c.其他引导措施。为了给开发商提供更多选择机会，也为规划设计者发挥想象力和创造性创造有利条件，对某些规划条件不必作出指令性控制，只提供轮廓性的指导原则。例如，适当扩大开发地块范围，利用成片成组建设取得统一的面貌，对城市风貌、景观、建筑造型、色彩等提出引导性建议等。奖励城市公益设施项目，运用奖励手段引导开发商投资建设公益事业。例如在基地内提供公共绿地和公共广场的项目可以得到增加容积率的奖励，规划还应对各种奖励条件作出具体规定。鼓励综合利用旧城区。旧城更新是一项费时、费力、庞杂的工作，并且需要大量资金，仅靠城市政府实力，事实证明非常困难。所以应该有一系列政策措施，调动投资者的积极性，吸引投资，若能成片改造旧城，投资商在建设商业设施的同时又能投资建设道路并解决低收入居民的住宅问题，则应给予商业建筑容积率适当增加的奖励，并且可以在新区获取相应的住宅建设补贴用地。

23.2　城市规划是实现城市可持续发展的有效工具

城市规划是城市为实现一定目标而预先安排的行动步骤并不断付诸于实现的过程，是指导城市发展建设的指导性文件，是城市发展战略的具体体现。可持续发展是一个城市发展的战略、手段和目标。在具体的操作上，它只能通过城市规划的制订与实施来体现。鉴于此，要实现城市的可持续发展，城市规划应以可持续发展理论为原则，以人与自然和谐为价值取向，树立环境价值观，正确处理城市发展建设过程中社会、经济和环境之间的关系。把可持续发展引入城市规划中，引导城市可持续化是城市走向可持续发展道路的重要一环。以可持续发展为原则的城市规划应力求城市与自然共生，与区域和谐统一，应该以保证城市经济不断增长、生活质量不断提高、城市生态系统良性循环为目的，这是从总体上引导城市的可持续发展。

23.3 以可持续发展为原则的城市规划

23.3.1 以可持续发展为原则的城市规划基本思路

如前所述,可持续发展的城市是环境、经济、社会协调发展的城市,不仅要满足当代人发展的需要,还要满足后代人发展的需要。可持续发展城市规划应以自然资源和环境保护、维护和提高城市生态承载力和社会承受能力为最高宗旨,以社会、经济和环境最佳综合效益为指导思想、原则和最终目标。因此,以可持续发展为原则的城市规划,从时间范围上看,应从过去的限时状态摆脱出来,投向更远的未来,不仅要考虑现实发展的合理性,而且还要考虑未来发展的可能性。从空间范围看,应由原来规划所界定的城市建设区域转向与建设区域相连的更广阔的区域生态背景,不仅要考虑规划区内各功能要素的合理配置,而且还要维持区域生态系统平衡;同时,由原来规划所重视的物质生产层次转向更为复杂的社会生产层次上,不仅要关注社会经济的有效增长,而且应促进社会财富和资源在全体社会成员之间得到公平的分配。因此,追求可持续发展的城市规划应体现现代人所担负的未来责任、环境责任和社会责任。在实际操作过程中,应通过各种方法、体系和政策的建立和实施,在城市规划中贯彻可持续发展这一理念,使可持续发展城市规划在指导城市发展过程中更突出其未来导向性、生态环境导向性和社会导向性的特点。

23.3.2 以可持续发展为原则的城市规划的未来导向性

按照前述规划定义,城市规划是预测未来,并通过行动改变和适应未来,达到一定目标的连续不断的过程,它的最本质特征就是未来的导向性。城市规划的未来导向性意味着:①未来目标的制定,任何规划都是以目标作为未来趋向的。②规划的内容和过程始终是为未来指明方向的,并引导未来规划行为来实现规划所确定的目标。按照规划的这种本质特征,规划制定过程中,预测城市发展目标尤其是长远目标是非常重要的。一旦城市发展的长远目标被确定,它就会引导未来的相关行为来实现规划所确定的目标。城市发展的长远目标的确定是城市规划最高最综合层次的规划,它应是在研究城市区域的资源水平、特点及承载力的基础上,综合平衡城市各方利益而确定的。城市的长远目标确定后,在规划实际操作过程中以其作为指导,突出近期规划的实效性。近期规划着重解决城市向未来目标发展过程中待解决的问题,使近期规划真正落实到城市公众利益的矛盾焦点上,完成规划各子系统结构功能的定位和发展预测,对近期城市经济规模、人口规模、交通总量、职能分布等提出科学的预测方案,并在地域空间上加以反映。同时应不断调整近期规划,建立反馈调查修改机制,使其更好地趋向于城市长远发展目标,保持城市发展的整体性。

23.3.3 以可持续发展为原则的城市规划的生态环境导向性

环境与资源的可持续性是城市可持续发展的基础,城市的发展方向、规模和水平应取决于城市所在区域的环境容量和资源承载力,一旦城市的发展超出其生态环境承载力,则发展是不可逆的。因此,城市规划的环境导向性就是应该将城市看作是一个生态系统,采用和实施生态学的思想方法进行规划,研究城市生态系统的环境与资源承载力,以确保在规划中明确体现对生态环境的关心,维持城市生态系统的动态平衡,由此促进资源与环境的可持续性利用和城市的可持续发展。要确保城市规划的生态环境导向性,最有效的方法之一就是对将要制定和实施的城市规划进行战略环境评价。开展战略环境评价的一个基本原则就是评价与规划过程的紧密结合，也就是战略环境规划与城市规划的制定要同步进行、滚动发展、互为反馈。这样在规划设计过程中，通过分析预测规划实施后所产生的不良环境后果，环境专家可以为决策者和规划者直接提供最有用的生态环境信息，弥补由于专业规划设计人员环境科学知识的相对欠缺而导致的对环境因素考虑的不足。通过环境评价专家与规划设计者在规划过程中的知识的有效结合，使将要产生的环境问题在源头上得以解决，从而找到城市环境、社会和经济的最佳结合点，这样就能确保城市建设与环境保护的同步进行，促进城市社会、经济、环境的协调发展。

23.3.4　以可持续发展为原则的城市规划的社会导向性

可持续发展的城市所要追求的最终目标就是社会的可持续性。除了有效的经济增长外，可持续发展城市谋求的是在不同的利益团体中公平地分配社会资源，满足不同层次人群的需要，追求社会的共同繁荣和进步。因此，可持续发展的城市规划的社会导向性包括：

① 公众广泛参与城市规划，公众参与应成为城市规划的重要方法和原则。

② 城市规划的内容和结果应体现公众的利益，这是由规划的本质和对象所决定的。首先，城市的主体是人，城市规划是为人服务的，立足于可持续发展的城市建设应满足人民群众日益增长的物质和精神生活的需要，体现大多数人的价值观。其次，城市规划是对城市某些稀缺资源的分配和再分配，如果没有城市居民的参与，作为政府代表的规划部门很可能代表政府长官的意志行事，很容易导致利己和短期行为，这种分配不公也可能会引起政府与当地居民之间的冲突。第三，在城市发展未来的选择上，公众是最有发言权的，因为他们大多数人在城市区生活的时间都很长，有的甚至世代居住在那里，了解当地的生态环境特征，熟悉那里的发展历史，知道该地区适于发展什么，不适于发展什么，可以为城市的未来发展提供更好的建议。最后，规划的实施与管理有赖于公众的监督。因此，一个可持续发展的城市规划，无论是从规划目标的确定、规划方案的选择以及到规划的执行管理上，公众都应该起着重要作用，也就说，从规划政策的制定到实施，公众应全过程参与。在具体操作过程中，可以通过例如公告、公众会议等各种形式，让公众及时、准确地获取有关规划的各种信息，并保证提供公众参与规划决策过程平等的机会；同时，应建立起采纳公众意见、保护公众利益的机制，从法律上保护城市规划的制定、实施处于公众的监督之下。目前，我国有关部委及部分省市通过举办城市规划展、发放调查问卷及将各类规划通过互联网进行网上发布，征求社会公众的意见、发动公众参与监督是这一方面的具体体现。

23.4　科学城市规划的特色

23.4.1　体现社会主义城市现代化的战略目标

城市现代化是城市的建设和发展相适应并促进人类社会文明总体水平不断提高的目标和过程，其衡量标准不仅是经济高度发展，还应当有高质量的综合环境，优良的历史文化风貌，高水平的管理体制，便捷的交通和通信系统，先进完善的基础设施，优良的社会化服务和高度民主发达的社会主义精神文明。城市现代化的量化指标，既要同国际标准接轨，在国家和省标准指导下编制，具有高起点、超前性，又要结合城市具体情况、具体现实性和可行性，可概括为经济发展目标、社会发展目标、环境保护目标和城市建设目标四大方面。

23.4.2　体现城乡现代化协调发展原则

城乡现代化包含城市现代化和乡村城市化两个方面，其目标是要使城乡各自保持特色，同步实现现代化协调发展。城市现代化是城乡现代化的主导内容；农业现代化是乡村城市化的前提条件，乡村城市化是城市现代化的必然过程，农民生活现代化是乡村城市化的实质内涵，发展小城镇是城乡现代化的有效途径，建立高质量的生态环境是城市现代化的主要目标。推进城乡现代化的对策就是：提高城市生态环境质量，物质环境标准，居民生活质量，科技文化水平，基础设施水平，空间布局艺术，精神文明程度和社会道德风尚。城乡现代化的规划布局方法为：编制良好的市域城镇发展形态，走区域城市化道路；定性、定位合理布局市域所有建设用地和非建设用地；强化市域交通网络和基础设施规划；强调城镇职能的区域分工，发挥城镇群体的多重复合功能；重点进行城郊结合地区的布局规划。

23.4.3　体现"可持续发展"的战略思想

可持续发展的战略思想已深入到当今社会经济发展的各个角落。可持续发展的规划对策为：制定区域城市化发展战略，统筹安排城市有序建设；加强乡村用地管理，使城乡协调发展，推动农业规模经营，发展高效农业，重视提高环境质量，维持生态系统平衡，依据环境容量，提出环境政治目标，集中布置农村居民点和乡村工业，有效控制城市边缘区建设；因势利导，适度开发自然资源，完善绿色开敞空间系统；合理高效使用能源、土地和水源，结合时代特点，延续和发扬地方特色。

23.4.4　体现"两个根本转变"的战略要求

"两个根本转变"指由计划经济向市场经济转变和经济增长方式由粗放型向集约型转变。在城市规划中体现的第一个转变是指规划有弹性，进可攻，退可守，能应付经济发展的不同情况，布局上开敞不局限于过去静态封闭式的完整性，而是力图达到不同时序、不同阶段的动态平衡。第二个转变，意味着改变靠外延增加劳动密集型企业数量和规模、增加大量低素质劳动力的做法，而是靠科技进步和科学管理提高劳动生产率取得发展。根据产业政策和结构，科学合理地预测城市可提供的就业岗位；经济增长方式转变还意味着科技、信息、管理、服务等的加强，工业用地布局力求成片，以适应大规模企业集团的要求；第三产业用地应增加，其用地开发方式也要求集约高效地扩展，而不是低效地无序蔓延。

23.4.5　体现以人为本、为社会主义精神文明建设服务的原则

城市是社会主义精神文明建设的核心地区。精神文明首先靠法制和管理，也包括加强城市规划的法制化建设和城市规划管理的有序化。精神文明建设要求促进社会发展目标的实现，要为发展城市文化事业服务，这就要求安排好社会发展和文化事业的建设项目，不仅安排好用地还要注意保护。旅游开发不等于历史地带的保护，要克服只重经济效益的开发，而忽视对历史文化价值的保护、发掘和发扬。对于历史文化名城和有文化遗址及传统建筑风貌的地带更应把它看作城市精神文明建设的宝贵财富，积极地保护利用。精神文明建设又一个关键是社区建设和服务，要设计和建设好社区和公共活动空间和半公共空间，大到城市市民广场，小到社区住区出入口前的敞地，都与群众健康向上的精神生活、文明程度息息相关。要在城市总体规划阶段贯穿城市设计思想，创造和谐的城市环境和空间景观，创造反映时代特征的城市整体形象，力求具备时代精神、地方风格和民族特色。

23.5　我国城市规划的发展

全球一体化趋势不可抗拒，地区的发展将受到许多不确定因素的作用。相形之下，中国自改革开放以来经济持续增长，有一个全社会为之奋斗的共同目标，全国不同地区城乡建设

直接或间接与中央计划相关联，客观上已形成一个可依循的社会发展共同纲领。这些都是中国开展规划工作的大好机遇。另一方面，随着中国经济的发展，城市建设的速度必然加快，也要求强调规划，保证建设的秩序。因为一旦规划不周，就可能造成对自然或历史文化的破坏。

23.5.1　城市规划行政体制的改革

随着城市的迅速发展和城市化水平的迅速提高，既有的城市规划体制已不能满足形势发展的需要，为了确保政府在新的形势下和新的环境条件下，切实有效地履行调控城市发展与建设的职责，必须进行相应的城市规划体制改革。城市规划是重要的政府职能，是各级政府指导城市合理发展，建设和管理城市的重要依据和手段，城市规划的核心任务是以维护国家利益、公众利益为目的，调控空间资源的开发和利用，实现社会经济的协调和可持续发展。城市规划作为政府行为，包括对城市内部开发与建设的具体安排和协调管理，及对区域城市化与城市发展的宏观调控与综合协调。城市规划体制改革的思路是：合理划分中央与地方的实权，加强国家与省（自治区）城市规划行政主管部门的综合协调职能；改革城市规划的投资体制，国家应将城市规划投资作为基础投资的组成部门，只承担全国性、主要城市规划或重点地区规划的投资，完善管理手段，由城市规划在空间上协调各行业规划，理顺与相关政府部门职能之间的关系；增强城市规划机构设置，各级政府应设立城市规划委员会，城市规划行政主管部门应成为地方政府的必设机构；建立注册规划师制度，提高规划设计质量。

23.5.2　城市规划与区域协调发展

（1）区域协调发展的内涵　区域协调发展应该包括以下几个方面的内容：一是促进国家总体发展目标的实现。必须效率与公平兼顾，区域协调发展同时也应该促进国家经济总量和人均 GDP 的增长、供给结构需求与结构之间的协调及产业结构的升级。二是逐步缩小地区之间居民生活福利水平的差距，地区差距的形成是历史的、人文的、区位的等多方面因素共同作用的结果；地区差距要在共同发展的基础上逐步缩小，缩小地区差距的重点应放在缩小居民生活福利水平的差距和社会发展水平方面的差距上。从国际经验来看，消除地区之间经济发展水平的差距几乎是一个不可企及的目标，而通过恰当的政策手段逐步缩小地区间居民生活福利水平的差距却是比较现实的。三是促进地区比较优势的发挥，形成合理的地区分工布局。"大而全"、"小而全"，重复引进、重复建设必然使区域经济的效益和生产受到影响。四是加强区域之间的协作。这有利于资源的有效开发和资金、技术、人才的合理流动。五是实施可持续发展战略。可持续发展战略已成为全人类共同的行动纲领。

（2）政府在实施区域协调发展中的作用　除了对特殊困难地区给予特殊的政策扶持，对一般竞争性投资的空间指向进行引导，鼓励生产要素合理流动以外，最重要的还有以下几方面：一是建立关于地区发展的法律体系。我国目前在地区发展立法上仍处于空白状态，必须尽快着手填补这个空白，以便于为政府实施的地区政策提供法律依据和法律保障。实现地区协调发展，中央政府对各地区之间的利益关系进行调节是不可或缺的，而调节地区之间的利益关系如若没有法律依据，则中央和地方之间就会陷于无休止的讨价还价之中，发达省份总觉得付出的太多，欠发达省份总觉得得到的太少，使中央地方关系始终处于紧张状态。另一方面，地区政策如果仅仅停留在抽象的政策表述，诸如"优先安排项目"、"实行投资倾斜"、"加大支持力度"等，那么就会给具体实行时留下很大的主观随意性和讨价还价的余地。只有以严肃而又严密的法律条文将中央协调地方利益的方式和方法予以明确的界定，才能避免上述弊端，使地区政策具有权威性和稳定性。二是结合西部大开发，在欠发达地区培植新的经济增长点以带动欠发达地区的发展。应借鉴一些国家在实践中取得成效的"据点开发方式"和培育"增长极"的做法，在欠发达地区培植新的经济增长点，应结合对中西部资源富集地区的能源、资源重点开发设立一批国家重点开发区，规定优惠政策措施，并提高国内企业跨地区投资的自由度。

（3）城市的发展是带动区域经济发展的关键　人们往往是以城市特别是中心城市来衡量某一区域的经济发展水平。当我们说到中国东南沿海地区时，首先映入脑际的是深圳、上海、厦门等。这是因为城市是一个地区经济最集中的地方，被用来作为衡量其经济发展水平的主要标志。从生产力布局的角度看，区域经济实际上是由以中心城市为依托的"点"和各城市之间彼此相连的"线"连接而成的"网"构成的。在这张区域经济的"网"上，城市起着支点的作用，没有这个"点"，"线"就不复存在，"网"就不能形成。从区域协调发展的内涵和城市在区域发展中的作用，我们认为：城市规划不只是某一城市的规划，还应把城市放在一个大区域中来考虑其发展，也即是应该多多考虑宏观的城市规划问题。区域协调发展中最关键的部分实质是区域中主要城市的合理分工、合理组织资源、协同发展，并进而推动整个区域前进。

23.5.3 城市规划设计体制改革

城市规划编制的根本目的不是在于绘制图纸和编制文本，随着规划实践的深入和规划理论的发展，人们对城市规划编制的理解有了很大的发展。现今的规划体系已发展为规划编制-规划实施-规划调整-再实施的一个系统过程。为提高城市规划的质量，解决规划编制工作中的程式化问题，许多城市在总体规划编制过程中注重专题的研究，特别是在直辖市、特区城市、大城市的总体规划编制过程中，专题研究的比重很大。这种专题研究实质上是对城市发展过程的把握，对城市发展趋势的探索，这将使城市规划与城市发展过程的联系更加密切，城市规划的可实施性大大提高。为使城市规划与规划管理更紧密地结合，许多城市特别是大城市将会要求增加城市规划的层次，提高城市规划编制过程中的公众参与程度，提高城市规划的法定性，提高城市规划设计的可操作性。

23.5.4 城市规划与社区建设

可持续发展要求在发展经济、技术的同时，强调文化的发展。"城市是文化的最高表现"，应将城市规划与建设提高到文化创造的高度，一切建设归根结底是为人们创造美好的生活环境。在全球化、信息化时代，城市与地区既要有意识地吸取世界先进的科学技术文化，又要注重基于地域的不同的自然地理、经济、社会、文化条件，自觉地对城市特色和地区特色加以继承、保护和创新。规划的根本目的是促进整个社会的和谐幸福，应该在经济技术的发展中，"将文化和人的价值恢复到中心的位置"，发扬以社会和谐为目的的人本主义精神，开展"社区"研究，将科学追求与艺术创造相结合，共同创造美好的人居环境。

一般认为：社区建设是指在政府的主导下，依靠社区力量，利用社区资源，强化社区功能，解决社区问题。社区建设具有四个主要特征：一是综合性。是指整个社区的全方位建设，而不是特指某一方面的工作。其内容涉及经济、政治、文化、环境、群体、组织等方面，其手段包括经济手段、行政手段和社会手段等。二是社会性。社区建设既不是单纯的政策行为，也不是单纯的民间活动，而是各类社区主体、各种社区力量共同参与的过程。其中，政府组织发挥着领导或主导作用，居民委员会和各种社会团体发挥着骨干或中介作用，广大居民和辖区企事业单位发挥着基础和支持作用，从而决定了"社区建设社会化"的必然性。三是区域性。由于社区是一种地域性的社会实体，社区建设也具有明显的地域性特征。

四是计划性。现代意义上的社区建设是人们在认识和掌握社会发展规律的基础上自觉地推动社区变迁的过程，这种自觉性突出表现为有计划性。

一般来说，要系统开展社区建设，必须制定科学、全面的发展规划和工作计划，并以此指导实际行动。我国社区建设的理论、方法在一定程度上借鉴了国外社区发展运动的某些经验和理念，新时期中国的社区建设至少应包括九方面的任务：一是深化社区服务。社区服务是社区建设的重要方面，有人甚至认为它是社区建设的"龙头"和"突破口"。因此，在开展社区建设的过程中，不仅不能忽视社区服务工作，而且还应进一步发挥其"火车头"作用。二是发展社区经济。社区经济是指那些隶属或依附于社区组织，同时为该社区提供经济收益的经济成分、经济实体和经济活动。我国城市基层社区经济是整个城市经济的重要组成部分。发展社区经济既是社区建设的重要任务，又是深化社区建设的前提，因为整个社区建设都要以经济发展为基础。三是美化社区环境。由于环境问题日益突出，广大居民群众迫切希望通过开展社区建设有效地解决居住环境污染、环境噪声及施工扰民等问题，因此美化居住区的环境是社区建设的一个重要方面。尤其是在社会人们对生活质量日益重视，提倡"以人为本"的今天，美化社区环境不容忽视。四是优化社区秩序。进一步改善社区治安和秩序状况，是社区经济、政治和文化事业健康发展的基本条件。五是推进基层社区民主、法制建设。"依法治国"是我国的基本国策，在基层社区中进行法制建设就是贯彻我国的基本国策，同时提高居民的民主、法制意识。六是发展社区教育。社区教育是以社区为依托，以全体社区成员为教育对象，以提高全民整体素质和促进社区发展为宗旨的一种教育形式，其实质是教育社会化和社会教育化的统一。七是开展社区文化和体育活动。这既是社区精神文明建设的一个重要方面，又可以满足居民群众对文体娱乐的强烈需求。八是健全社区医疗卫生保健体系，努力实现全体居民享受初级卫生保健的目标。九是培育社区组织体系。这既是社区建设的一项重要任务，又是深化社区建设的一个重要条件，因为现代意义上的社区建设是有组织的系统工程。总之一句话，社区建设是整个社区的全方位发展，是两个文明一起抓。当然，不同的社区要有不同的建设重点。

城市规划是实施城市可持续发展战略的有效工具，在城市规划中引入可持续发展理论是引导城市可持续发展的重要一环。以可持续发展为原则的城市规划应具有未来导向性、生态环境导向性和社会导向性的特点。在实际中，应将城市规划体系分三个层面来操作。首先应根据城市生态环境的特点、资源水平，对城市未来 20～50 年乃至更远的未来的可持续发展进行研究，制定与可持续发展相一致的长远发展目标，从区域的角度对重要资源的配置及自然环境的保护进行探讨；然后以这个长远目标作指导，运用生态学方法，分阶段制定未来20 年的城市总体规划，并同时运用战略环境评价理论对其进行可行性研究；最后按照城市总体规划，制定城市 5 年内的控制规划，在不同层面的规划设计过程中，应同时采用多种方式让公众全过程参与规划的制定与实施，听取各方意见并在规划中予以反映，并不断调整近期规划，建立反馈调整机制，使城市朝着所制定的长远目标方向发展，使城市的经济、环境、社会协调统一，实现城市的可持续发展。

第 24 章　城市水资源与可持续发展

24.1　城市水资源可持续发展理论

（1）水资源可持续利用内涵　水资源的可持续性开发和利用内涵可概括如下。

① 适度开发，对资源利用后，不应该破坏资源的固有价值，并且尽可能地回避开发对资源的不利影响。

② 不妨碍他区人类的开发利用及其对水资源的共享利益。

③ 不妨碍后人未来的开发，为后来开发留下各种选择的余地。

④ 不能破坏因水而结合的地理系统（包括自然系统和社会人文系统）。

⑤ 水的利用率和投资效益是策略选择中的主要准则。

水资源开发利用必须从长期考虑，要求实施开发后不仅效益显著，而且不至于引起不能被接受的社会和环境问题。从水质上讲，一定要满足于用户的要求，不能低质高用，以量代质，不能高质低用，促使水资源短缺；从用水量讲，持续利用是指从水库和其他水资源引用的水不能多于和快于通过自然的水文循环所能补充的数量和速率。进一步概括地讲，水资源可持续利用至少包括：

① 水资源开发利用不仅考虑当代，而且要将后代纳入考虑的范畴。

② 水资源可持续利用要实现整体、协调、优化与高效。

③ 水资源可持续利用与人口、资源、环境和经济密切协调起来，相互促进。

（2）水资源可持续利用的限制因素　人们对水资源的利用并非是随心所欲、无所顾忌的，而是受到多种因素限制，主要包括自然因素、社会经济因素、人为因素。水的可持续利用受到的限制因素具体包括：可持续性的财政的限制；时间和空间问题；水质和健康问题；地下水管理和利用问题；环境保护；供求管理以及人口增长问题；水力发电；农业和工业需水问题；运输和防洪问题；水库的蓄水和运行问题；自然灾害问题；天然的和人为的环境问题；能源建设问题；变化的自然性。

24.2　城市水资源可持续利用的发展观

可持续发展已成为国际社会的广泛共识，成为 21 世纪人类发展的主题。然而，人口膨胀、资源短缺、环境污染、生态恶化等诸多问题又严重影响人类的可持续发展，其中淡水资源的短缺已成为人类特别是城市可持续发展的重大问题。当今世界，水资源紧缺、水环境污染已严重影响人类的生存和发展。但是，人们尚未真正认识到水资源危机的严重性。在城市发展中，人们往往偏重于经济增长和城市规模的扩大而忽视了水资源的稀缺性。为什么一方面水资源紧缺，另一方面森林植被大量破坏、未经处理的污水大量排放、水资源浪费屡禁不止，这与人们的认识有关。严峻的事实需要我们检讨传统的发展观，寻求新的发展模式。即处理好城市经济社会发展与生态环境的关系，以水资源的可持续利用支持城市的可持续发展。城市水资源可持续利用的发展观可概括为自然观、社会观、经济观与文化观。

24.2.1　城市水资源可持续发展的自然观

可持续发展的自然观，主张人类与自然和谐共处，共同进化发展。首先，自然界与人类在"存在论"上是整体与部分的关系。人通过劳动作用于自然，改造自然而生活，正是人的劳动把人与自然联系起来。人类与自然界是互利共生、和谐共存的一体性关系，人类存在于自然界"之内"，不能把人类摆在自然界"之外"，更不能凌驾于自然界"之上"。其次，自然资源与环境是人类赖以生存的物质基础，人类发展不能超越资源和环境的承载能力。自然资源又是有限的，人类对自然资源的索取，不能超越自然界的承载能力，资源的永续利用是人类可持续发展的基础。水生态系统是人类文明最重要的生命支持系统，城市要实现可持续发展必须有永续利用的水资源。因此，需要人们不断转变对水资源的认识，要从人类向大自然无节制地索取水资源转变为科学开发，大力节约水资源；从认为水资源是取之不尽、用之不竭转变为认识到水资源是有限的、不可替代的自然资源；从防止水旱灾害对人类的侵害转变为防止水旱灾害，更要注意防止人类对水资源的侵害，人类不仅要利用水资源，更要珍惜它、爱护它、保护它。人类只有尊重自然规律，才能实现水资源的永续利用。

24.2.2　城市水资源可持续发展的社会观

在城市水资源可持续利用中，需要特别注重公平性原则。一方面要遵循客观规律，科学开发利用水资源；另一方面又要在不同利益群体间公平合理地共享水资源，不去破坏水资源。可见，在水资源可持续利用中，必须正确解决水资源占有、开发、分配中的个人利益与社会利益，局部利益与全局利益，眼前利益与长远利益的矛盾，建立任何利益主体的发展都不能损害其他利益主体的原则，局部利益不能损害全局利益的原则，以及当代社会发展不能以损害后代人发展能力为代价的原则。从现实情况看，水资源的开发和利用是一个流域或区域的概念。水资源开发利用涉及流域内或区域内的不同利益群体，这些利益群体既可能包括国与国的关系，也可能是省与省或市与市的关系。我国是水资源缺乏的大国，地区之间水资源分布极不平衡，只有发扬团结协作精神，局部服从全局，并辅之以经济和行政手段，才能促进共享水资源问题的解决。要提倡节约型消费，提倡无污染或少污染的清洁式消费。因为水资源是有限的，又是极易被污染的，人们在考虑自己的需求与消费时，也应为其他人和子孙后代的要求与消费负起历史和道义的责任，保护和节约水资源应该成为所有公民的义务。要以不破坏水资源及水资源生态环境为前提，实现水资源可持续利用的代际公平。虽然水资源是可再生的，但水资源遭到污染和破坏后其可持续利用就不可维系。特别是生态环境被破坏，将导致河流流量减少甚至断流，将造成内陆湖泊缩小和消失，从而导致物种灭绝，将会把人类及其赖以生存的环境置于越来越大的危险之中。因此，不仅要为当代人追求美好生活提供必要的水资源保证，从伦理上讲，子孙后代也应与当代人有同样权利提出对水资源和水环境的正当要求。

24.2.3　树立城市水资源可持续发展的文化观

一定的文化是一定的社会和经济状态在意识形态上的反映。反过来，文化又给予社会和经济发展以巨大的影响。可持续发展的文化观主张和谐和博爱。在对待自然界的角度上，把地球作为人类共同的家园，保护家园、珍惜地球需要人类树立共同的意识、共同的利益和共同的目标。在对待经济、社会发展的角度上，主张公平发展和共同富裕的价值观，这是一种自然、经济、社会与人的发展和谐一体的大文化观，提倡人与自然和谐、地区与地区之间和谐，当代与后代的和谐的博爱精神，也是物质文明与精神文明相互促进、共生共荣的先进文化。文化是城市文明的重要尺度，是城市的灵魂。文化反映人类在处理人与自然、人与人之间关系方面所取得的成果，而人与生态环境之间的相互关系所构成的文化现象，就是生态文化，水文化是生态文化的一个组成部分，它要求人类建立起新的道德标准和价值标准，以求得人类和水资源的和谐。可持续发展是一个整合人口、资源、环境、经济和社会诸要素逐步走向人地关系和谐、人际关系融洽的过程。文化建设与可持续发展之间存在一种相互影响的互动关系。树立城市水资源可持续发展的文化观，需要我们加强生态文化建设。通过加强环境科学文化知识教育和法制宣传教育，树立生态文化价值观念，提高市民素质和城市文明程度，以达到促进文化进步和推动可持续发展进程的目的；通过加强生态环境建设改善人居环境，维护生态平衡；通过改变物质生产方式和消费方式，有效利用和节约自然资源。

24.2.4 树立城市水资源可持续发展的经济观

可持续发展的经济观主张在保护地球生态系统平衡的基础上，合理利用资源，实现经济持续增长，以满足人类日益增长的各种需要。强调经济发展与环境保护相互联系，不可分割，必须相互协调。优美的环境既是发展的重要目的，又是发展的保证。越是在经济高速发展的情况下，越要加强环境的保护和资源的节约，以获得长期持久的支撑能力。强调必须转变经济增长方式，提高发展质量，纠正过去那种靠高消耗、高投入、高污染和高消费来带动和刺激经济高增长的发展模式，坚决纠正以牺牲环境来追求经济增长的做法。

用可持续发展思想研究城市水资源问题，首先需要认识到水资源是战略性经济资源，是一个国家综合国力的有机组成部分。其次要认识到水资源是有限的自然资源，不能取用无偿。随着人口的增加、经济的发展，资源供需矛盾加剧，使人类开始认识到对自然资源必须计价了。但是水资源市场化程度不高，水价过低，不能以水养水，也不利于资源的节约。水价过低，水利工程被当成福利性事业，投资难以回收，缺乏自我发展能力。因此，必须充分发挥市场在水资源配置中的基础性作用，建立合理的水价形成机制和水利投资机制。再次要转变经济增长方式，即由传统工业文明的经济增长方式转向现代文明的可持续发展经济增长方式。传统的工业文明对大自然破坏性的索取和伤害，在大量生产-大量消费-大量废弃的生产和生活方式下，自然界已不堪重负，超过了自然生态系统自我净化和自我修复能力的限度。从现实情况看，森林被大量破坏，水资源被过度消耗，污水大量排放，已经使水资源和水环境这个人类赖以生存和发展的生命支持系统受到扰乱和破坏。人类必须以自身的活动来中介、调整和控制人类的生产活动，必须依靠科技进步和提高劳动者素质实行清洁生产，发展节水型经济，提高用水效率，实现少耗水、多产出，多利用、少排放或零排放，把人类的生产活动与保护自然环境结合起来，遵循自然规律和经济规律，使经济发展实现经济效益、社会效益和生态效益的统一。

24.2.5 城市化进程与水资源可持续利用

我国城市化发展的速度是比较快的，从 20 世纪 50 年代中期到 90 年代末期，我国城市的供水量从 9.6 亿立方米增加到 470 亿立方米，人均生活用水也有了大幅度的提高。水资源是保障人类生存和社会经济不断发展的重要基础，在我国城市发展过程中的一个重要制约因素就是水资源短缺和水污染的问题。虽然我国城市的水资源管理和水污染防治已经走过了 30 余年的历程，实施了一些有效的措施，一部分水资源短缺和水污染问题得到了缓解和控制，但是仍然存在许多急需解决的问题。

① 城市污水排放总量日益增加，而处理率很低，致使城市江河、湖泊、水库严重污染，

既影响城市供水水源地（地表的和地下的）的水质，又影响了城市景观和人民身体健康与生活的质量。

②　不少城市缺水严重，由于水环境污染仍未得到全面控制，优质水资源遭到污染，更加剧了可资利用的水资源的短缺，成为城市可持续发展的制约因素。目前，全国约有 300 个城市不同程度地缺水，其中有 10 个城市严重缺水。

③　尽管近年来为控制工业水污染实施了一些有效措施，加强了预处理和水的重复循环利用，对污染严重的工厂实行了限期治理污染及关、停、并、转，但工业废水仍然是水污染的重要污染源。

④　在水资源的利用过程中由于管理不善，水资源的利用率较低，还存在着严重的浪费现象等。

⑤　随着城市农村的开发，规模化畜禽养殖业产生的粪尿及废水、乡镇企业废水及生活污水的排放量急剧增加，成为新兴的重要污染源。

24.2.6　影响城市水资源可持续利用的因素

水资源是国民经济和社会发展的重要物质基础，是可更新、可持续但无法替代的有限资源。随着城市人口增长更加迅猛和经济的高速发展，人类对水资源等自然资源的需求越来越大，从而极大地削弱自然资源的基础和恶化了生态环境的质量。影响我国城市水资源可持续利用的因素主要来自两个方面：一是自然因素；二是人为因素。在自然因素方面，主要是在季风作用下，我国降水时空分布不平衡。我国北方地区，年降水量最少只有 40mm，最多也仅 600mm。长江流域及以南地区，年降水量均在 1000mm 以上，最高超过 2000mm。气候变化对我国水资源年际变化产生很大影响。从长期气候变化来看，在近 500 年中，中国东部地区偏涝型气候多于偏旱型，而近百年来洪涝减少、干旱增多。在黄河中上游地区，数百年来一直以偏旱为主。我国降水在年内和年际之间分配也不均匀，大部分降雨在夏秋两季，河流在这两个季节容易发生洪水，丰水年和枯水年的降雨量相差可达几倍甚至几十倍。在人为因素方面，与社会经济活动、人们不合理的开发、利用和水资源管理有关。事实上人类活动的影响与自然因素交织在一起，影响错综复杂，很难完全确定人类活动对水资源影响的大小，人类活动对产水量的影响评价已引起学术界的广泛关注。人为因素的影响突出表现在以下方面。

①　流域缺乏统一管理，上下游用水配置不合理，造成水资源的消退。

②　废水大量排放，使得生态环境恶化，水资源污染性短缺。

③　城市湿地占用严重。

④　地表、地下水缺乏联合调度，过度开采地下水，造成地下水资源枯竭、地面沉降、地面塌陷、海水入侵等问题。

⑤　水价不合理，水资源浪费严重。

⑥　城市河道工程化、沟渠化严重，丧失了河道的自然属性，使河道景观雷同化、单一化严重，缺乏地域文化特色与可识别性。

⑦　人类的活动破坏了大量的森林植被，造成区域生态环境退化，水土流失严重，洪水泛滥成灾。

24.2.7　城市水资源可持续利用的原则

保护城市水环境和发展经济，推动城市持续健康发展，不断改善和提高人民生活是世界各国政府和人民共同的目标和追求，为此，城市水资源可持续利用必须遵循以下原则，即建立资源成本核算原则，不超出区域水资源承载力原则，树立人口、资源、环境可持续发展的观念等。

24.2.8　不超出区域水资源承载力原则

水圈为人类生存环境中最活跃的部分，并不断发生动态变化，不断循环。在太阳能的驱动下，通过形态变化，海洋、陆地与大气圈三者间发生水分交换，使陆地上的水源不断得到更新和补充，起到能量输送、调节气候、维系人类生存环境的作用，实现水圈生态系统动态循环。但现阶段人类社会活动已对水循环产生严重影响。人们对水资源的过度消耗性使用，从河流、湖泊、地下含水层中过度抽取水资源，区域性的大型水利枢纽工程建设等，已极大地人为改变了河川径流量、陆地水体蒸腾与蒸发量，破坏了水资源系统循环，降低了水体自净能力，出现河川季节性干枯断流，河床与湖泊淤积而导致泄洪能力降低，严重破坏了人类生存环境。因此，区域性水资源承载力研究是支持水资源可持续发展的基础。

参考文献

[1] 国家发展和改革委员会编，张平等．"十二五"规划战略研究（上、下）．北京：人民出版社，2010.

[2] 林爱文，胡将军，章玲，张滨．资源环境与可持续发展．武汉：武汉大学出版社，2005.

[3] 钟水映，简新华．人口、资源与环境经济学．北京：科学出版社，2005.

[4] 杨文进．可持续发展经济学教程．北京：中国环境科学出版社，2005.

[5] 张磊等．中国区域发展的资源环境基础．北京：科学出版社，2005.

[6] 马光等．环境与可持续发展导论．北京：科学出版社，2006.

[7] 徐波．中国环境产业发展模式研究．北京：科学出版社，2010.

[8] 中国科学院可持续发展战略研究组．2012中国可持续发展战略报告．北京：科学出版社，2012.

[9] 李永峰，乔丽娜，张洪．可持续发展概论．哈尔滨：哈尔滨工业大学出版社，2013.

[10] 袁尚勇．林业可持续发展战略理论与实践．中国林业可持续发展战略理论与实践，2012.

[11] 中国可持续发展林业战略研究项目组．中国可持续发展林业战略研究总论．北京：中国林业出版社，2002.

[12] 雷加富．中国森林生态系统经营——实现林业可持续发展的战略途径．北京：中国林业出版社，2007.

[13] 周生贤，江泽慧．中国可持续发展林业战略研究调研报告．北京：中国林业出版社，2002.

[14] 章小平．智慧·可持续发展景区战略管理．北京：中国林业出版社，2011.

[15] 刘铮．中国经济可持续发展概论．上海：上海大学出版社，2009.

[16] 袁光耀等．可持续发展概论．北京：中国环境科学出版社，2001.

[17] 杨瑞文．农业可持续发展概论．北京：中国农业出版社，2006.

[18] 孙久文．城市可持续发展．北京：中国人民大学出版社，2006.

[19] （英）詹克斯等，周玉鹏等译．紧缩城市——一种可持续发展的城市状态．北京：中国建筑工业出版社，2004.

[20] 胡振宇，龙隆，曹钟雄．中国城市可持续发展理论与实践．北京：中国经济出版社，2010.

[21] 宋迎昌，王建武，张友志．石油资源型城市转型发展研究——克拉玛依可持续发展之路探索．北京：中国环境科学出版社，2011.

[22] 王祥荣．生态与环境——城市可持续发展与生态环境调控新论（城市科学前沿丛书）．南京：东南大学出版社，2000.

[23] 中国科学技术协会．山城城镇可持续发展．北京：中国建筑工业出版社，2012.

[24] 多米尼克·高辛·米勒．可持续发展的建筑和城市化：概念·技术·实例．北京：中国建筑工业出版社，2008.

[25] 王浩．中国水资源问题与可持续发展战略研究．北京：中国电力出版社，2010.

[26] 王浩．中国水资源与可持续发展（第4卷）．北京：科学出版社，2007.

[27] Daniel P. Louck、John S. Gladwell，王建龙译．水资源系统的可持续性标准（环境与发展译丛）北京：清华大学出版社，2003.

[28] （美）拉里·W·梅斯（Larry W. Mays）．水资源可持续发展．句广东，沙志贵译．北京：中国水利水电出版社，2011.

[29] 钱易，唐孝炎．环境保护与可持续发展．第二版．北京：高等教育出版社，2010.

[30] 世界银行东亚和太平洋地区基础设施局，国务院研究中心产业经济研究部．机不可失：中国能源可持续发展．北京：中国发展出版社，2007.

[31] 王革华，田雅林，袁靖婷．能源与可持续发展．北京：化学工业出版社，2005.

[32] 陈勇．中国能源与可持续发展．北京：科学出版社，2007.

[33] 刘振亚．中国电力与能源．北京：中国电力出版社，2012.

[34] 史济春，曹湘洪．生物燃料与可持续发展．北京：中国石化出版社，2007.

[35] 崔亚军．可持续发展：低碳之路．北京：冶金工业出版社，2012.

[36] 牛文元，毛志峰．可持续发展理论的系统解析．武汉：湖北科学技术出版社，1998.

[37] 何兴．现代石油化工企业可持续发展战略全书．北京：中国科技文化出版社，2005.

[38] 方新．中国科技创新与可持续发展．北京：科学出版社，2007.

[39] 国家统计局人口和就业统计司．中国人口和就业统计年鉴．北京：中国统计出版社，2010.